职业教育教材

# 工程材料

孔磊磊 主 编

刘 凯 冯耀利 副主编

化学工业出版社

·北京·

## 内 容 简 介

《工程材料》共分为九章，主要内容包括金属材料的性能、金属材料组织与铁碳合金、钢的热处理与表面改性、碳钢、合金钢、铸铁与铸钢、有色金属、其他工程材料、工程材料的选用。

本书在内容呈现方面力求做到布局科学合理、内容丰富新颖；在文字表述方面力求做到精炼准确、通俗易懂；在内容组织方面注重逻辑性、系统性和层次性，以及理论和实践相结合。

本书的内容已制作成用于多媒体教学的PPT课件，如有需要，请发电子邮件至 cipedu@163.com 获取，或登录 www.cipedu.com.cn 免费下载。

本书可作为职业院校（含技工院校）机械类专业的教材或职工培训用书，也可供相关工程技术人员参考。

**图书在版编目（CIP）数据**

工程材料/孔磊磊主编；刘凯，冯耀利副主编. —北京：化学工业出版社，2023.7（2024.11重印）

职业教育教材

ISBN 978-7-122-43191-2

Ⅰ.①工… Ⅱ.①孔… ②刘… ③冯… Ⅲ.①工程材料-职业教育-教材 Ⅳ.①TB3

中国国家版本馆 CIP 数据核字（2023）第 053934 号

---

责任编辑：高　钰　　　　　　　　　　　　文字编辑：陈立璞
责任校对：李雨晴　　　　　　　　　　　　装帧设计：刘丽华

---

出版发行：化学工业出版社（北京市东城区青年湖南街 13 号　邮政编码 100011）
印　　装：大厂回族自治县聚鑫印刷有限责任公司
787mm×1092mm　1/16　印张 12½　字数 280 千字　2024 年 11 月北京第 1 版第 2 次印刷

购书咨询：010-64518888　　　　　　　　售后服务：010-64518899
网　　址：http://www.cip.com.cn
凡购买本书，如有缺损质量问题，本社销售中心负责调换。

---

定　价：38.00 元

# 前言

工程材料课程是职业院校机械类专业的一门技术基础课。该课程理论性较强，与生产实际有着密切联系。本书主要供机械类专业学生使用，重点在于阐明常用工程材料的组织结构、性能和应用，为职业岗位实践工作打下基础。

本书主要内容包括金属材料的性能、金属材料组织与铁碳合金、钢的热处理与表面改性、碳钢、合金钢、铸铁和铸钢、有色金属、其他工程材料、工程材料的选用。

本书在内容呈现方面力求做到布局科学合理、内容丰富新颖；在文字表述方面力求做到精炼准确、通俗易懂；在内容组织方面注重逻辑性、系统性和层次性，以及理论和实践相结合。

本书主要具有以下特点：

（1）采用了新国标。对标机械类专业学生就业岗位的工作需要，合理确定了学生应具备的能力与知识结构，采用了新的国家技术标准，使本书更加科学和规范。

（2）优化了表现形式。本书在内容的呈现形式上较多地利用了图片、实物照片等，力求让学生更直观地理解和掌握所学内容。

（3）突出了"新"的内容。根据相关专业领域的最新发展，本书中充实了新知识、新技术、新设备、新材料等方面的内容，有利于培养学生的创新意识。

本书的内容已制作成用于多媒体教学的 PPT 课件，如有需要，请发电子邮件至 cipedu@163.com 获取，或登录 www.cipedu.com.cn 免费下载。

本书由山东化工技师学院和山东化工职业学院联合编写，孔磊磊主编，刘凯、冯耀利任副主编，任洪梅、董营、刘娟、郭桂旭参与编写，徐廷国、刘海东主审。

在编写过程中，我们参阅了有关教材、著作和其他文献，并得到了相关院校的大力支持，在此对有关专家、学者、文献作者和相关院校表示衷心感谢。

由于编者水平有限，书中不足之处敬请读者批评指正。

编　者

2023 年 3 月

# 目录

**绪论 / 1**

 一、中华民族对材料发展史的重大贡献 ································· 1

 二、工程材料的分类 ············································ 3

## 第一章　金属材料的性能 / 5

 第一节　金属的工艺性能 ········································ 5

  一、热加工工艺性能 ·········································· 5

  二、冷加工工艺性能 ·········································· 7

 第二节　金属材料的力学性能 ···································· 8

  一、强度 ················································· 9

  二、塑性 ················································· 13

  三、硬度 ················································· 13

  四、冲击韧性 ·············································· 18

  五、疲劳强度 ·············································· 19

  六、蠕变与松弛 ············································ 20

 第三节　金属材料的理化性能 ···································· 21

  一、金属材料的物理性能 ······································ 21

  二、金属材料的化学性能 ······································ 22

 习题 ····················································· 23

## 第二章　金属材料组织与铁碳合金 / 24

 第一节　金属的晶体结构 ········································ 24

  一、晶体与非晶体 ··········································· 24

  二、纯金属的晶体结构及常见类型 ································ 25

 第二节　纯金属的结晶 ·········································· 28

  一、冷却曲线与过冷度 ········································ 28

  二、纯金属的结晶过程 ········································ 29

  三、晶粒的大小及其控制 ······································ 30

  四、金属的同素异构转变 ······································ 32

第三节　合金组织 …………………………………………………………… 33
一、合金的基本概念 ………………………………………………………… 33
二、合金的晶体结构 ………………………………………………………… 34
三、合金的结晶 ……………………………………………………………… 36
第四节　铁碳合金 …………………………………………………………… 37
一、铁碳合金的基本组织 …………………………………………………… 37
二、铁碳合金相图 …………………………………………………………… 40
习题 …………………………………………………………………………… 51

# 第三章　钢的热处理与表面改性 / 52

第一节　热处理概述 ………………………………………………………… 52
一、定义 ……………………………………………………………………… 52
二、热处理的特点 …………………………………………………………… 53
三、热处理的目的 …………………………………………………………… 53
四、热处理的分类 …………………………………………………………… 53
第二节　钢的热处理原理 …………………………………………………… 54
一、钢在加热时的组织转变 ………………………………………………… 54
二、钢在冷却时的组织转变 ………………………………………………… 57
第三节　钢的普通热处理 …………………………………………………… 61
一、退火 ……………………………………………………………………… 61
二、正火 ……………………………………………………………………… 62
三、淬火 ……………………………………………………………………… 63
四、回火 ……………………………………………………………………… 66
第四节　钢的表面改性处理 ………………………………………………… 68
一、表面热处理 ……………………………………………………………… 68
二、其他表面技术 …………………………………………………………… 71
习题 …………………………………………………………………………… 73

# 第四章　碳钢 / 74

第一节　合金元素对钢性能的影响 ………………………………………… 74
第二节　碳钢的分类 ………………………………………………………… 75
一、按含碳量分类 …………………………………………………………… 76
二、按钢的质量等级分类 …………………………………………………… 76
三、按钢的用途分类 ………………………………………………………… 76
四、其他分类方法 …………………………………………………………… 77
第三节　碳钢的牌号及用途 ………………………………………………… 78
一、碳素结构钢 ……………………………………………………………… 78
二、优质碳素结构钢 ………………………………………………………… 78

　　三、碳素工具钢 ································································· 80

**习题** ················································································· 81

# 第五章　合金钢 / 82

**第一节　概述** ······································································ 82

　　一、合金元素对钢性能的影响 ············································ 82

　　二、合金钢的分类 ··························································· 83

　　三、合金钢的牌号表示方法 ··············································· 84

**第二节　合金结构钢** ···························································· 85

　　一、低合金结构钢 ··························································· 85

　　二、合金渗碳钢 ····························································· 89

　　三、合金调质钢 ····························································· 90

　　四、合金弹簧钢 ····························································· 91

　　五、滚动轴承钢 ····························································· 92

**第三节　合金工具钢** ···························································· 93

　　一、合金刃具钢 ····························································· 94

　　二、合金模具钢 ····························································· 95

　　三、合金量具钢 ····························································· 98

**第四节　特殊性能钢** ···························································· 99

　　一、不锈钢 ·································································· 99

　　二、耐热钢 ································································· 102

　　三、耐磨钢 ································································· 103

**习题** ················································································ 104

# 第六章　铸铁与铸钢 / 106

**第一节　铸铁的石墨化及分类** ················································ 106

　　一、铸铁的石墨化及其影响因素 ········································· 106

　　二、铸铁的分类 ··························································· 107

**第二节　常用铸铁** ······························································ 109

　　一、灰铸铁 ································································· 109

　　二、球墨铸铁 ······························································ 112

　　三、蠕墨铸铁 ······························································ 114

　　四、可锻铸铁 ······························································ 115

**第三节　合金铸铁** ······························································ 118

　　一、耐磨铸铁 ······························································ 118

　　二、耐热铸铁 ······························································ 118

　　三、耐蚀铸铁 ······························································ 119

**第四节　铸钢** ···································································· 120

一、碳素铸钢 ·········· 120

二、合金铸钢 ·········· 121

三、铸钢在工程中的应用实例 ·········· 123

习题 ·········· 123

# 第七章 有色金属 / 124

## 第一节 铝及铝合金 ·········· 124

一、纯铝 ·········· 125

二、铝合金 ·········· 126

## 第二节 铜及铜合金 ·········· 128

一、纯铜 ·········· 128

二、铜合金 ·········· 129

## 第三节 钛及钛合金 ·········· 134

一、纯钛 ·········· 135

二、钛合金 ·········· 135

## 第四节 滑动轴承合金 ·········· 137

一、轴承合金的性能要求及组织特征 ·········· 138

二、铜基轴承合金 ·········· 140

三、铝基轴承合金 ·········· 141

## 第五节 其他有色金属及含油轴承 ·········· 141

一、镍及镍合金 ·········· 141

二、锌及锌合金 ·········· 142

三、含油轴承 ·········· 143

四、硬质合金 ·········· 143

习题 ·········· 144

# 第八章 其他工程材料 / 145

## 第一节 高分子材料 ·········· 145

一、概述 ·········· 145

二、工程塑料 ·········· 146

三、合成橡胶 ·········· 150

四、合成纤维 ·········· 153

五、胶黏剂 ·········· 155

## 第二节 陶瓷材料 ·········· 156

一、概述 ·········· 156

二、普通陶瓷与特种陶瓷 ·········· 158

## 第三节 复合材料 ·········· 160

一、概述 ·········· 160

二、常用复合材料 ·················································· 162

【拓展材料】 我国化工新材料的发展与应用 ··············· 164

习题 ······························································· 166

# 第九章　工程材料的选用 / 167

第一节　选材的原则与方法 ········································· 167

一、机械零件的失效 ············································ 167

二、选材的一般原则 ············································ 170

三、选材的一般程序 ············································ 173

第二节　热处理应用 ··············································· 173

一、热处理与切削加工性的关系 ································ 174

二、零件热处理的工序位置 ····································· 175

三、热处理技术条件的标注 ····································· 175

四、热处理零件的变形和开裂 ·································· 176

第三节　典型工件的选材及应用 ···································· 176

一、齿轮选材 ··················································· 176

二、轴类零件选材 ·············································· 178

三、化工设备用材 ·············································· 179

四、机床用材 ··················································· 180

五、汽车用材 ··················································· 181

习题 ······························································· 182

# 附录 / 183

附录 I 　金属热处理工艺分类及代号（摘自 GB/T 12603—2005） ········· 183

附录 II 　黑色金属硬度与强度换算表（摘自 GB/T 1172—1999） ·········· 186

附录 III 　常用钢的临界点 ········································· 187

附录 IV 　钢材的涂色标记 ········································· 188

# 参考文献 / 189

在人类的生产活动中，小到衣食住行，大到国家高新技术的发展，材料无处不在。

材料是人类用来制造各种产品的物质，是人类生产和生活的物质基础。材料的发展水平和利用程度已成为人类文明进步的重要标志。人类最早使用的材料是石头、泥土、树枝、兽皮等天然材料。随着火的使用，人类发明了陶器、瓷器，其后又发明了青铜器、铁器。因此，历史学家常根据材料的使用将人类生活的时代划分为石器时代、青铜器时代、铁器时代等。可以看出，人类使用材料经历了从低级到高级、从简单到复杂、从天然到合成的过程。目前，人类已跨进合成材料的新时代，金属材料及高分子材料、陶瓷材料、复合材料等新型材料得到了迅速发展。

## 一、中华民族对材料发展史的重大贡献

中华民族为材料的发展与应用做出了重大的贡献。在人类发展史上，最先使用的工具是石器。我们的祖先用坚硬的容易纵裂成薄片的燧石和石英石等天然材料制成了石刀、石斧、石锄。早在新石器时代的磁山（河北）、裴李岗（河南）文化（公元前 6000 年～公元前 5000 年）时期，中华民族的先人们就用黏土烧制成了陶器；在仰韶（河南）文化（公元前 5000 年～公元前 3000 年）和龙山（山东、河南等）文化时期，制陶技术已经发展到能烧制出红陶、薄胎黑陶与白陶；汉代以后，釉陶作为一种外表施釉彩的特殊陶器开始出现；马家窑（甘肃）文化时期的陶器表面彩绘有条带纹、波纹和舞蹈纹等（图 0-1），制品有炊具、食具、盛储器皿等。我国在东汉时期发明了瓷器，是最早生产瓷器（图 0-2）的国家。16 世纪以来，中国瓷器通过海上新航线远销欧洲，它们不仅是具有实用价值的器物，更是中国灿烂文明的载体。直到今天，中国瓷器仍畅销全球，名扬四海。

大约在公元前 21 世纪，我国开始了自己的青铜器时代。经过夏代的初始阶段、早商时期的发展阶段、晚商至西周前期的鼎盛阶段、西周后期至春秋的衰落阶段，到战国初期最终被铁器时代所代替，中国的青铜器时代持续了 1500 多年。后母戊鼎是中国商代后期商王为祭祀其母所铸造的青铜方鼎，1939 年 3 月出土于河南省安阳市，现藏于中国国家博物馆。后母戊鼎重 832.84kg，高 133cm，口长 110cm，宽 78cm，是迄今世界上最古老的大型青铜器（图 0-3）。要制造这么庞大的精美青铜器，需要经过雕塑、制造模样与铸型、冶炼等工序，可以说后母戊鼎是雕塑艺术与金属冶炼技术的完美结合，充分体现了中

图 0-1 新石器时代马家窑竖线纹彩陶壶

图 0-2 元青花缠枝牡丹纹梅瓶

图 0-3 后母戊鼎

国古代劳动人民的聪明才智和匠心技艺。

我国在春秋战国时期（公元前 770 年～公元前 221 年）就已开始大量使用铁器。我国古代先后创造了三种炼钢方法，先炼铁后炼钢的两步炼钢技术要比其他国家早 1600 多年，钢的热处理技术也达到了相当高的水平。明代科学家宋应星在《天工开物》一书中对钢铁的退火、淬火、渗碳工艺作了详细的论述。钢铁生产工具的发展，对社会进步起到了巨大的推动作用。

中华人民共和国成立以后，我国的钢铁冶炼技术有了突破性进展，目前钢产量已跃居世界首位。武汉长江大桥使用碳素结构钢 Q235 制造，而我国自行设计和建造的南京长江大桥采用的是强度较高的合金结构钢 Q345（16Mn），九江长江大桥则运用了强度更高的合金结构钢 Q420（15MnVN）制造。我国原子弹、氢弹的研制成功，火箭、人造卫星、飞船的上天，都以材料的发展为坚实基础。

近年来，非金属材料发展迅速，人工合成高分子材料的发展最快。高分子材料已经在机械、仪器仪表、汽车工业中得到了广泛应用，如制造汽车挡泥板、灯壳、面板、齿轮等。陶瓷材料的发展同样引人注目，它除了具有许多特殊性能可作为重要的功能材料（例如可作光导纤维、激光晶体等）以外，其脆性和抗热震性正在逐步改善，是最有前途的高温结构材料。机器零件和工程结构已不再只使用金属材料制造了。此外，复合材料的研究和应用引起了人们的重视。如玻璃纤维树脂复合材料（即玻璃钢）、碳纤维树脂复合材料已应用于航天和航空工业中制造卫星壳体、宇宙飞行器外壳、飞机机身、螺旋桨等，在石油化工工业中制造耐酸、耐碱、耐油的容器及管道等。

2020年底，我国嫦娥五号成功着陆月球，并采集返回了1.731kg月壤样品（图0-4）。2022年7月，我国空间站问天实验舱发射任务取得圆满成功（图0-5）。航空航天事业的迅速发展，带动了钛合金、铝合金、高温陶瓷、复合材料等航空航天材料的发展。

图0-4 嫦娥五号探测器　　　　　图0-5 问天实验舱发射瞬间

## 二、工程材料的分类

工程材料主要是指用于机械、车辆、船舶、建筑、化工、能源、仪器仪表、航空航天等工程领域中的材料，用来制造工程构件和机械零件，也包括一些用于制造工具的材料和具有特殊性能（如耐蚀、耐高温等）的材料。工程材料种类繁多，一般可分为金属材料、高分子材料、陶瓷材料和复合材料四大类，如图0-6所示。

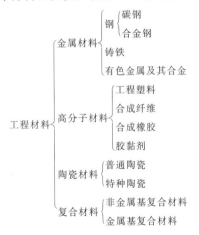

图0-6 工程材料的分类

金属材料是最重要的工程材料。工业上常把金属及其合金分为黑色金属和有色金属。黑色金属是指铁和以铁为基的合金（钢、铸铁和铁合金）；有色金属是指黑色金属以外的所有金属及其合金。黑色金属的工程性能比较优越，价格也比较便宜，是最重要、应用最广的工程金属材料。

高分子材料种类很多，工程上通常根据机械性能和使用状态将其分为工程塑料、合成纤维、合成橡胶、胶黏剂四大类。

陶瓷材料属于无机非金属材料。按照成分和用途，工业陶瓷材料可分为普通陶瓷（或传统陶瓷）、特种陶瓷（或新型陶瓷）等。

复合材料是指两种或两种以上不同材料的组合材料，其性能优于它的各组成材料，具有广阔的发展前景。如环氧树脂玻璃钢由玻璃纤维与环氧树脂复合而成，碳化硅增强铝基复合材料由碳化硅细粒与铝合金复合而成。

# 第一章

# 金属材料的性能

为了正确、合理地使用金属材料，必须了解其性能。金属材料的性能包括工艺性能和使用性能。工艺性能是指金属材料在加工过程中所表现的性能，包括热加工工艺性能和冷加工工艺性能。使用性能是指金属材料在使用过程中所表现出来的性能，包括物理性能、化学性能和力学性能。

## 第一节　金属的工艺性能

### 一、热加工工艺性能

热加工工艺性能包括铸造性能、锻造性能、焊接性能、热处理性能。

#### 1. 铸造性能

铸造性能是指金属熔化成液态后，在铸造成型时所具有的一种特性（图 1-1）。

(a)　　　　　　　　　　　　　(b)

图 1-1　铸造

衡量铸造性能的主要指标有流动性、收缩性和偏析倾向等。

① 流动性：熔融金属的流动能力称为流动性，主要受金属化学成分和浇注温度等的影响。流动性好的金属容易充满铸型，从而获得外形完整、尺寸准确、轮廓清晰的铸件。

② 收缩性：铸件在凝固和冷却过程中，其体积和尺寸减小的现象称为收缩性。

铸件收缩不仅影响尺寸精度，还会产生缩孔、疏松、内应力、变形和开裂等缺陷，故用于铸造的金属收缩率越小越好。

③ 偏析倾向：金属凝固后，其内部化学成分和组织的不均匀现象称为偏析。

偏析严重会使铸件各部分的力学性能有很大的差异，降低铸件的质量，对大型铸件危害较大。

几种金属材料的铸造性能比较见表 1-1。

**表 1-1　几种金属材料的铸造性能比较**

| 材料 | 流动性 | 收缩性 | | 偏析倾向 | 其他 |
| --- | --- | --- | --- | --- | --- |
| | | 体收缩 | 线收缩 | | |
| 灰铸铁 | 好 | 小 | 小 | 小 | 铸造内应力小 |
| 球墨铸铁 | 稍差 | 大 | 小 | 小 | 易形成缩孔、缩松，白口化倾向小 |
| 铸钢 | 差 | 大 | 大 | 大 | 导热性差，易发生冷裂 |
| 铸造黄铜 | 好 | 小 | 较小 | 较小 | 易形成集中缩孔 |
| 铸造铝合金 | 尚好 | 小 | 小 | 较大 | 易吸气，易氧化 |

### 2. 锻造性能

锻造性能指金属材料在锻造过程中承受塑性变形的能力（图 1-2）。

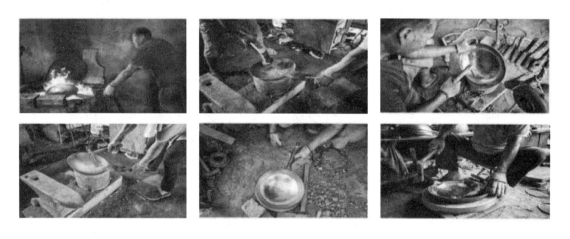

**图 1-2　锻造**

锻造性能的好坏主要取决于金属材料的塑性和变形抗力。塑性越好，变形抗力越小，金属的锻造性能越好。铜合金和铝合金在室温状态下具有良好的锻造性能。碳钢在加热状态下锻造性能较好。其中低碳钢最好，中碳钢次之，高碳钢较差。合金钢的锻造性能比碳钢差。铸铁不能进行锻压加工。

### 3. 焊接性能

焊接性能是指金属材料对焊接加工的适应性，也就是在一定的焊接工艺条件下，获得焊接接头的难易程度（图 1-3）。

图 1-3　焊接

焊接性能好的金属材料能获得没有裂纹、气孔等缺陷的焊缝，并且焊接接头具有一定的力学性能。导热性好、收缩性小的金属材料焊接性能都比较好。

对于碳钢和低合金钢，焊接性能主要同金属材料的化学成分有关（其中碳的影响最大）。如低碳钢具有良好的焊接性能，高碳钢、铸铁的焊接性能较差。

### 4. 热处理性能

热处理是采用适当的方式对固态金属或合金进行加热、保温和冷却以获得所需要的组织结构与性能的工艺。其主要作用是提高钢的使用性能，充分发挥钢材的潜力，延长使用寿命。

热处理性能包括淬透性、淬硬性、过热敏感性、变形开裂倾向、回火脆性倾向、氧化脱碳倾向等。碳钢热处理变形的程度与其含碳量有关。一般情况下，含碳量越高，碳钢的变形与开裂倾向越大；而碳钢又比合金钢的变形开裂倾向大。钢的淬硬性也主要取决于含碳量。含碳量高，材料的淬硬性好。

## 二、冷加工工艺性能

冷加工工艺性能包括切削加工性能、冷弯性能和冲压性能。

### 1. 切削加工性能

切削加工性能指金属在切削加工时的难易程度。切削加工性能好的金属材料对使用的刀具磨损量小、切削量大，加工表面也比较光洁，如图 1-4 所示。

切削加工性能的好坏同金属材料的硬度、导热性、内部结构、加工硬化等因素有关。一般认为金属材料具有适当的硬度（170～230HBS）和足够的脆性时较易切削。所以铸铁比钢的切削加工性能好，一般碳钢比高合金钢的切削加工性能好。改变钢的化学成分和进行适当的热处理，是改善钢的切削加工性能的重要途径。

(a)　　　　　　　　　　　　　　　　　　(b)

图 1-4　切削加工

几种金属材料的切削加工性能比较见表 1-2。

表 1-2　几种金属材料的切削加工性能比较

| 等级 | 金属材料 | 切削加工性能 |
|---|---|---|
| 1 | 铝、镁合金 | 很容易加工 |
| 2 | 易切削钢 | 易加工 |
| 3 | 30 钢（正火） | 易加工 |
| 4 | 45 钢、灰铸铁 | 一般 |
| 5 | 85 钢（轧材）、2Crl3 钢（调质） | 一般 |
| 6 | 65Mn 钢（调质）、易切削不锈钢 | 难加工 |
| 7 | lCr18Ni9Ti、W18Cr4V 钢 | 难加工 |
| 8 | 耐热合金、钴合金 | 难加工 |

### 2. 冷弯性能

冷弯性能指金属材料在常温下承受弯曲而不破裂的能力。出现裂纹前能承受的弯曲程度越大，材料的冷弯性能越好。金属材料的弯曲是依靠弯曲处附近的弯曲变形来实现的，材料的塑性越大，冷弯性能越好。

### 3. 冲压性能

冲压是指利用装在冲床上的冲模使板料分离或变形，是获得冲压件的一种高生产效率的压力加工方法。在常温下进行的冲压叫冷冲压。

冲压性能指金属材料承受冲压变形加工而不破裂的能力。

许多金属产品的制造都要经过冲压工艺，如汽车壳体、搪瓷制品坯料、锅盆及壶等日用品。为保证制品的质量和工艺顺利地进行，用于冲压的金属板、带等必须具有良好的冲压性能。

# 第二节　金属材料的力学性能

力学性能是指在外力（即载荷）的作用下，金属材料所表现出来的特性。其主要指标有强度、塑性、硬度、冲击韧性、疲劳强度、蠕变与松弛等。力学性能反映了金属材料在各种形式的外力作用下抵抗变形或破坏的某些能力，是选用金属材料的重要依据。充分了解、掌握金属材料的力学性能，对于合理地选择、使用材料，充分发挥材料的作用，制定合理的加工工艺，保证产品质量有着重要的意义。

载荷按作用性质可以分为三类：静载荷、动载荷和交变载荷。

① 静载荷：是指大小不变或变化过程缓慢的载荷。如桌上放置重量不变的箱子，桌子所受的力。

② 动载荷：在短时间内以较高速度作用在零件上的载荷。如在墙上钉钉子，钉子所受的力；空气锤锤头下落时锤杆所承受的载荷；冲压时冲床对冲模的冲击作用等。

③ 交变载荷：是指大小、方向或大小和方向随时间发生周期性变化的载荷。如机床主轴就是在交变载荷的作用下工作的。

根据作用形式不同，载荷又可分为拉伸载荷、压缩载荷、弯曲载荷、剪切载荷和扭转载荷，如图1-5所示。

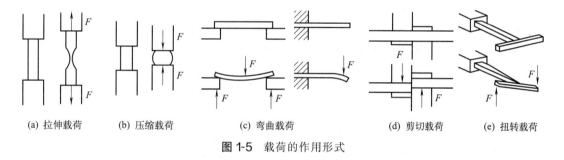

(a) 拉伸载荷    (b) 压缩载荷    (c) 弯曲载荷    (d) 剪切载荷    (e) 扭转载荷

**图 1-5** 载荷的作用形式

金属材料受到载荷作用而产生的几何形状和尺寸变化称为变形，一般分为弹性变形和塑性变形两种。弹性变形是随载荷的存在而产生、随载荷的去除而消失的变形。塑性变形是不能随载荷的去除而消失的变形。

## 一、强度

强度是指金属材料在静载荷作用下，抵抗塑性变形或断裂的能力。强度的大小通常用应力来表示。根据载荷作用方式不同，强度可分为抗拉强度、抗压强度、抗弯强度、抗剪强度、抗扭强度等。一般以抗拉强度作为最基本的强度指标，而测定抗拉强度最简单的方法是拉伸试验。

### （一）拉伸试验

拉伸试验是指用静拉伸力对试样进行轴向拉伸，通过测量拉力和相应的伸长量，测量试样力学性能的试验。拉伸时一般将拉伸试样拉至断裂。

#### 1. 拉伸试样

拉伸试样的形状一般有圆形和矩形两类。进行拉伸试验时，通常采用圆形横截面比例拉伸试样，按国家标准中金属拉伸试验试样的有关规定制作。试样分为长试样（$10d_0$）和短试样（$5d_0$）两种，一般工程上采用短拉伸试样。圆形横截面比例拉伸试样如图1-6所示，图（a）为标准拉伸试样拉断前的状态，图（b）为标准拉伸试样拉断后的状态。

$d_0$ 为试样直径，$L_0$ 为试样原始的标距长度。

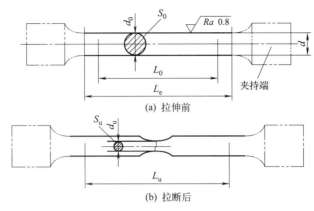

(a) 拉伸前

(b) 拉断后

图 1-6 圆形拉伸试样图

### 2. 试验方法——力-伸长曲线

拉伸试验一般在拉伸试验机（图 1-7）上进行。试验时，标准试样装夹在拉伸试验机上，缓慢地进行拉伸，直至拉断。拉伸试验机的自动记录装置可将整个拉伸过程中的拉伸力 $F$ 和伸长量 $\Delta L$ 绘制成力-伸长量曲线，也称为拉伸曲线图。

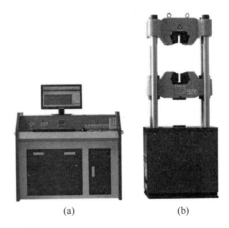

(a)　　　　　(b)

图 1-7 拉伸试验机

如图 1-8 是低碳钢的力-伸长曲线。图中纵坐标表示拉力 $F$，单位为 N；横坐标表示伸长量 $\Delta L$，单位为 mm。图中明显地表现出了下列几个变形阶段：

（1）$oe$——弹性变形阶段

试样的伸长量与拉伸力成正比，试样随拉伸力的增大而均匀伸长。此阶段若去除拉伸力，试样能完全恢复到原来的形状和尺寸，即处于弹性变形阶段。$F_e$ 为试样能恢复到原始形状和尺寸的最大载荷。

（2）$es$——屈服阶段

当载荷超过 $F_e$ 再卸载时，试样只能部分地恢复，而保留一部分残余变形。当载荷增大到 $F_{eL}$ 时，图上出现平台或锯齿状，这种在载荷不增大或略有减小的情况下，试样还继续伸长的现象叫作屈服。$F_{eL}$ 称为屈服载荷。屈服后，材料开始出现明显的塑性变形。

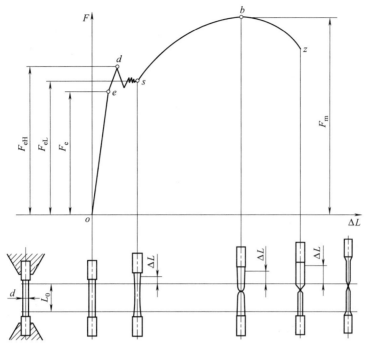

**图 1-8**　低碳钢的力-伸长曲线

（3）$sb$——强化阶段

为使试样继续变形，载荷必须不断增大；随着塑性变形增大，材料的变形抗力也逐渐增大。这种现象称为形变强化（或称加工硬化），此阶段试样的变形是均匀发生的。$F_m$ 为试样拉伸试验时的最大载荷。

（4）$bz$——缩颈阶段（局部塑性变形阶段）

当载荷达到最大值 $F_m$ 后，试样的直径发生局部收缩，称为"缩颈"。由于试样缩颈处横截面积减小，试样变形所需的载荷也随之降低，这时伸长现象主要集中在缩颈部位，直至断裂。

工程上使用的金属材料，多数没有明显的屈服现象。有些脆性材料，不仅没有屈服现象，而且也不产生"缩颈"现象，如铸铁等。图 1-9 为铸铁的力-伸长曲线。

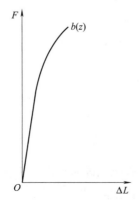

**图 1-9**　铸铁的力-伸长曲线

### （二）强度指标

金属材料的强度是用应力来度量的。单位截面上的内力称为应力，用符号 $\sigma$ 表示。内力是指材料受外力作用发生变形时，其内部产生的阻止变形的抗力。金属受拉伸载荷或压缩载荷作用时，其应力按下式计算：

$$\sigma = \frac{F}{A}$$

式中　$\sigma$——应力，Pa（$1Pa = 1N/m^2$，当面积用 $mm^2$ 时，则应力可用 MPa 作为单位，$1MPa = 10^6 N/m^2 = 10^6 Pa$）；

　　　$F$——外力，N；

　　　$A$——横截面积，$m^2$。

常用的强度指标有弹性极限、屈服强度和抗拉强度。

#### 1. 弹性极限

弹性极限表示材料保持弹性变形，不产生永久变形的最大应力，是弹性零件的设计依据。

#### 2. 屈服强度

屈服强度表示在拉伸过程中，力不增大（保持恒定），材料仍能继续伸长（变形）时的应力。试样发生屈服而力首次下降前的最大应力称为上屈服强度，用 $R_{eH}$ 表示；在屈服阶段不计初始瞬时效应时的最小应力称为下屈服强度，用 $R_{eL}$ 表示。一般用下屈服强度代表金属的屈服强度，其计算公式为

$$R_{eL} = \frac{F_{eL}}{S_0}$$

式中　$R_{eL}$——屈服强度，MPa；

　　　$F_{eL}$——试样屈服时的载荷，N；

　　　$S_0$——试样原始的横截面积，$mm^2$。

工业上使用的部分金属材料，如高碳钢、铸铁等，在进行拉伸试验时，没有明显的屈服现象，也不会产生缩颈现象。因此，对于无明显屈服现象的金属材料，规定产生 0.2% 残余伸长时的应力为条件（名义）屈服强度 $R_{r0.2}$，用来替代 $R_{eL}$。

$R_{eL}$ 和 $R_{r0.2}$ 都是衡量金属材料塑性变形抗力的指标。金属零件及其结构件在工作过程中一般不允许产生塑性变形，因此，设计零件和结构件时，屈服强度是工程技术上重要的力学性能指标之一，也是大多数机械零件和结构件选材与设计的依据。

#### 3. 抗拉强度

抗拉强度指材料在拉断前所能承受的最大应力，用符号 $R_m$ 表示。其计算公式为

$$R_m = \frac{F_m}{S_0}$$

式中　$R_m$——抗拉强度，MPa；

　　　$F_m$——试样在屈服阶段后所能抵抗的最大载荷，N；

　　　$S_0$——试样原始的横截面积，$mm^2$。

$R_m$ 表示材料对最大均匀塑性变形的抗力。$R_{eL}$ 与 $R_m$ 的比值称为屈强比，屈强比越

小，零件工作时的可靠性越高，如果超载也不会立即断裂。但屈强比太小，材料强度的有效利用率较低。$R_m$ 也是机械零件设计和选材时的主要参数。

## 二、塑性

塑性是指断裂前金属材料产生永久变形的能力。

塑性指标也是由拉伸试验测得的，常用的有断后伸长率（$A$）和断面收缩率（$Z$）两种。

### 1. 断后伸长率 $A$

断后伸长率是指材料被拉断后，标距的残留伸长量与原始标距的百分比，用符号 $A$ 表示。其计算公式为

$$A = \frac{L_u - L_0}{L_0} \times 100\%$$

式中　$L_0$　——试样原始的标距长度，mm；

　　　$L_u$——试样拉断后的标距长度，mm。

同一材料的试样长短不同，测得的伸长率是不同的。长、短试样的伸长率分别用符号 $A_{11.3}$ 和 $A_{5.65}$ 表示。

### 2. 断面收缩率 $Z$

断面收缩率是指材料被拉断后，缩颈处横截面积的最大缩减量与原始横截面积的百分比，用符号 $Z$ 表示。其计算公式为

$$Z = \frac{S_0 - S_u}{S_0} \times 100\%$$

式中　$S_0$——试样原始的横截面积，$mm^2$；

　　　$S_u$——试样拉断后缩颈处的横截面积，$mm^2$。

断面收缩率不受试样尺寸的影响，因此能较准确地反映出材料的塑性。一般断后伸长率和断面收缩率的值越大，表示材料的塑性越好。塑性好的材料可用轧制、锻造、冲压等方法加工成型。此外，工件的偶然过载，可因塑性变形而防止突然断裂，工件的应力集中处，也可因塑性变形使应力松弛，从而使工件不至于过早断裂，提高了工作安全性。所以，大多数机械零件除了要求一定的强度指标外，还要求具有一定的塑性指标。

## 三、硬度

硬度是指材料抵抗局部变形，特别是塑性变形、压痕或划痕的能力。它是衡量材料软硬的指标。通常材料的强度越高，硬度也越高，其耐磨性就越好。

按测试方法，硬度可分为三种类型。

① 划痕硬度。主要用于比较不同矿物的软硬程度，方法是选一根一端硬、一端软的棒，将被测材料沿棒划过，根据出现划痕的位置确定被测材料的软硬。硬物体划出的划痕长，软物体划出的划痕短。

② 压入硬度。主要用于金属材料，方法是用一定的载荷将规定的压头压入被测材料，以材料表面局部塑性变形的大小比较被测材料的软硬。由于压头、载荷以及载荷的持续时

间不同，压入硬度有多种，如布氏硬度、洛氏硬度、维氏硬度和显微硬度等。

③ 回跳硬度。主要用于金属材料，方法是使一特制的小锤从一定高度自由下落冲击被测材料的试样，并以试样在冲击过程中储存（继而释放）应变能的多少（通过小锤的回跳高度测定）确定材料的硬度。

金属材料最常用到的布氏硬度（HBW、HBS）、洛氏硬度（HRA、HRB、HRC）和维氏硬度（HV）属于压入硬度，硬度值表示材料表面抵抗另一物体压入时所引起的塑性变形的能力。

### 1. 布氏硬度

布氏硬度在工程技术特别是机械和冶金工业中应用广泛。

（1）布氏硬度的测试原理

首先用硬质合金球作为压头，以相应的试验力 $F$ 将压头压入试件表面，然后经规定的保持时间后，去除试验力，在试件表面得到一直径为 $d$ 的压痕；最后用试验力除以压痕表面积 $S$，所得值即为布氏硬度值，如图 1-10 所示。

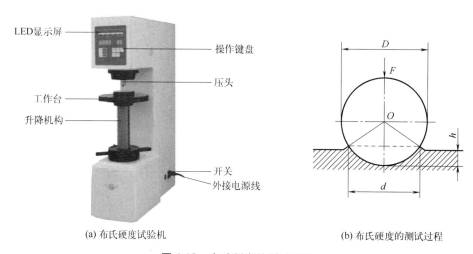

(a) 布氏硬度试验机      (b) 布氏硬度的测试过程

**图 1-10** 布氏硬度的测试原理

其计算公式为

$$HBS(HBW) = \frac{F}{S} = 0.102 \times \frac{2F}{\pi D(D - \sqrt{D^2 - d^2})}$$

式中　$S$——球面压痕表面积，$\mathrm{mm}^2$；

　　　$F$——实验力，N；

　　　$D$——压头直径，mm；

　　　$d$——压痕平均直径，mm。

试验时布氏硬度无须计算，只需根据测出的压痕直径 $d$ 查表即可得到硬度值。$d$ 值越大，硬度值越小；$d$ 值越小，硬度值越大。布氏硬度一般不标注单位。

（2）布氏硬度的符号及表示方法

布氏硬度的符号用 HBS 或 HBW 表示。

HBS 表示压头为淬硬钢球，用于测定布氏硬度值在 450 以下的材料，如软钢、灰铸铁和有色金属等。HBW 表示压头为硬质合金，用于测定布氏硬度值在 650 以下的材料。

布氏硬度的表示方法：HBS 或 HBW 之前的数字为硬度值，后面按顺序用数字表示试验条件。

① HBS 或 HBW 之后的第 1 个数字表示压头的球体直径；

② HBS 或 HBW 之后的第 2 个数字表示试验载荷；

③ HBS 或 HBW 之后的第 3 个数字表示试验载荷保持的时间（10～15s 不标注）。

例如：170HBS10/1000/30 表示用直径 10mm 的淬硬钢球，在 9807N（1000kgf，1kgf＝9.80665N）的试验载荷作用下，保持 30s 时测得的布氏硬度值为 170。530HBW5/750 表示用直径 5mm 的硬质合金球，在 7355N（750kgf）的试验载荷作用下，保持 10～15s 时测得的布氏硬度值为 530。

布氏硬度试验中，压头球体的直径、试验力及试验力保持的时间应根据被测金属材料的种类、硬度值的范围及金属的厚度进行选择。

试验力保持的时间，一般黑色金属为 10～15s，有色金属为 30s，布氏硬度值小于 35 时为 60s。

（3）应用范围及优缺点

布氏硬度试验的优点是代表性强，数据重复性好，与强度之间存在一定的换算关系。缺点是不能测试较硬的材料；压痕较大，不适合成品检验。布氏硬度试验通常用来检验铸铁、有色金属、低合金钢等原材料和调质件的硬度。

**2. 洛氏硬度**

洛氏硬度是使用洛氏硬度计测定的金属材料的硬度值。该值没有单位，只用代号"HR"表示。

（1）洛氏硬度的测试原理

它是用顶角为 120°的金刚石圆锥体或直径为 1.588mm 的淬火钢球或硬质合金球做压头，在初试验力和总试验力（初试验力＋主试验力）的先后作用下，将压头压入试件表面，经规定的保持时间后，去除主试验力，用测量的残余压痕深度增量（增量是指去除主试验力并保持初试验力的条件下，在测量的深度方向上产生的塑性变形量）计算硬度的一种压入硬度试验法，如图 1-11 所示。

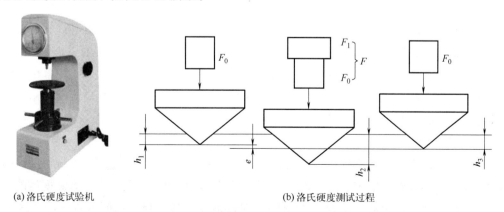

(a)洛氏硬度试验机　　　　　　　　　　(b)洛氏硬度测试过程

**图 1-11　洛氏硬度的测试原理**

测量时，先加初试验力 $F_0$，压入深度为 $h_1$，目的是消除因零件表面不光滑而造成的误差；然后加主试验力 $F_1$，在总试验力的作用下保持规定时间，压头的压入深度为 $h_2$；最后卸除主试验力 $F_1$，由于金属弹性变形的恢复，使压头回升到 $h_3$ 的位置，则由主试验力引起的塑性变形的压痕深度 $e = h_3 - h_1$。显然，$e$ 值越大，被测金属的硬度越低。为了符合数值越大，硬度越高的习惯，用一个常数 $K$ 减去 $e$ 来表示硬度的大小，并用 0.002mm 压痕深度作为一个硬度单位，由此获得了洛氏硬度值，用符号 HR 表示。其计算公式为

$$HR = \frac{K - e}{0.002}$$

实际测量时，洛氏硬度值可直接从硬度计的表盘上读取。

（2）常用的洛氏硬度标尺及其适用范围

为了适应不同材料的硬度测定需要，洛氏硬度采用了不同的压头和载荷来对应不同的硬度标尺。根据 GB/T 230.1—2018 的规定，每种标尺由一个专用字母表示，标注在符号"HR"后面。常用的标尺有 A、B、C 三种，其中 C 标尺应用最广泛。不同标尺的洛氏硬度值，彼此之间没有直接的换算关系。其试验条件和适用范围见表 1-3。

表 1-3  常用洛氏硬度标尺的试验条件和适用范围

| 硬度标尺 | 压头类型 | 总试验力 F | 硬度测试范围 | 应用举例 |
|---|---|---|---|---|
| HRA | 120°金刚石圆锥体 | 588.4N(60kgf) | 20～95HRA | 硬质合金、碳化物、浅层表面硬化钢 |
| HRB | $\phi$1.588mm 钢球 | 980.7N(100kgf) | 20～100HRBW | 非铁金属、铸铁、经退火或正火的钢 |
| HRC | 120°金刚石圆锥体 | 1471.0N(150kgf) | 20～70HRC | 淬火钢、调质钢、深层表面硬化钢 |

注：在使用洛氏硬度计测试钢试样时，如果不知试样是软钢还是硬钢，可先用 HRA 标尺试测一下，当硬度值小于 60HRA 时可改用 HRB 标尺，当硬度值大于 60HRA 时可改用 HRC 标尺。

不同标尺的硬度值不能直接进行比较，但可用试验测定的换算表（见附录Ⅱ）相互比较。

（3）表示方法

HR 前面的数字表示硬度值，HR 后面的数字表示不同洛氏硬度的标尺。例如，60HRC 表示用 C 标尺测定的洛氏硬度值为 60。

（4）应用范围及优缺点

洛氏硬度试验压痕小，能直接读数，操作方便，测量范围大，可测低硬度和高硬度材料，应用最广泛；测量时其无损于试件表面，可直接测量成品或较薄工件。但因压痕小，对于内部组织和硬度不均匀的材料，测量结果不够准确。因此，需在试件不同部位测定三点取其平均值。洛氏硬度无单位，各标尺之间没有直接的对应关系。故洛氏硬度用于试验各种钢铁原材料、有色金属、经淬火后的工件、表面热处理工件及硬质合金等。

**3. 维氏硬度**

和布氏、洛氏硬度试验相比，维氏硬度试验测量范围较宽，从较软材料到超硬材料，几乎涵盖了各种材料。维氏硬度试验也是根据压痕单位面积上的载荷来计算硬度值的，所不同的是维氏硬度试验的压头是金刚石的正四棱锥体，其两相对面间的夹角为 136°。维氏硬度试验的载荷有 5kgf、10kgf、20kgf、30kgf、50kgf、100kgf 等几种。

（1）试验原理

试验时，在一定载荷的作用下，试样表面上压出一个四方锥形的压痕，测量压痕对角线的长度即可算出硬度值，如图 1-12 所示。其计算公式为

$$HV = \frac{2P \sin \dfrac{\theta}{2}}{S^2} = 1.8544 \frac{P}{S^2}$$

式中，$P$ 为载荷；$S$ 为压痕对角线的长度，mm；$\theta$ 为四棱锥压头两相对面间的夹角，$\theta = 136°$。

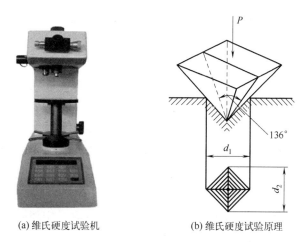

(a) 维氏硬度试验机　　　　(b) 维氏硬度试验原理

**图 1-12**　维氏硬度的测试原理

（2）表示方法

单位压痕表面积所承受的试验力大小即维氏硬度值，用符号 HV 表示。维氏硬度的测量范围为 5～1000HV。其标注方法与布氏硬度相同，硬度数值写在符号"HV"的前面，试验条件写在符号"HV"的后面。对于钢和铸铁，如果试验力的保持时间为 10～15s，则可以不标出。例如，600HV30 表示用 30kgf（294.2N）的试验力，保持 10～15s 时测定的维氏硬度值是 600；600HV30/20 表示用 30kgf（294.2N）的试验力，保持 20s 时测定的维氏硬度值是 600。

（3）应用范围及优缺点

维氏硬度试验测量范围宽广，从很软的材料到很硬的材料都可测量。

维氏硬度试验最大的优点在于其硬度值与试验力的大小无关，只要是硬度均匀的材料，可以任意选择试验力，其硬度值不变。这就相当于在一个很宽广的硬度范围内具有一个统一的标尺。

维氏硬度试验的缺点是效率低，要求较高的试验技术，对于试样表面的光洁度要求较高，通常需要制作专门的试样，操作麻烦费时，一般只在实验室中使用。

上述三种硬度试验所用设备简单，操作简便、迅速，可直接在半成品或成品上进行试验而不损坏被测件，还可根据硬度值估计出材料近似的强度和耐磨性。硬度在一定程度上反映了材料的综合力学性能，应用很广，常将硬度作为技术条件标注在零件图样上或写在工艺文件中。

### 四、冲击韧性

#### 1. 冲击试验

生产中许多零件是在冲击力作用下工作的，如冲床用的冲头、锻锤的锤杆、风动工具等。这类零件不仅要满足在静力作用下的强度、塑性、硬度等性能指标，还应具有足够的韧性。

冲击韧性是指金属在断裂前吸收变形能量的能力，它表示了金属材料抗冲击的能力。韧性的指标是通过冲击试验确定的，常用的方法是摆锤式一次冲击试验法。

① 摆锤冲击试样：摆锤冲击试样有 V 型缺口试样和 U 型缺口试样两种。带 V 型缺口的试样，称为 V 型缺口试样；带 U 型缺口的试样，称为 U 型缺口试样。摆锤冲击试样要根据国家标准 GB/T 229—2020《金属材料 夏比摆锤冲击试验方法》制作。

在试样上开缺口的目的是：在缺口附近造成应力集中，使塑性变形局限在缺口附近，并保证在缺口处发生破断，以便正确测定金属材料承受冲击载荷的能力。同一种金属材料的试样缺口越深、越尖锐，吸收能量越小，金属材料的脆性越显著。V 型缺口试样相比 U 型缺口试样更容易被冲断，因而其吸收能量较小。因此，不同类型的冲击试样测出的吸收能量不能直接比较。

② 试验方法如图 1-13 所示。首先将待测金属材料加工成标准试样放在试验机的支座上，放置时试样缺口应背向摆锤的冲击方向，然后将具有一定质量 $G$ 的摆锤升至一定的高度 $H_1$，使其获得一定的势能 $GH_1$，最后使摆锤自由落下，将试样冲断，摆锤的剩余势能为 $GH_2$。试样被冲断时所吸收的能量即是摆锤冲击试样所做的功，称为冲击吸收功，用符号 $A_K$ 表示。其计算公式为

$$A_K = GH_1 - GH_2 = G(H_1 - H_2)$$

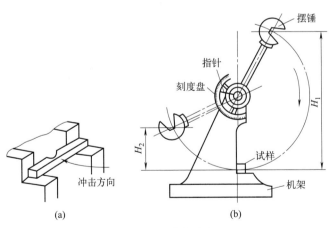

**图 1-13** 冲击试验

冲击吸收功（$A_K$）除以试样缺口处截面积（$S_0$）即是材料的冲击韧度，用符号 $F_K$ 表示。其计算公式为

$$F_K = \frac{A_K}{S_0}$$

式中 $F_K$——冲击韧度，$J/cm^2$；

$\quad\quad A_K$——冲击吸收功，J；

$\quad\quad S_0$——试样缺口处截面积，$cm^2$。

冲击吸收功主要消耗于裂纹出现至断裂的过程，冲击韧度值的大小反映出金属材料韧性的好坏，冲击韧度越大，表示材料的冲击韧性越好。抵抗冲击载荷而不被破坏的能力越大，即受冲击时不易断裂的能力越大。所以，在实际生产中，对于长期在冲击作用力下工作的零件，如冲床的曲柄、空气锤的锤杆、发动机的转子等，需要进行冲击韧度试验。

### 2. 多次冲击弯曲试验

金属材料在实际工作过程中，经过一次冲击断裂的情况很少，许多金属材料或零件的服役条件是经受小能量多次冲击。由于在一次冲击条件下测得的冲击吸收能量不能完全反映这些零件或金属材料的性能指标，因此，材料专家提出了小能量多次冲击试验。其原理如图 1-14 所示。试样在冲头多次冲击下断裂时，经受的冲击次数（N）代表金属的抗冲击能力。

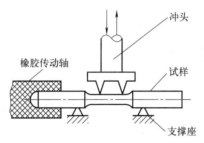

**图 1-14** 小能量多次冲击测试原理

研究结果表明：金属材料抗多次冲击的能力取决于其强度和塑性两项指标，而且冲击能量的大小不同，金属材料的强度和塑性的作用也是不同的。在小能量多次冲击条件下，金属材料抗多次冲击的能力主要取决于其强度；在大能量多次冲击条件下，金属材料抗多次冲击的能力主要取决于其塑性。

## 五、疲劳强度

### 1. 疲劳破坏

许多机械零件，如轴、齿轮、轴承、叶片、弹簧等，在工作过程中各点的应力随时间作周期性的变化。这种随时间作周期性变化的应力称为交变应力（也称循环应力）。

在交变应力作用下，虽然零件所承受的应力低于材料的屈服强度，但经较长时间的工作后产生裂纹或突然发生完全断裂的现象。这种现象称为金属的疲劳。

疲劳破坏是机械零件失效的主要原因之一。

### 2. 疲劳破坏的特征

尽管交变应力有多种类型，但疲劳破坏仍有以下共同的特点：

① 疲劳断裂时并没有明显的塑性变形，断裂前没有预兆，而是突然破坏；

② 引起疲劳断裂的应力很低，常常低于材料的屈服强度；

③ 疲劳破坏的断口由两部分组成，即疲劳裂纹的策源地及扩展区（光滑部分）和最后断裂区（粗糙部分），如图 1-15 所示。

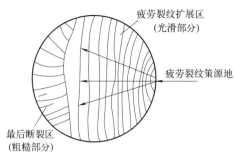

**图 1-15　疲劳断裂示意**

### 3. 疲劳强度的确定

金属材料在无限次交变应力的作用下而不破坏的最大应力称为疲劳强度或疲劳极限。实际上，金属材料并不可能做无限多次交变应力试验。对于黑色金属，一般规定应力循环 $10^7$ 而不破坏的最大应力为疲劳极强度，有色金属、不锈钢等取 $10^8$。

据统计，在机械零件失效中大约有 80％ 以上属于疲劳破坏，而且疲劳破坏前没有明显的变形。疲劳破坏经常会造成重大事故，所以，对于轴、齿轮、轴承、叶片、弹簧等承受交变应力的零件要选择疲劳强度较好的材料来制造。

### 4. 疲劳破坏的原因

机械零件之所以产生疲劳断裂，是因为材料表面或内部有缺陷（夹杂、划痕、显微裂纹等），这些部位的局部应力大于屈服强度，从而产生局部塑性变形导致开裂。这些裂缝随应力循环次数的增加而逐渐扩展，直至最后承载的截面减小到不能承受所加载荷而突然断裂。

### 5. 提高疲劳强度的措施

合理选材，改善材料的结构形状，避免应力集中，减少材料和零件的缺陷；提高零件表面质量，对表面进行强化、喷丸处理等。

## 六、蠕变与松弛

### 1. 蠕变与松弛的概念

蠕变是指金属在高温和应力同时作用下，应力保持不变，其非弹性变形量随时间的延长而缓慢增大的现象。高温、应力和时间是蠕变发生的三要素。应力越大，温度越高，且在高温下停留的时间越长，则蠕变越甚。

松弛是指在高温下工作的金属构件，在总变形量不变的条件下其弹性变形随时间的延长不断转变成非弹性变形，从而引起金属中的应力逐渐下降并趋于一个稳定值的现象。

### 2. 蠕变与松弛的联系和区别

蠕变和松弛两者实质是相同的，都是材料在高温下随时间发生的非弹性变形的积累过程。

松弛与蠕变两者的区别是：松弛是在总变形量一定的特定条件下一部分弹性变形转变

为非弹性变形；而蠕变则是在恒定应力长期作用下直接产生非弹性变形。

由此可看出，忽视蠕变与松弛的影响会使高温下工作的构件发生重大事故。例如，燃气轮机的叶片在高温下可能产生过大的蠕变变形而与汽轮机筒体相撞，高压燃气管道紧固螺栓的预紧力会因松弛现象而大大降低，从而保证不了气密连接等。

# 第三节　金属材料的理化性能

## 一、金属材料的物理性能

金属材料在各种物理现象作用下所表现出来的性能称为物理性能。物理性能是金属的固有属性，包括密度、熔点、导热性、导电性、热膨胀性、磁性等。其特点是在各种物理现象过程中金属材料的化学成分保持不变。

### 1. 密度

密度是指在一定温度下单位体积金属的质量，单位为 $kg/m^3$，常用 $\rho$ 表示。密度是金属材料的特性之一。不同金属材料的密度是不同的，体积相同时，金属材料的密度越大，其质量（重量）也越大。金属材料的密度直接关系到由它制造的设备的自重，对于运动构件，材料的密度越小，消耗的能量越少，效率越高。如发动机要求自重轻和惯性小的活塞，常采用密度小的铝合金制造。在航空航天领域，密度是选材的重要指标之一，一般选用密度小、强度高的材料。通常把密度小于 $5 \times 10^3 kg/m^3$ 的金属称为轻金属，密度大于 $5 \times 10^3 kg/m^3$ 的金属称为重金属。

### 2. 熔点

熔点是指金属材料由固态开始熔化为液态时的温度，单位为℃。纯金属都有固定的熔点。工业上常用的金属中，锡的熔点最低，为231.9℃，而钨的熔点最高，为3410℃。合金的熔点取决于其化学成分，如钢和生铁虽然都是铁和碳的合金，但由于碳的质量分数不同，它们的熔点也不同。碳钢和低合金钢的熔点为 1400～1500℃。熔点是金属和合金的冶炼、铸造、焊接中重要的工艺参数。通常，材料的熔点越高，其高温性能就越好。陶瓷材料的熔点一般都显著高于金属及合金，所以陶瓷材料的高温性能普遍比金属材料好。

### 3. 导热性

导热性是指金属材料传导热量的能力，一般用热导率（又称导热系数）$A$ 来表示。导热性好的金属材料，其散热性也较好，在加热或冷却时内外温差变化较小，产生的变形也小；相反，金属的导热性越差，加热或冷却时其部件表面和内部的温度差就越大，就越易产生裂纹。如在制造散热器、热交换器与活塞等零件时，就要注意选用导热性好的金属。在制订焊接、铸造、锻造和热处理工艺时，也必须考虑材料的导热性，以防止金属材料在加热或冷却过程中形成较大的内应力，避免金属材料发生变形或开裂。保温器材等应采用导热性差的材料制造。银的导热性最好，其次是铜、金和铝。一般来说，导热性好的材料，其导电性也好。

### 4. 导电性

导电性指金属能够传导电流的性能。金属导电性的好坏，常用电阻率 $\rho$ 表示。各种金属的导电性各不相同，金属的电阻率越小，其导电性越好。通常银的导电性最好，其次是铜和金。导电性与导热性一样，是随合金化学成分的复杂化而降低的，因而纯金属的导电性总比合金好。工业上常用纯铜、纯铝作导电材料，而用导电性差的铜合金和铝合金制作电热元件。

### 5. 热膨胀性

热膨胀性是金属材料随着温度变化而膨胀、收缩的特性，一般用线膨胀系数来表示。一般来说，金属材料受热时膨胀，体积增大，冷却时收缩，体积缩小。在生产实践中，必须考虑金属材料的热膨胀性所产生的影响。例如，带衬里的化工容器要求衬里材料与基体材料的线膨胀系数比较接近，否则当温度变化时，由于两种材料的膨胀量不一致，衬里常常会开裂。铺设钢轨时，在两根钢轨衔接处应留有一定的空隙，使钢轨在长度方向有膨胀的余地；轴与轴瓦之间要根据线膨胀系数来控制其间隙尺寸；在制订焊接、热处理、铸造等工艺时必须考虑材料的热膨胀影响，以减少工件的变形与开裂；测量工件的尺寸时也要注意热膨胀因素，以减少测量误差。

### 6. 磁性

磁性指金属材料在磁场中被磁化而呈现磁性强弱的性能。根据在磁场中受到磁化程度的不同，金属材料可分为铁磁性材料和非铁磁性材料。铁磁性材料可以被磁铁吸引，如铁、钴、镍等；非铁磁性材料不能被磁铁吸引，如金、银、铜、铅、锌等。铁及其合金（包括钢与铸铁）是常见的铁磁性材料，主要用于制造变压器、电动机等。非铁磁性材料则可用于制作要求避免电磁场干扰的零件和构件。

## 二、金属材料的化学性能

化学性能指金属材料在室温或高温时抵抗各种化学介质作用所表现出来的性能，包括耐腐蚀性、抗氧化性和化学稳定性。

### 1. 耐腐蚀性

耐腐蚀性指金属材料抵抗各种介质（大气、酸、碱、盐）侵蚀的能力。化工生产中所涉及的物料常会有腐蚀性，材料的耐腐蚀性不强，必将影响设备的使用寿命，有时还会影响产品质量。

金属的腐蚀造成的损失是巨大的。据统计，因腐蚀每年约 30％ 的钢铁产品报废，10％ 的钢铁全部变为铁锈。在化工、石油、轻工、能源等行业中，约 60％ 的装备失效与腐蚀有关。实际上，由于材料腐蚀引起的工厂停产、设备更新、能源浪费等间接损失远比金属材料的价值大得多。

### 2. 抗氧化性

抗氧化性是指金属材料在高温时抵抗氧化作用的能力。金属材料的氧化随温度升高而加速。在化工生产中，有很多设备和机械，如氨合成塔、工业锅炉以及汽轮机等，长期在高温下工作，极易产生氧化腐蚀。氧化不仅造成材料过量的损耗，也会形成各种缺陷。所以，制造这些零件时必须采用耐热材料或表面喷漆，避免金属材料氧化。

### 3. 化学稳定性

化学稳定性是金属材料的耐腐蚀性与抗氧化性的总称。金属材料在高温下的化学稳定性称为热稳定性。在高温条件下工作的设备（如锅炉、加热设备、汽轮机、喷气发动机等），其零部件需要选择热稳定性好的材料来制造。

 习　题

1. 什么是载荷？根据作用性质不同，载荷可分为几类？
2. 金属材料的性能包括哪些内容？
3. 什么是金属的工艺性能？主要包括哪些内容？
4. 什么是金属的力学性能？衡量力学性能的指标有哪些？
5. 什么是强度？衡量强度的常用指标有哪些？各用什么符号表示？
6. 绘制低碳钢的力-伸长曲线，并解释低碳钢伸长曲线的几个变形阶段。
7. 什么是塑性？衡量塑性的指标有哪些？各用什么符号表示？
8. 什么是硬度？列举出硬度试验的两种方法。
9. 布氏硬度试验有哪些优缺点？说明其应用范围。
10. 常用的洛氏硬度标尺为哪三种？各适用于测定哪些材料的硬度？
11. 什么是冲击韧性？用什么符号表示？
12. 什么是冲击韧度？用什么符号表示？大能量一次冲击和小能量多次冲击的冲击抗力各取决于什么因素？
13. 金属材料的物理性能指标有哪些？
14. 金属材料的化学性能指标有哪些？

# 第二章

# 金属材料组织与铁碳合金

固态物质按原子（或分子）排列特点的不同，分为晶体和非晶体两大类。固态金属基本上都是晶体物质。金属材料的内部组织结构和化学成分对其性能的影响十分重要，如铁丝和钢丝，前者柔软，后者坚硬。因此，研究金属材料的内部结构和化学成分及其对性能的影响，对我们合理地选用金属材料、确定加工工艺以及发掘新型材料等方面具有重要的意义。

## 第一节　金属的晶体结构

### 一、晶体与非晶体

在生活中，物质存在的状态一般有三种情况，分别为固体、液体、气体。其中，固体可分为晶体和非晶体。那么什么是晶体和非晶体？它们的区别有哪些呢？

**1. 晶体**

凡是内部原子呈有序、有规则排列的固体物质均称为晶体（图 2-1），如金刚石、石墨、石英及一般固态金属等。

**2. 非晶体**

凡是内部原子呈无序、无规则堆积状况的固体物质均称为非晶体（图 2-2），如普通玻璃、松香、沥青和石蜡等。

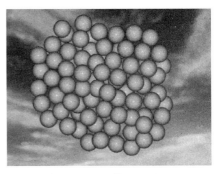

图 2-1　晶体原子排列　　　　　　　　　图 2-2　非晶体原子排列

### 3. 晶体与非晶体的主要区别

① 内部排列不同：晶体中粒子在微观空间里呈现周期性的有序排列。非晶体的内部排列是无序的、杂乱无章的，没有一个固定的规律，也没有一个固定的顺序。

② 自范性不同：晶体有自范性，非晶体无自范性。即在适宜的条件下，晶体能够自发地长成封闭的、规则的多面体外形；而非晶体是无定形固体。

③ 熔点不同：晶体具有确定的熔点（或凝固点），而非晶体没有。

④ 各向异性：晶体具有各向异性，即晶体的几何度量和物理性质等随着方向的改变而有所变化。非晶体表现为各向同性。

## 二、纯金属的晶体结构及常见类型

### 1. 晶格与晶胞

为了便于描述和理解晶体中原子在三维空间排列的规律性，可把晶体内部的原子看成一个个小球（质点），则金属晶体就是由这些小球有规律地堆积而成的物体，如图 2-1 所示。用一些假想的直线将各小球中心连接起来可形成一个空间格子，如图 2-3（a）所示。这种用于描述原子在晶体中排列形式的空间几何格子，称为晶格。

根据晶体中原子排列规律性和周期性的特点，通常从晶格中选取一个能够充分反映原子排列特点的最小几何单元进行分析。这个反映晶格特征、具有代表性的最小几何单元称为晶胞，如图 2-3（b）所示。

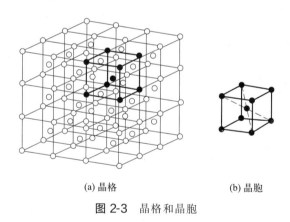

(a) 晶格　　　　　　　　　(b) 晶胞

**图 2-3**　晶格和晶胞

应当指出，原子在晶格结点上并不是固定不动的，而是以结点为中心作高频率振动。随着温度升高，原子的振动幅度也增大。

### 2. 常见的金属晶格类型

在已知的金属元素中，除少数的十几种金属具有复杂的晶体结构外，室温下 $85\% \sim 90\%$ 金属的晶体结构都属于比较简单的类型，即体心立方晶格、面心立方晶格和密排六方晶格。

（1）体心立方晶格（BCC 晶格）

体心立方晶格的晶胞是立方体，原子分布在立方体的八个顶点和中心处，如图 2-4 所示。从图中可以看出，顶角处的原子为周围 8 个晶胞共有，晶胞内的原子为 1 个晶胞独有。因此，体心立方晶格每个晶胞内占有的原子数是 2 个。具有这种晶格的金属有钼（Mo）、钨（W）、钒（V）、铌（Nb）、钽（Ta）和 α-Fe（温度小于 912℃的纯铁）等。这类金属具有相当大的强度和较好的塑性。

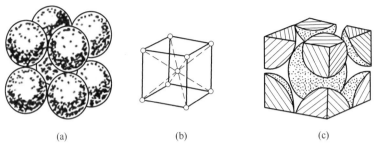

(a)       (b)       (c)

图 2-4   体心立方晶格的晶胞

（2）面心立方晶格（FCC 晶格）

面心立方晶格的晶胞是一个立方体，原子分布在立方体的八个顶点和各面的中心处，如图 2-5 所示。从图中可以看出，顶角处的原子为周围 8 个晶胞共有，而晶面上的原子为相邻 2 个晶胞共有。因此，面心立方晶格每个晶胞内占有的原子数是 4 个。属于这种晶格的金属有金（Au）、银（Ag）、铜（Cu）、铝（Al）、镍（Ni）、铅（Pb）和 γ-Fe 等。这类金属的塑性都很好。

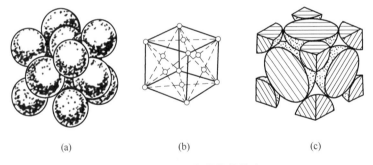

(a)       (b)       (c)

图 2-5   面心立方晶格的晶胞

（3）密排六方晶格（HCP 晶格）

密排六方晶格的晶胞是一个正六棱柱，除了在正六棱柱的十二个顶点和上、下两个底面的中心有原子分布外，在正六棱柱两底面的中间还有 3 个原子，如图 2-6 所示。从图中

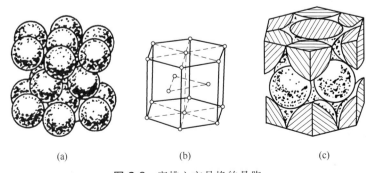

(a)       (b)       (c)

图 2-6   密排六方晶格的晶胞

可以看出，顶角处的原子为周围 6 个晶胞共有，而晶面上的原子为相邻 2 个晶胞共有，晶胞内的 3 个原子为 1 个晶胞独有。因此，密排六方晶格每个晶胞内占有的原子数是 6 个。属于这种晶格的金属有铍（Be）、镁（Mg）、锌（Zn）、镉（Cd）等，其塑性较差。

### 3. 纯金属的实际晶体结构

（1）单晶体与多晶体

内部晶格位向（即原子排列方向）完全一致的晶体称为单晶体，如图 2-7 所示。自然界存在的单晶体极少，如水晶、金刚石等；一般采用特殊方法人工制造某些单晶体，如单晶硅、第四代单晶高温合金 DD22 等。单晶体原子排列方向一致，表现为各向异性。

实际使用的金属材料是由很多大小、外形和晶格排列方向均不相同的小晶体组成的，如图 2-8 所示。这些小晶体称为晶粒，晶粒间交界的地方称为晶界。我们把这种由许多晶粒组成的晶体称为多晶体，因此一般实际使用的金属材料都是多晶体。多晶体中每个晶粒的内部晶格位向是完全一致的，但各个晶粒间的位向却是不同的，因此通常测出的金属的性能是各个位向不同的晶粒的平均性能，表现为各向同性。

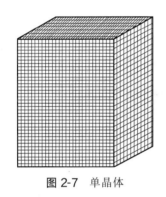

图 2-7 单晶体

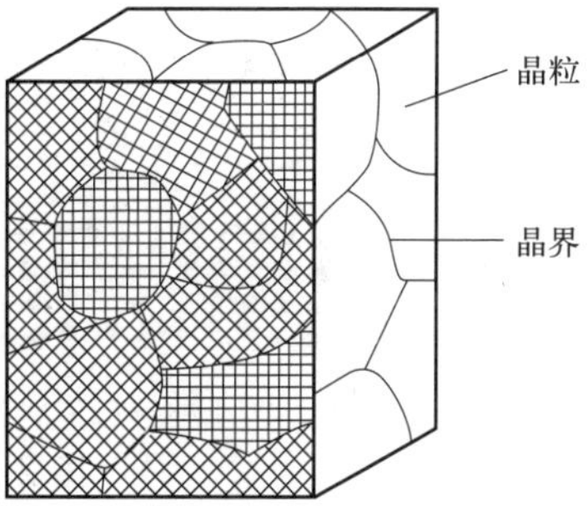

图 2-8 多晶体

（2）纯金属晶体缺陷

实际晶体中，由于许多因素（如原子热运动、晶体形成条件、冷热加工过程等）的影响，在局部区域原子排列的规则往往受到干扰和破坏，使局部原子的排列不完整，即在局部区域存在着晶体缺陷。晶体缺陷对晶体的许多性能有很大的影响，如引起塑性变形抗力的增大，从而使金属的强度和硬度有所提高，韧性有所下降等。根据晶体缺陷的几何形态特点，可将其分为点缺陷、线缺陷和面缺陷三种。

① 点缺陷。点缺陷是在三维方向上尺寸都很小的缺陷（又称零维缺陷）。点缺陷主要包含以下几类：空位、间隙原子和置代原子。如图 2-9（a）所示，由于原子以晶格结点为中心作高频率振动，当其逃离原来的位置时，就形成了空位；而这些原子又可能挤到晶格间隙中，从而形成间隙原子；置代原子是由于杂质或溶质原子取代了晶格结点上原来的原子。空位、间隙原子和置代原子造成了"晶格畸变"，导致晶体性能发生一定变化。

② 线缺陷。线缺陷是在某一方向上尺寸较大，另两维方向上尺寸很小的缺陷（又称一维缺陷），比如各种类型的位错。如图 2-9（b）是金属晶粒内的刃型位错。位错是由于晶格中一列或若干列原子发生了某种有规律的错排引起的晶格畸变。由于位错存在，使位错线附近的应力变大，对金属的性能产生很大影响，如强度、塑性、疲劳、原子扩散及相变过程等。

③ 面缺陷。面缺陷是在两维方向上尺寸很大，另一个方向上尺寸很小的缺陷（又称二维缺陷）。一般面缺陷指的是晶界和亚晶界。多晶体是由许多晶粒组成的，位向不同的相邻晶粒的界面称为晶界，晶界处原子呈现不规则排列，如图 2-9（c）所示。晶粒的平均直径通常在 0.015～0.25mm 范围内，相邻晶粒位向差较大。而有些晶粒又由若干个位向差很小（一般小于 2°）的亚晶粒组成，亚晶粒的平均直径通常在 0.001mm 以下。位向稍有差异的两相邻亚晶粒的界面称为亚晶界，亚晶界处原子排列也不规则，如图 2-9（d）所示。

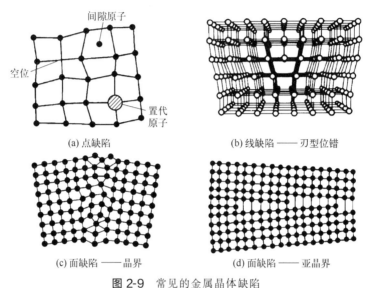

图 2-9　常见的金属晶体缺陷

# 第二节　纯金属的结晶

结晶是指金属从高温液体状态冷却凝固为固体（晶体）状态的过程。由于结晶过程能决定金属的固态结构、组织和性能，所以了解金属的结晶过程及其规律，对于控制材料的内部组织和性能是十分重要的。

## 一、冷却曲线与过冷度

纯金属都有固定的凝固点，低于此温度时才会发生结晶现象，其结晶过程可以通过热分析法进行研究。图 2-10 为热分析法装置。首先将纯金属加热熔化成液体，然后用极缓慢的速度使其冷却下来，在冷却过程中，每隔一定的时间测量一次温度，最后将记录下来的数据描绘在温度-时间坐标图中，便可获得纯金属的冷却曲线，如图 2-11 所示。

由冷却曲线可见，液态金属随着冷却时间的延长，温度不断下降。当冷却到 $a$ 点时，液态金属开始结晶。由于结晶过程中释放的结晶潜热补偿了向外界散发的热量，所以结晶时的温度并不随冷却时间的延长而降低，直到 $b$ 点结晶终了时，温度才继续下降直至室温。$a$、$b$ 两点间的水平线段即为结晶阶段，这个阶段所对应的温度就是纯金属的结晶温度。

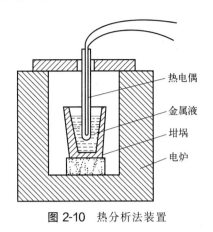

图 2-10　热分析法装置

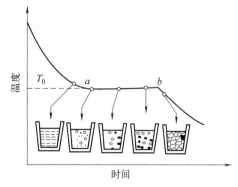

图 2-11　纯金属的冷却曲线

　　理论上液态金属冷却时的结晶温度（凝固点）与加热时的熔化温度应是同一温度，即金属的理论结晶温度（$T_0$）。实际上液态金属总是冷却到理论结晶温度以下的某一温度才开始结晶，如图 2-12 所示。这种实际结晶温度低于理论结晶温度的现象称为过冷，理论结晶温度与实际结晶温度之差称为过冷度。金属结晶时过冷度的大小与冷却速度有关，冷却速度越快，金属的实际结晶温度越低，过冷度也就越大；如果冷却速度较快，则纯金属结晶时是不能保持恒温的。实际上金属总是在过冷的情况下结晶，故过冷是金属结晶的必要条件。

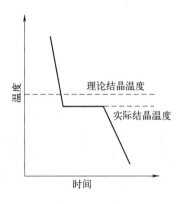

图 2-12　过冷度

## 二、纯金属的结晶过程

　　金属的结晶过程，其实质就是在过冷的条件下，金属原子由不规则排列过渡到规则排列而形成晶体的过程。因此，由液态金属向固态金属的转变是不可能在一瞬间完成的，它必须经过一个由小到大、由局部到整体的发展过程。大量的试验表明，金属结晶时，首先是在液态金属中由短程有序规则排列的原子团自发形成一些微小而稳定的小晶体（即晶核），这种形核方式称为自发形核；然后以这些晶核为核心逐渐长大。在这些晶核长大的同时，液体中又不断产生新的晶核并不断长大，直到它们完全相互接触，液态金属耗尽，至此结晶过程结束。此外，在工程金属材料中必然存在着一些难熔杂质微粒，当金属结晶时，液态金属会在这些固体微粒表面聚集形核，这种形核方式称为非自发形核。在金属实际结晶过程中，自发形核和非自发形核同时存在，但非自发形核方式更为普遍，起优先和主导作用。因此，金属的结晶过程实质上就是晶核产生与长大的过程，并且这两个过程是同时进行的。这是物质结晶的普遍规律。

图 2-13 为纯金属的结晶过程。在结晶时，由一个晶核成长的晶体就是一个晶粒，它们在长大相遇时不能合为一体，中间有一层界面（晶界）分开。晶核的长大方式一般分为均匀长大和树枝状长大。当过冷度很小（即冷却速度很慢）时，晶核以结晶表面向前平移的方式均匀长大，在这个过程中晶粒具有规则的几何外形。而实际上金属在结晶过程中冷却速度一般较大，即过冷度较大，此时的晶核呈树枝状长大，如图 2-14 所示。这是因为在结晶过程中晶核的棱角处散热条件好、温度低，此处优先生长。在生长过程中，先形成树枝的主干，称为一次晶轴，再不断形成分支，称为二次晶轴、三次晶轴，最后得到的形状为树枝状，称为枝晶。

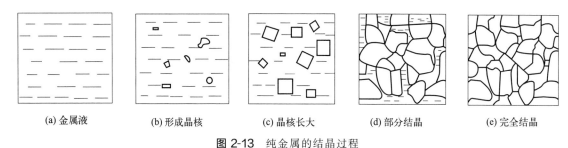

| (a) 金属液 | (b) 形成晶核 | (c) 晶核长大 | (d) 部分结晶 | (e) 完全结晶 |

**图 2-13** 纯金属的结晶过程

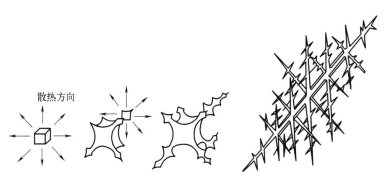

**图 2-14** 晶核树枝状长大方式

### 三、晶粒的大小及其控制

#### 1. 晶粒的大小

金属晶粒的大小通常用晶粒度衡量，即用单位面积或单位体积内的晶粒数目或者晶粒平均直径来表示。晶粒的大小对金属的力学性能有很大的影响。从金属的常温力学性能来讲，一般是晶粒越细小则强度和硬度就越高，同时塑性和韧性也越好。表 2-1 列出了晶粒大小对纯铁力学性能的影响。由表可知，细化晶粒对提高金属的常温力学性能作用很大。因此，在实际生产中往往希望获得晶粒细小的金属组织。但也要注意的是，对于一些在高温下工作的金属材料来说，晶粒不宜过大，也不宜过小。这是因为在高温下细晶粒易发生蠕变、腐蚀，而粗晶粒正好相反。

表 2-1　晶粒的大小对纯铁力学性能的影响

| 晶粒平均直径/$\mu$m | $R_m$/MPa | $R_{eL}$/MPa | $A$/% |
| --- | --- | --- | --- |
| 70 | 184 | 34 | 30.6 |
| 25 | 216 | 45 | 39.5 |
| 2.0 | 268 | 58 | 48.8 |
| 1.6 | 270 | 66 | 50.7 |

注：$R_m$ 为抗拉强度，$R_{eL}$ 为下屈服强度，$A$ 为断后伸长率。

### 2. 晶粒大小的控制

为了提高金属的力学性能，必须控制金属结晶后的晶粒大小。分析结晶过程可知，金属结晶后晶粒的大小与形核率 $N$（单位时间、单位体积内所产生的晶核数目）和晶核的长大速度 $G$（单位时间晶体生长的线长度）有关。形核率越大，则结晶后的晶粒越多，晶粒也越细小；相反，若形核率不变，晶核的长大速度越小，则结晶时间越长，生成的晶核越多，单位体积中的晶粒越多，晶粒也越细小。因此，细化晶粒的方法是控制形核率及长大速度。常用的细化晶粒的方法有以下几种。

（1）增加过冷度

金属结晶时，形核率（$N$）和长大速度（$G$）都随过冷度的增大而增大，但是两者的增长程度是不同的，大多数金属的形核率增长要快些，如图 2-15 所示。实践证明，金属结晶时的过冷往往只能处于该曲线的上升部分。因此，增大过冷度能使晶粒细化。在实际生产中，常对中、小型铸件采用降低浇铸温度、加快冷却速度的方法增大过冷度，从而使铸件表面获得细晶粒层。

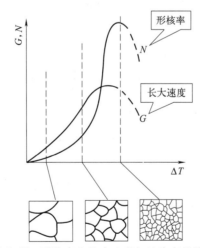

图 2-15　形核率和长大速度与过冷度的关系

近几年，由于超高速急冷技术的发展，已成功地获得了超细化晶粒的金属与非晶态结构的金属。这类金属具有一系列的力学性能与特异的物理和化学性能，有着广阔的发展前景。

（2）变质处理

在浇注前向液态金属中加入一些细小的形核剂（又称变质剂或孕育剂），起到非自发形核的作用，提高形核率，可使晶粒数目显著增加，阻碍晶核的长大，这种细化晶粒的方法叫变质处理。

并不是加入任何物质都能起变质或孕育作用的，不同的金属液体要加入不同的物质。铸造工业中常利用此法生产高强度的孕育铸铁。如钢中加入钛、硼、铝等，铸铁中加入硅铁、硅钙等均能起到细化晶粒的作用。

（3）振动处理

采用机械振动、超声波振动和电磁振动等，可使液态金属运动。这一运动能打碎正在生长的树枝状晶体，从而提供更多的结晶核心，增加晶核数目；同时，由于外部输入能量，又能促进形核，达到细化晶粒的目的。

## 四、金属的同素异构转变

大多数金属在结晶后，其晶格类型不再发生变化。但有些金属如铁、锡、锰、钛、钴等，在固态下，随着温度的变化，其晶格类型会发生转变。这种金属在固态时，随着温度的变化，由一种晶格转变为另一种晶格的现象称为同素异构转变。一种固态金属，在不同的温度区间具有不同的晶格类型的性质称为同素异构性。以不同晶格形式存在的同一金属元素的晶体称为该金属的同素异晶体。同一种金属的同素异晶体按其稳定存在的温度，由低温到高温依次用希腊字母 α、β、γ、δ 等表示。

纯铁是典型的具有同素异构转变特性的金属。图 2-16 为纯铁的冷却曲线。由图可见，液态纯铁（L）在 1538℃开始结晶，得到体心立方晶格的 δ-Fe；继续冷却到 1394℃时发生同素异构转变，体心立方晶格的 δ-Fe 转变为面心立方晶格的 γ-Fe；再次冷却到 912℃时又发生同素异构转变，面心立方晶格的 γ-Fe 转变为体心立方晶格的 α-Fe；最后冷却到室温，晶格的类型不再发生变化。这些转变可以用下式表示：

$$L \xrightarrow{\ 1538℃\ } δ\text{-}Fe \xrightarrow{\ 1394℃\ } γ\text{-}Fe \xrightarrow{\ 912℃\ } α\text{-}Fe$$

（体心立方晶格）　（面心立方晶格）　（体心立方晶格）

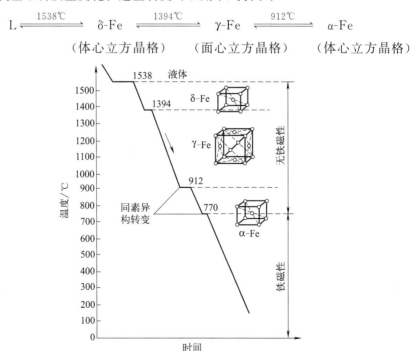

图 2-16　纯铁的冷却曲线

金属的同素异构转变与液态金属的结晶过程相似，也有晶核的形成与长大两个过程（图 2-17），故又叫重结晶或二次结晶。转变时也有结晶潜热的放出和过冷现象。但是，由于固态下原子的扩散比液态下困难得多，因而转变所需的时间较长。在快速冷却的条件下，实际转变的温度将大为降低，即过冷度较大。另外，转变时由于晶格不同，原子排列的密度不同，因而金属的体积也将发生变化。例如，δ-Fe 转变为 γ-Fe 时，铁的体积会膨胀约 1%。这是钢热处理时引起应力，导致工件变形开裂的重要原因。

铁的同素异构转变特性是钢铁材料能进行热处理的依据，也是钢铁材料品种多样、应用广泛的重要原因。

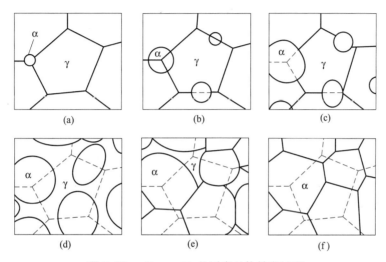

**图 2-17**　α-Fe → γ-Fe 的同素异构转变过程

# 第三节　合金组织

纯金属虽然具有导电性、导热性好与塑性良好等优点，在工业中获得了一定的应用，但由于纯金属的机械性能比较差，不能满足各种场合的使用要求。以强度为例，纯铁的抗拉强度约为 250MPa，而纯铝还不到 100MPa，显然都不适合用作结构材料。加之种类有限、冶炼困难、价格较高等，因此纯金属在使用上受到了很大限制。在工业上大量使用的金属材料主要是合金，尤其是铁碳合金。

## 一、合金的基本概念

### 1. 合金

合金是以一种金属元素为基础，加入其他金属元素或非金属元素，经过熔炼、烧结或其他方法组合而成的具有金属特性的物质。即合金是由两种或两种以上的元素组成的金属材料，根据组成元素的数目，可分为二元合金、三元合金和多元合金。例如，人类生产最早的合金——青铜，就是铜与锡的合金；工业上广泛应用的钢铁材料就是铁和碳组成的合金。合金除具备纯金属的基本特性外，还兼有优良的力学性能和特殊的物化性能，如高强度、强磁性、低的热膨胀系数、良好的耐热性和耐腐蚀性等。同时组成合金的各种元素的比例能在很大范围内变化，可以借此来调节合金的性能，以满足工业上不同场合的使用性能要求。

### 2. 组元

组成合金最简单、最基本的独立物质称为组元，简称元。组元一般是指元素，例如普通黄铜中的铜和锌是组元，铁碳合金中的纯铁和碳也是组元。有些稳定的化合物也可以作为组元，如 $Fe_3C$、$Al_2O_3$、$CaO$ 等。

### 3. 合金系

两个或两个以上组元可按不同比例配制成一系列不同成分的合金，这一系列合金构成一个合金系统，简称合金系。合金系可以由构成它的组元命名，例如铁碳合金；也可以用其组元的个数来命名，例如普通黄铜是由铜和锌两个组元组成的合金系，称为二元合金，硬铝是由铝、铜、镁或铝、铜、锰三个组元组成的合金系，则称三元合金，以此类推。

### 4. 相

合金中具有同一聚集状态、同一晶体结构和性质，并以界面相互隔开的均匀组成部分称为相。如均匀的液态合金是一个相（也称单相），而其在结晶时是液态和固态同时存在的两个相（即液相和固相）。两个相之间的接触界面称为相界面，超过此界面，一定有某种宏观性质（如密度、组成、晶格等）发生突变。金属从一个相转变为另一个相的过程称为相变，相变过程也就是物质结构发生突然变化的过程。相的存在和某相量的多少无关，可以连续存在，也可以不连续存在。

### 5. 组织

在金相显微镜下观察到的金属中各相或各晶粒的形态、数量、大小和分布的组合为显微组织，简称组织。相是组织的基本组成部分。若组织由一个相组成时，称为单相组织，如纯金属的组织是由一个相组成的；若组织由几个相组成时，称为多相组织。组织具有特定的微观形态，是决定金属性能的根本因素，不同的组织其性能也不同。因此在工业生产中，控制和改变合金的组织具有十分重要的意义。

## 二、合金的晶体结构

根据合金中各组元之间结合方式的不同，固态合金的组织可分为固溶体、金属化合物和机械混合物三种。

### 1. 固溶体

固溶体就是在固态下两种或两种以上的物质互相溶解构成的单一均匀的物质。其中，与固溶体晶格相同的组元称为溶剂，一般含量较多；另外的组元称为溶质，一般含量较少。例如，铁素体就是以铁为溶剂、以碳为溶质形成的固溶体。根据固溶体晶格中溶质原子在溶剂晶格中占据的位置不同，分为间隙固溶体和置换固溶体两种。

间隙固溶体是指溶质原子分布在溶剂晶格间隙之中而形成的固溶体，见图 2-18（a）。其形成条件一般是溶质原子与溶剂原子半径之比≤0.59。由于溶剂晶格的空隙尺寸很小，故能够形成间隙固溶体的溶剂原子通常都是一些原子半径很小的非金属元素。如碳、氮、硼等非金属元素溶入铁中形成的固溶体即属于这种类型。由于溶剂晶格的空隙有限，因此

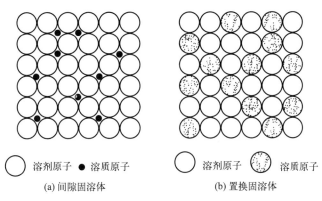

图 2-18 固溶体结构

间隙固溶体能溶解的溶质原子的数量也是有限的。所以，间隙固溶体都是有限固溶体。

置换固溶体是指溶质原子置换了溶剂晶格结点上的某些原子而形成的固溶体，见图 2-18（b）。其形成条件是溶剂和溶质原子直径相差不大，一般在 15％以内。在置换固溶体中，根据溶质原子的溶解情况，可以分为有限固溶体和无限固溶体。例如，铜镍二元合金即形成置换固溶体，镍原子可在铜晶格的任意位置替代铜原子，可以形成无限固溶体。因此，无限固溶体只可能是置换固溶体。

不论是间隙固溶体还是置换固溶体，由于溶质原子已溶入溶剂晶格中，这就必然破坏了原有的溶剂原子的规则排列，即产生了晶格畸变，见图 2-19。

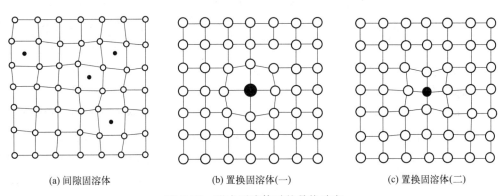

图 2-19 形成固溶体时的晶格畸变

固溶体中的晶格畸变，首先会导致合金的塑性变形阻力增大，从而提高合金的强度和硬度，而其塑性和韧性有所下降。这种因形成固溶体而引起合金强度和硬度升高的现象称为固溶强化。适当控制溶质的含量，可明显提高金属的强度和硬度，同时仍能保证足够高的塑性和韧性，所以固溶强化是提高合金机械性能的重要途径之一。例如，我国的低合金钢就是利用了锰、硅等元素来强化铁素体，而其塑性、韧性仍较好，从而使钢材的机械性能大为提高。其次，晶格畸变还能使固溶体的某些物理性能发生变化。例如，固溶体一般比纯金属的电阻率高，导热性差。在工业上常用的金属材料中，固溶体占有非常重要的地位，它们可以是合金中的唯一相，也可以是合金中的基本相。

## 2. 金属化合物

金属化合物是指合金组元之间相互作用而形成的一种具有金属特性的新相，新相的晶格类型和性能不同于任一组元。金属化合物可用化学式来表示，而且其晶格一般都比较复杂。其性能特点是熔点高、硬度高、脆性大。例如，铁碳合金中的 $Fe_3C$。当合金中出现金属化合物时，能提高其强度、硬度和耐磨性，但会降低其塑性和韧性。

### 3. 机械混合物

机械混合物是指由两种或两种以上的互不相溶的晶体结构按一定的比例混合而形成的显微组织。组成机械混合物的物质可能是纯金属、固溶体或者化合物各自的混合物，也可能是它们之间的混合物。机械混合物中的各相仍保持自己原来的晶格。绝大多数工业用合金都是机械混合物（如钢、铸铁、铜合金等），它们的性能主要取决于组成它们的各组成物的性能以及其数量、形状、大小和分布情况。

## 三、合金的结晶

### 1. 合金的结晶过程

合金的结晶过程同纯金属一样，也遵循晶核形成与晶核长大的规律，也需要一定过冷度才能结晶。但由于合金由两种或两种以上元素组成，其结晶过程除受温度影响外，还受到化学成分及组元间相互作用不同等因素的影响，故比纯金属复杂。合金结晶相比纯金属的结晶具有以下特点。

① 合金的结晶是在变温下进行的。纯金属的结晶是在一个固定的结晶温度（凝固点）下进行的，是恒温转变过程；而绝大多数合金的结晶都是在一个温度范围内进行的，一般结晶的开始温度与终止温度是不相同的，即有两个结晶温度。

② 合金在结晶过程中伴有化学成分的变化。纯金属的结晶仅发生晶体结构的变化；而合金由于包含两个以上的组元，合金在结晶过程中不仅会发生晶体结构的变化，还会伴有化学成分的变化，其局部化学成分是有差异的。

### 2. 合金相图的建立

为了解合金在结晶过程中各种组织的形成及变化规律，以掌握合金组织、成分与性能之间的关系，通常采用以温度和成分作为独立变量的相图来分析合金的结晶过程。

合金相图又称合金状态图或合金平衡图，反映的是平衡条件下不同成分的合金在不同温度下的相和组织的存在范围与变化规律。这里的平衡条件指的是极缓慢冷却或加热的条件。在生产中，相图是分析合金组织，制订铸造、锻压、熔炼、热加工工艺，预测材料性能的依据。根据合金组元的多少，可分为二元相图、三元相图及多元相图等。合金相图是通过大量实验建立的，实验方法有很多，最常用的为热分析法。下面以 Pb-Sb 二元合金为例，说明用热分析法建立合金相图的步骤。

① 首先配制出一系列不同成分的 Pb-Sb 合金（100％Pb，95％Pb、5％Sb，89％Pb、11％Sb，50％Pb、50％Sb，100％Sb）。配制的合金组数越多，测得的相图越准确。

② 然后分别熔化上述合金，在缓慢冷却的条件下测得合金的冷却曲线，并找出各冷却曲线上的临界点（转折点），即结晶的开始温度和终了温度。

③ 再然后在温度-成分坐标系中过合金成分点作成分垂线，并把每个合金冷却曲线上的临界点分别标注在各合金的成分垂线上。

④ 最后将各成分垂线上具有相同意义的点连接成线，标注上相应的字母和数字，就

得到了如图 2-20 所示的铅-锑二元合金相图。相图中结晶开始点的连线称为液相线，结晶终了点的连线称为固相线。

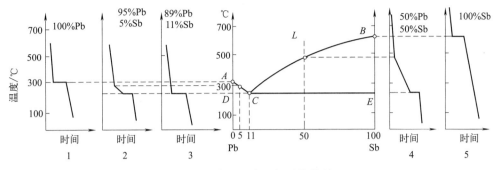

图 2-20　Pb-Sb 合金相图的绘制

# 第四节　铁碳合金

## 一、铁碳合金的基本组织

钢铁是工业中应用最广泛的金属材料，它们都是铁和碳为基本组元的合金，故又称为铁碳合金。由于钢铁材料的成分不同，它们的组织、性能和应用也不一样。

铁碳合金中碳原子和铁原子可以有几种不同的结合方式：一种是碳溶于铁中形成固溶体；另一种是碳和铁化合形成化合物；此外，还可以形成由固溶体和化合物组成的混合物。铁碳合金中有下列几种基本组织。

### 1. 铁素体

碳溶解在 α-Fe 中形成的有限间隙固溶体称为铁素体，通常用符号 F（或 α）表示，F 常用在行文中，α 常用在相图标注中。铁素体呈体心立方晶格结构，其晶胞如图 2-21 所示。

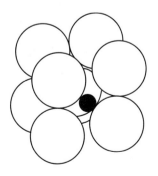

图 2-21　铁素体的晶胞

由于 α-Fe 是体心立方晶格结构，它的晶格间隙很小，因而碳在 α-Fe 中的溶解度极小，在室温时的溶解度仅有 0.0008%；随着温度的升高，溶解度略有增加，在 727℃时达到最大的溶解度，为 0.0218％。因此其性能几乎与纯铁相同，强度和硬度较低，塑性和韧性则很高。

铁素体的显微组织与纯铁相同，呈白色的多边形晶粒组织，晶界较为曲折，见图 2-22。有时由于各晶粒位向不同，受腐蚀程度略有差异，因而稍显明暗不同。

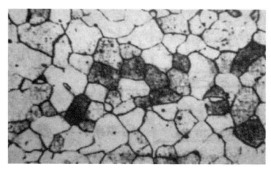

图 2-22　铁素体的显微组织

### 2. 奥氏体

碳在 γ-Fe 中形成的有限间隙固溶体称为奥氏体，通常用符号 A（或 γ）表示。奥氏体呈面心立方晶格结构，其晶胞如图 2-23 所示。奥氏体因为是面心立方晶格结构，八面体间隙较大，可以容纳更多的碳，因此碳的溶解度较大，在 727℃ 时碳的溶解度为 0.77％。其溶解度也是随着温度的升高而增大的，在 1148℃ 时达到最大的溶解度，为 2.11％。奥氏体是在大于 727℃ 的高温下才能稳定存在的组织，属于高温组织。

奥氏体的显微组织与铁素体的显微组织近似，一般由等轴状的多边形晶粒组成，晶粒内有孪晶，晶界较平直，见图 2-24。奥氏体具有一定的强度和硬度以及很好的塑性，无磁性，是绝大多数钢在高温下进行锻造或轧制时所要求的组织。

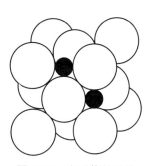

图 2-23　奥氏体的晶胞

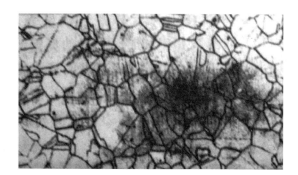

图 2-24　奥氏体的显微组织

### 3. 渗碳体

铁与碳形成的金属化合物称为渗碳体，通常用符号 $Fe_3C$（或 Cm）表示。其晶胞如图 2-25 所示。渗碳体具有复杂的斜方晶体结构，与铁和碳的晶体结构完全不同。渗碳体的含碳量为 6.69％，熔点高达 1227℃。渗碳体的硬度很高（可达 800HBW），塑性很差，伸长率和冲击韧性几乎为零，是一个硬而脆的组织。渗碳体在钢中主要起强化作用，随着钢中含碳量的增加，渗碳体的数量增多，钢的强度和硬度提高，而塑性和韧性下降。同时渗碳体是一个亚稳定的化合物，在一定温度下可分解为铁和石墨，该反应对铸铁有重要的意义。由于碳在 $\alpha\text{-Fe}$ 中的溶解度极小，因此在常温条件下，碳在铁碳合金中主要以 $Fe_3C$ 或 C（石墨）的形式存在。

在铁碳合金中，渗碳体以不同形态和大小的晶体出现在组织中，对钢的力学性能影响很大。从液相中结晶出的称为一次渗碳体，用符号 $Fe_3C_I$ 表示，其显微组织呈条状，如图 2-26（a）所示。从奥氏体中析出的称为二次渗碳体，用符号 $Fe_3C_{II}$ 表示，其显微组织呈网状，如图 2-26（b）所示。从铁素体中析出的称为三次渗碳体，用符号 $Fe_3C_{III}$ 表示，其显微组织呈网状。由于三次渗碳体数量很少，一般忽略不计。

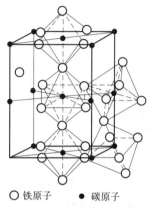

○ 铁原子　● 碳原子

图 2-25　渗碳体的晶胞

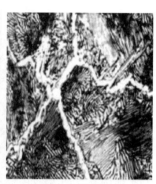

(a) $Fe_3C_I$ 的显微组织　(b) $Fe_3C_{II}$ 的显微组织

图 2-26　渗碳体的显微组织

### 4. 珠光体

珠光体是由铁素体和渗碳体组成的机械混合物，其平均含碳量为 0.77%，存在于 727℃以下，用符号 P 表示。它是由硬的渗碳体片和软的铁素体片相间、交错排列而成的组织，所以其性能介于渗碳体和铁素体之间，强度较高，同时保持着良好的塑性和韧性，是钢的基本组织。

若在显微镜下观察，当放大倍数较高时，能清楚地看到珠光体中的渗碳体呈片状分布在铁素体的基体上，如图 2-27 所示；当放大倍数适中时，珠光体呈指纹状，并有珍珠般的光泽（这就是珠光体名称的由来）；当放大倍数较低时，铁素体与渗碳体的层状间隔分辨不清，只能看到一块块"黑色组织"。

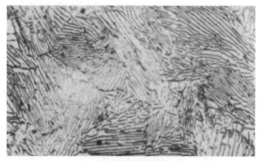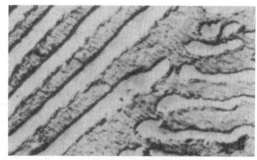

(a) 光学显微镜观察组织　(b) 电子显微镜观察组织

图 2-27　珠光体的显微组织

### 5. 莱氏体

奥氏体与渗碳体的机械混合物称为莱氏体，用符号 Ld 表示。它是含碳量为 4.3％的铁碳合金液体在 1148℃发生共晶转变形成的产物。当温度降到 727℃时，莱氏体中的奥氏体将转变为珠光体，所以在 727℃以下，莱氏体是由珠光体和渗碳体组成的。这种混合物称为低温莱氏体，用符号 Ld′表示，是铸铁的基本组织。莱氏体组织呈蜂窝状，其中有大量的渗碳体存在，如图 2-28 所示。其性能和渗碳体相近，即硬度很高，塑性很低。

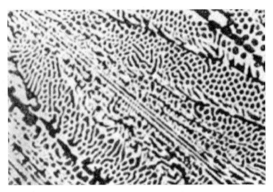

图 2-28　莱氏体的显微组织

在铁碳合金的五种基本组织中，铁素体、奥氏体、渗碳体都是单相组织，称为铁碳合金的基本相，而珠光体和莱氏体是由基本相组成的多相组织。同时，它们都有自己存在的条件，如奥氏体是高温时存在的一种组织，而莱氏体常存在于铸铁中。铁碳合金基本组织的力学性能指标及特点见表 2-2。

表 2-2　铁碳合金基本组织的性能及特点

| 组织名称 | 符号 | 含碳量/％ | 存在温度区间/℃ | 力学性能 | | | 特点 |
|---|---|---|---|---|---|---|---|
| | | | | $R_m$/MPa | $A_{11.3}$/％ | 硬度/HBW | |
| 铁素体 | F | ≤0.0218 | 912 以下 | 180～280 | 30～50 | 50～80 | 具有良好的塑性和韧性，强度和硬度很低 |
| 奥氏体 | A | ≤2.11 | 727 以上 | — | 40～60 | 120～220 | 强度、硬度虽不高，却具有良好的塑性，尤其是具有良好的锻压性能 |
| 渗碳体 | $Fe_3C$ | 6.69 | 1227 以下 | 30 | 0 | ≤800 | 高熔点、高硬度，塑性和韧性几乎为零，脆性极大 |
| 珠光体 | P | 0.77 | 727 以下 | 800 | 20～35 | 180 | 强度较高，硬度适中，有一定的塑性，具有较好的综合力学性能 |
| 莱氏体 | Ld′ | 4.30 | 727 以下 | | 0 | ＞700 | 性能接近于渗碳体，硬度很高，塑性、韧性极差 |
| | Ld | | 727～1148 | — | — | — | |

## 二、铁碳合金相图

### （一）铁碳合金相图的图形分析

铁碳合金相图是表示在缓慢冷却（或缓慢加热）的条件下，不同化学成分的铁碳合金的状态或组织随温度变化的一种图形。它是研究铁碳合金在平衡状态下的成分、温度和组织结构之间关系的图形，是人类经过长期实践并进行大量科学实验总结出来的。铁碳合金相图对于了解钢铁材料的性能和使用、制订钢铁材料的热加工工艺具有重要的指导意义。

生产实践表明，碳的质量分数 $w_C > 5\%$，尤其是 $w_C = 6.69\%$ 时，铁碳合金几乎全部变为渗碳体 $Fe_3C$。渗碳体脆性极大，机械加工困难，工业上没有实用价值。所以，在研究铁碳合金相图时，只需研究 $w_C \leqslant 6.69\%$ 的部分，而渗碳体可看成铁碳合金的一个组元。因此，我们只研究 Fe 到邻近的化合物 $Fe_3C$ 部分，即 $Fe\text{-}Fe_3C$ 状态图。由于包晶反应是高温铁素体与液相反应产生奥氏体的相变过程，与实际生产，特别是钢的热处理关系不大，因此为了讨论方便，我们对此部分忽略不计，下面仅介绍简化了的铁碳合金相图，如图 2-29 所示。

图 2-29 中的纵坐标表示温度，横坐标表示碳（或渗碳体）的质量分数。横坐标的左端表示 100% 的铁，右端表示含碳量为 6.69% 的铁碳合金（或 100% 的渗碳体）；横坐标上的其余任何 点均代表 种成分的铁碳合金。

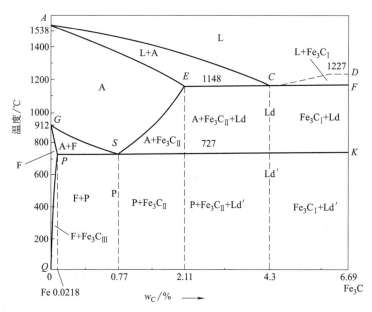

**图 2-29** 简化后的 $Fe\text{-}Fe_3C$ 相图

### 1. 铁碳合金相图中的特性点

（1）共晶点 $C$ 点（三相共存）

具有 $C$ 点成分（含碳量为 4.3%）的液态合金在恒温下（1148℃）满足共晶反应的条件将发生共晶转变，同时结晶出奥氏体和渗碳体组成的机械混合物（共晶体），称为莱氏体（Ld）。其反应式为

$$Ld(4.3\%) \xrightleftharpoons[\quad]{1148℃} A + Fe_3C$$

一定成分的液体合金，在某一温度下，同时结晶出两种固相的转变，叫共晶反应。

（2）共析点 $S$ 点（三相共存）

具有 $S$ 点成分（含碳量为 0.77%）的奥氏体在恒温下（727℃）满足共析反应的条件

将发生共析转变，同时生成铁素体和渗碳体片层相间的机械混合物（共析体），称为珠光体（P）。其反应式为

$$A(0.77\%) \underset{727℃}{\rightleftharpoons} F + Fe_3C$$

一定成分的固相，在某一恒温下，同时析出两种固相的转变，叫共析反应。

铁碳合金相图中特性点的温度、成分及含义见表 2-3。

表 2-3　铁碳合金相图中的主要特性点

| 特性点 | 温度/℃ | 含碳量/% | 含义 |
|---|---|---|---|
| $A$ | 1538 | 0 | 纯铁的熔点或结晶温度 |
| $C$ | 1148 | 4.3 | 共晶点,发生共晶转变 |
| $D$ | 1227 | 6.69 | 渗碳体的熔点 |
| $E$ | 1148 | 2.11 | 碳在奥氏体中的最大溶解度,也是钢与生铁的化学成分分界点 |
| $F$ | 1148 | 6.69 | 共晶渗碳体的成分点 |
| $G$ | 912 | 0 | 纯铁的同素异构转变点,$\alpha$-Fe $\rightleftharpoons$ $\gamma$-Fe |
| $S$ | 727 | 0.77 | 共析点,发生共析转变 |
| $P$ | 727 | 0.0218 | 碳在铁素体中的最大溶解度 |
| $K$ | 727 | 6.69 | 共析渗碳体的成分点 |
| $Q$ | 室温 | 0.0008 | 室温时碳在铁素体中的溶解度 |

### 2. 铁碳合金相图中的特性线

（1）$ACD$ 线——液相线

在此线以上的区域合金处于液体状态，用符号 L 表示。当合金液冷却到此线时，开始结晶。当碳的质量分数 $w_C < 4.3\%$ 的铁碳合金冷却到 $AC$ 线时，开始从合金液中结晶出奥氏体 A；当碳的质量分数 $w_C > 4.3\%$ 的铁碳合金冷却到 $CD$ 线时，开始从合金液中结晶出渗碳体（称为一次渗碳体，用符号 $Fe_3C_I$ 或 $Cm_I$ 表示）。

（2）$AECF$ 线——固相线

在此线以下，合金完成结晶，全部变为固体状态；加热到此温度，合金开始熔化。

（3）$ECF$ 线——共晶线

$ECF$ 线是一条水平恒温线，称为共晶线。液态合金冷却到共晶线温度（1148℃）时，将发生共晶转变而生成莱氏体（Ld）。含碳量在 2.11%～6.69% 之间的铁碳合金至此温度线时均会发生共晶转变。

（4）$PSK$ 线——共析线

$PSK$ 线也是一条水平恒温线，称为共析线，通常称为 $A_1$ 线。奥氏体冷却到共析线温度（727℃）时，将发生共析转变而生成珠光体（P）。含碳量大于 0.0218% 的铁碳合金至此温度线时均会发生共析转变。

（5）$ES$ 线——碳在奥氏体中的溶解度线

$ES$ 线是碳在奥氏体中的最大溶解度线，通常称 $A_{cm}$ 线。在 1148℃ 时，奥氏体的溶碳能力最大，为 2.11%；随着温度降低，碳的溶解度沿此线逐渐降低，而在 727℃ 时碳的含量仅 0.77%。所以含碳量大于 0.77% 的铁碳合金，自 1148℃ 冷至 727℃ 的过程中，由

于奥氏体含碳量的减少，多余的碳以渗碳体的形式析出，称为二次渗碳体（$Fe_3C_{II}$），以区别于自液体中结晶出的一次渗碳体（$Fe_3C_I$）。

（6）*PQ* 线——碳在铁素体中的溶解度线

PQ 线是碳在铁素体中的最大溶解度随温度变化的曲线。在 727℃时，碳在铁素体中的最大溶解度是 0.0218%；随着温度降低，铁素体中碳的质量分数沿着此线逐渐减小，而在室温时碳的含量仅为 0.0008%。自 727℃冷至室温的过程中，多余的碳以渗碳体形式析出，称为三次渗碳体，用 $Fe_3C_{III}$ 表示。由于 $Fe_3C_{III}$ 数量极少，在钢中对性能的影响不大，故一般忽略不计。

（7）*GS* 线——冷却时同素异构转变的开始线

GS 线是含碳量小于 0.77%的铁碳合金在缓慢冷却时，奥氏体开始析出铁素体的温度线，通常称为 A₃ 线。冷却时，由于析出含碳量较低的铁素体，奥氏体的含碳量沿此线向 0.77%递增。

（8）*GP* 线——冷却时同素异构转变的结束线

GP 线是冷却时奥氏体组织转变为铁素体组织的结束线，也是加热时铁素体转变为奥氏体的开始线。

应当指出，一次、二次、三次渗碳体与共晶渗碳体及共析渗碳体中的渗碳体没有本质上的区别，其含碳量、晶体结构和具有的性能完全相同，属于同一个相。但是其形态和分布是不同的，分属于不同的组织组成物，可以在显微镜下用肉眼区分出来。

以上各特性线的含义，均是指合金缓慢冷却过程中的相变。若是加热过程，则相反。

### （二）铁碳合金的分类

铁碳合金由于成分不同，室温下可得到不同的组织。根据铁碳合金的含碳量和室温组织的不同，可将铁碳合金分为三类：工业纯铁、钢和白口铸铁。

① 工业纯铁：$w_C \leqslant 0.0218\%$，室温组织为铁素体。

② 钢：$0.0218\% < w_C \leqslant 2.11\%$。根据室温组织的不同，钢又分为三类：共析钢（$w_C = 0.77\%$），室温组织为珠光体；亚共析钢（$w_C = 0.0218\% \sim 0.77\%$），室温组织为铁素体和珠光体；过共析钢（$w_C = 0.77\% \sim 2.11\%$），室温组织为珠光体和二次渗碳体。

③ 白口铸铁：$2.11\% < w_C < 6.69\%$。根据室温组织的不同，白口铸铁又可分为三类：共晶白口铸铁（$w_C = 4.3\%$），室温组织为莱氏体；亚共晶白口铸铁（$w_C = 2.11\% \sim 4.3\%$），室温组织为珠光体、二次渗碳体和莱氏体；过共晶白口铸铁（$w_C = 4.3\% \sim 6.69\%$），室温组织为一次渗碳体和莱氏体。

### （三）典型铁碳合金的结晶过程分析

下面以典型铁碳合金为例，具体分析它们的结晶过程及组织转变。如图 2-30 所示为几种典型合金的位置（用Ⅰ、Ⅱ、Ⅲ、Ⅳ表示）。

#### 1. 共析钢的结晶过程分析

图 2-30 中合金Ⅰ对应的为含碳量 0.77%的共析钢，这条成分线与相图中的线交于 1、2、3 三个点。合金在Ⅰ线 1 点温度以上全部为液相（L），当温度降到与 *AC* 线相交的 1 点时，共析钢开始结晶转变，结晶过程如图 2-31 所示。

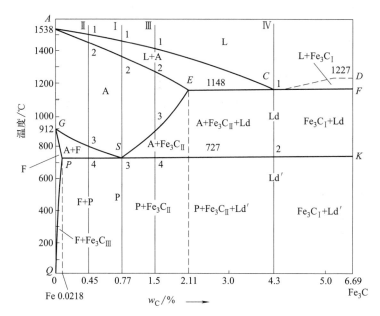

图 2-30 简化的铁碳合金相图及几种典型合金的位置

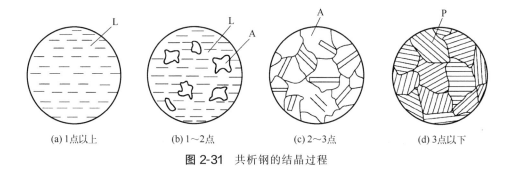

图 2-31 共析钢的结晶过程

① 合金温度降至 1 点，开始从液相中结晶出奥氏体。随着温度降低，液相逐渐减少，其成分（含碳量）沿着 *AC* 线变化；结晶出来的奥氏体逐渐增多，其成分沿着 *AE* 线变化。

② 合金温度降至 2 点时，结晶结束，液相全部结晶为与原合金成分相同的奥氏体。随后温度继续降到 3 点（*S* 点），为单相奥氏体的自然冷却过程。

③ 合金温度降至 3 点时（727℃），固相奥氏体的含碳量为 0.77%，满足共析转变的条件，发生共析转变。同时，从奥氏体中析出成分为 *P* 点（即含碳量为 0.0218%）的铁素体（F）和成分为 *K* 点（即含碳量为 6.69%）的渗碳体（$Fe_3C$）的机械混合物珠光体（P）。

④ 合金温度在 3 点以下至室温的过程中，珠光体中铁素体的含碳量会沿着碳在 α 铁中的溶解度曲线 *PQ* 线变化，多余的碳以三次渗碳体的形式析出。由于三次渗碳体含量极少，且对钢的性能影响不大，故可忽略不计。最终室温下由铁素体（F）和渗碳体（$Fe_3C$）两相组成，组织为珠光体（P）。

由于含碳量为 0.77% 的钢在室温下的平衡组织是由共析转变形成的珠光体 P 构成的，因而称为共析钢。其显微组织如图 2-32 所示，白色的为铁素体。黑色的为渗碳体。其强度较高，硬度适中，具有一定的塑性。

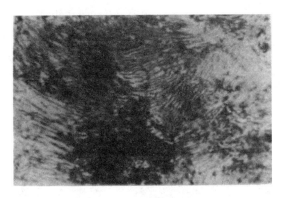

**图 2-32** 共析钢的显微组织

**2. 亚共析钢的结晶过程分析**

图 2-30 中合金Ⅱ对应的为含碳量 0.45％的亚共析钢，这条成分线与相图中的线交于 1、2、3、4 四个点。合金在Ⅱ线 1 点温度以上全部为液相（L），当温度降到与 $AC$ 线相交的 1 点时，亚共析钢开始结晶转变，结晶过程如图 2-33 所示。

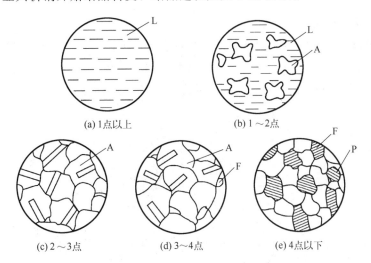

|  |  |
|---|---|
| (a) 1点以上 | (b) 1～2点 |

| (c) 2～3点 | (d) 3～4点 | (e) 4点以下 |
|---|---|---|

**图 2-33** 亚共析钢的结晶过程

① 合金温度降至 1 点，开始从液相中结晶出奥氏体。

② 合金温度降至 2 点时，结晶结束，液相全部转变为奥氏体。合金温度在 2～3 点时，为单相奥氏体的自然冷却过程。

③ 合金温度降至 3 点时，与 $GS$ 线相交，开始从奥氏体中不断析出铁素体（同素异构转变）。随温度降低，铁素体的含量不断增大，其成分沿 $GP$ 线变化；奥氏体的含量逐渐减小，其成分沿 $GS$ 线向共析成分接近。3～4 点间的组织为奥氏体和铁素体。

④ 合金温度降至 4 点时（727℃），剩余奥氏体的含碳量达到共析成分（即 $w_C =$ 0.77％）；奥氏体在恒温下发生共析转变，转变成珠光体（P），而原先析出的铁素体保持不变。

⑤ 合金温度在 4 点以下至室温的过程中，铁素体中会析出极少量的三次渗碳体，可忽略不计。最终室温下由铁素体（F）和珠光体（P）两相组成。

所有亚共析钢的冷却过程均相似，其室温组织都是由铁素体和珠光体组成的。亚共析钢的显微组织如图 2-34 所示，白色部分为铁素体，黑色部分为珠光体。随着合金含碳量的增大，珠光体的含量增大，铁素体的含量减小，反之亦然。随着含碳量增大，其强度、硬度逐渐提高，有较好的塑性和韧性。

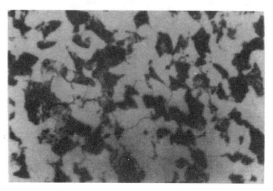

图 2-34 亚共析钢的显微组织

### 3. 过共析钢的结晶过程分析

图 2-30 中合金Ⅲ对应的为含碳量 1.5% 的过共析钢，这条成分线与相图中的线交于 1、2、3、4 四个点。合金在Ⅲ线 1 点温度以上全部为液相（L），当温度降到与 AC 线相交的 1 点时，过共析钢开始结晶转变，结晶过程如图 2-35 所示。

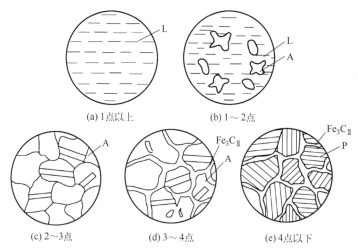

(a) 1点以上　　　　(b) 1～2点

(c) 2～3点　　　　(d) 3～4点　　　　(e) 4点以下

图 2-35 过共析钢的结晶过程

① 合金温度降至 1 点，开始从液相中结晶出奥氏体。

② 合金温度降至 2 点时，结晶结束，液相全部结晶为奥氏体。合金温度在 2～3 点时，为单相奥氏体的自然冷却过程。

③ 合金温度降至 3 点时，与 ES 线相交，奥氏体中的含碳量达到饱和，因而部分碳开始以二次渗碳体（$Fe_3C_{II}$）的形式从奥氏体中析出，呈网状沿奥氏体晶界分布。继续冷

却，二次渗碳体的含量不断增大，奥氏体的含量不断减小，剩余奥氏体的成分沿 *ES* 线向共析成分接近。3～4 点间的组织为奥氏体和二次渗碳体。

④ 合金温度降至 4 点时（727℃），剩余奥氏体的含碳量达到共析成分（即 $w_C = 0.77\%$）；奥氏体在恒温下转变成珠光体（P），而原先析出的二次渗碳体则保持不变。

⑤ 合金温度在 4 点以下至室温的过程中，过共析钢由铁素体（F）和二次渗碳体（$Fe_3C_{II}$）两相组成。

所有过共析钢的室温组织都是由珠光体和网状二次渗碳体组成的。不同的是随着含碳量增大，二次渗碳体的含量增大，珠光体的含量减小。过共析钢的显微组织如图 2-36 所示。图中呈片状黑白相间的组织为珠光体，白色网状组织为二次渗碳体（沿晶界分布）。其硬度较高，塑性差，随网状二次渗碳体的增多，强度降低。

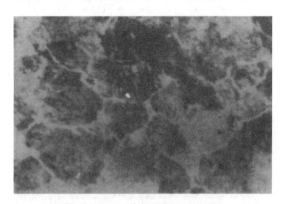

**图 2-36** 过共析钢的显微组织

### 4. 共晶白口铸铁的结晶过程分析

图 2-30 中合金 Ⅳ 对应的为含碳量 4.3% 的共晶白口铸铁，这条成分线与相图中的线交于 1、2 两个点。合金在 1 点（*C* 点）温度以上全部为液相（L），当温度降到 1 点时，共晶白口铸铁开始结晶转变，结晶过程如图 2-37 所示。

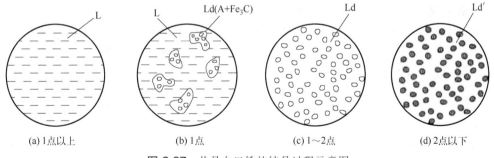

(a) 1点以上　　　(b) 1点　　　(c) 1～2点　　　(d) 2点以下

**图 2-37** 共晶白口铁的结晶过程示意图

① 合金温度降至 1 点（此点为共晶点）温度（1148℃）时，发生共晶转变，即从该成分的液相中同时结晶出成分为 *E* 点的奥氏体和成分为 *F* 点的渗碳体。由奥氏体和渗碳体组成的共晶体称为高温莱氏体（Ld）。

② 合金温度降至 1～2 点温度之间时，共晶转变已经完成，奥氏体中的碳含量已达到饱和；在继续冷却过程中，莱氏体中的奥氏体将不断地析出二次渗碳体，剩余奥氏体中碳

的浓度将不断减小，并沿着 ES 线变化。温度越低，析出的二次渗碳体越多，而奥氏体中碳的浓度越低。这时的组织仍为莱氏体，但这时的莱氏体是由奥氏体、二次渗碳体和共晶渗碳体组成的。

③ 合金温度降至 2 点温度（727℃）时，莱氏体中奥氏体的含碳量降至 0.77％，达到共析成分；这部分的奥氏体便在恒温下发生共析反应，转变成珠光体，二次渗碳体保留至室温。所以，共晶白口铸铁的室温组织莱氏体是由珠光体、二次渗碳体和共晶渗碳体组成的，称为低温莱氏体（$Ld'$）。其显微组织如图 2-38 所示。图中黑色部分为珠光体，白色基体为渗碳体（共晶渗碳体与二次渗碳体混在一起，无法分辨）。其硬度高、脆性大，几乎没有塑性。

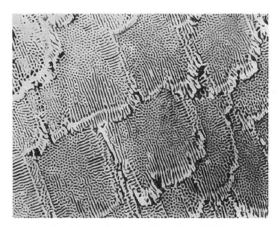

图 2-38　共晶白口铸铁的显微组织

亚共晶和过共晶白口铸铁的结晶过程，从共晶转变开始到室温，基本上和共晶白口铸铁类似。所不同的是从液相线（$AC$、$CD$）到共晶转变线（$ECF$）之间，亚共晶白口铸铁先从金属液中结晶出奥氏体，过共晶白口铸铁先从金属液中结晶出一次渗碳体。

### （四）铁碳合金的成分、组织与性能的关系

#### 1. 含碳量与铁碳合金平衡组织间的关系

根据铁碳合金相图的分析可知，铁碳合金在室温的组织都是铁素体和渗碳体两相。随着含碳量的增加，铁素体的量逐渐减少，而渗碳体的量逐渐增加；随着含碳量的变化，不仅铁素体与渗碳体的相对量有变化，而且相互结合的形态也发生变化。其显微组织变化如下：$F \rightarrow F+P \rightarrow P \rightarrow P+Fe_3C_{II} \rightarrow P+Fe_3C_{II}+Ld' \rightarrow Ld' \rightarrow Ld'+Fe_3C_{I}$。

由此可看出，当含碳量增加时，组织中不仅渗碳体的数量增加，而且渗碳体的大小、形态和分布情况也发生变化，即渗碳体由层状分布在铁素体基体内（如珠光体）变为网状分布在晶界上（如 $Fe_3C_{II}$），最后形成莱氏体时，渗碳体已作为基体出现。

#### 2. 含碳量与力学性能间的关系

铁素体属于软韧相，而渗碳体属于硬脆相。所以，铁碳合金的力学性能取决于铁素体与渗碳体的相对含量和它们的相对分布。含碳量对铁碳合金力学性能的影响如图 2-39 所示。

从硬度的角度来看，随着含碳量的增大，高硬度的渗碳体含量逐渐增大，硬度较低的

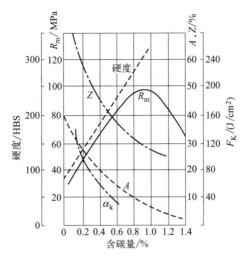

**图 2-39** 含碳量对铁碳合金力学性能的影响

铁素体含量逐渐减小，所以反映在铁碳合金中，硬度是连续增大的。

从塑性和韧性的角度来看，随着含碳量的增大，铁素体的含量是逐渐减小的，所以反映在铁碳合金中，塑性和韧性是连续下降的。

从强度的角度来看，由于强度是一个组织敏感量，在不同的组织中，强度是有所变化的。在亚共析钢的范畴，其组织主要由铁素体和珠光体构成。随含碳量逐渐增大，珠光体的含量逐渐增大，钢的强度逐渐上升。当碳的含量达到 0.77％（即共析钢）时，其组织完全是珠光体，珠光体的性能即是钢的性能。当含碳量达到过共析钢的阶段时，在珠光体的晶界上出现了二次渗碳体。在含碳量＜0.9％时，二次渗碳体的含量较少，还未形成网状结构，但仍然导致强度上升变缓；钢中含碳量＞0.9％以后，二次渗碳体在晶界处已经形成连续的网状结构，导致钢的强度下降。

当含碳量＞2.11％时，为白口铸铁，组织中存在以渗碳体为基的低温莱氏体，性能硬而脆，塑性和韧性几乎没有，不能锻造和切削加工，但其铸造性能好、耐磨性高，适于制造不受冲击、要求耐磨、形状复杂的工件，如冷轧辊、球磨机的铁球等。

为了保证工业上使用的钢具有足够的强度，同时又具有一定的塑性和韧性，钢中碳的质量分数一般不超过 1.3％～1.4％。

### （五）铁碳合金相图的应用

**1. 正确选用钢材的依据**

铁碳合金相图总结了铁碳合金的组织和性能随成分变化的规律，这样，就可以根据零件的工作条件和性能要求来选择合适的材料。如各种型钢及桥梁、船舶、各种建筑结构等，都需要强度较高、塑性及韧性好、焊接性能好的材料，故一般选用含碳量较低（$w_C$＜0.25％）的钢材；各种机械零件要求承受冲击载荷，强度、塑性、韧性等综合性能较好的材料，一般选用碳含量适中（$w_C$＝0.30％～0.55％）的钢；各类工具、刃具、量具、模具要求硬度高、耐磨性好的材料，则可选用含碳量较高（$w_C$＝0.70％～1.2％）的钢。纯铁的强度低，不宜用作工程材料。白口铸铁硬度高、脆性大，不能锻造和切削加工，但铸造性能好、耐磨性高，适于制造不受冲击、要求耐磨、形状复杂的工件，如冷轧辊、球磨机的铁球等。

**2. 制订热加工工艺的依据**

（1）在铸造生产上的应用

根据铁碳合金相图的液相线，可以找出不同成分的铁碳合金的熔点，从而确定合金的熔化浇注温度（一般在液相线以上 50～100℃）。从 Fe-Fe₃C 相图中还可以看出，靠近共晶成分的铁碳合金不仅熔点低，而且结晶温度区间也较小，故具有良好的铸造性能，铸造流动性好、体积收缩小，易获得组织致密的铸件（不易形成分散缩孔），适于铸造。因此，生产上总是将铸铁的成分选在共晶成分附近，如图 2-40 所示。

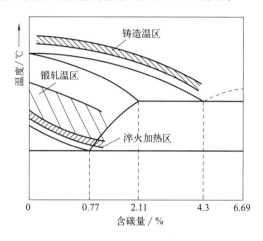

**图 2-40** 铁碳相图与铸、锻工艺的关系

（2）在锻造方面的应用

碳钢在室温时是由铁素体和渗碳体组成的，塑性较差，变形困难。但是奥氏体单相变形均匀，强度较低、塑性较好，便于塑性变形。因此，可以确定钢材在锻造时必须选择在奥氏体区的适当温度范围内进行，含碳量越低，锻造性能越好。其选择原则是开始轧制或锻造的温度不得过高，以免钢材氧化严重，甚至是奥氏体晶界部分熔化，使工件报废；终止温度也不能过低，以免钢材塑性差，在锻造过程中产生裂纹。各种碳素钢合适的轧制或锻造温度范围如图 2-40 所示。白口铸铁在低温或高温时，组织中均有大量硬而脆的渗碳体，不能进行锻造。

（3）在焊接方面的应用

焊接时由焊缝到母材各区域的温度是不同的，根据铁碳合金相图可知，受到不同加热温度的各区域在随后的冷却中可能会出现不同的组织和性能。这需要在焊接之后采用相应的热处理方法加以改善。

（4）在热处理方面的应用

铁碳合金相图对拟订淬火、退火、正火等各种热处理工艺有着特别重要的意义。

在应用相图时应注意：Fe-Fe₃C 相图只反映铁碳二元合金中相的平衡状态，如在生产过程中含有其他元素，相图将发生变化。Fe-Fe₃C 相图反映的是平衡条件下铁碳合金中相的状态，若生产中冷却或加热速度较快时，其组织转变就不能只用相图来分析了。

# 习　题

1. 什么是晶体？什么是非晶体？

2. 什么是晶格和晶胞？

3. 金属晶格的常见类型有哪几种？

4. 什么是金属的结晶？

5. 什么是过冷度？过冷度和过冷速度有什么关系？

6. 纯金属的结晶过程是怎样的？

7. 晶粒的大小对力学性能有何影响？细化晶粒的常用方法有哪些？

8. 什么是金属的同素异构转变？

9. 试述纯铁同素异构转变的温度及在不同温度范围内的晶体结构。

10. 什么是合金？试举例说明。

11. 试述组元、相的概念。

12. 合金组织有哪几种类型？它们的晶格各有何特点？

13. 根据溶质原子在溶剂晶格中的位置不同，固溶体可分为哪两种？

14. 什么是铁素体、奥氏体、渗碳体、珠光体和莱氏体？它们各用什么符号表示？它们的性能特点是什么？

15. 什么是铁碳合金相图？试绘制简化的铁碳合金相图，并说明各主要特性线和点的含义。

16. 什么是共析转变和共晶转变？写出铁碳合金的共析转变和共晶转变式。

17. 试分析含碳量 0.45% 的钢从液态冷却到室温的组织转变过程。

18. 随着含碳量的增大，钢的组织和性能有什么变化？

# 第三章

# 钢的热处理与表面改性

据史书记载，蒲元是三国时期的蜀国人，他曾经在成都为刘备造刀，上刻"七十二炼"。后来，他又在斜谷（今陕西省眉县西南）为诸葛亮制刀。据说，蒲元冶炼金属、制造刀具所用的方法与常人大不一样。当钢刀制成后，为了检验钢刀的锋利程度，他在大竹筒中装满铁珠，然后让人举刀猛劈，结果"应手灵落"，如同斩草一样，竹筒豁然断成两截，而筒内的铁珠也被"一分为二"，见图3-1。因此，蒲元的制刀技艺"称绝当世"，他所制的钢刀因能如此"削铁如泥"而被称为"神刀"。那么蒲元在冶炼金属、制造刀具时使用了什么方法呢？

图 3-1 蒲元造刀

其实，"神刀"是蒲元在对钢材进行了热处理的基础上打造成的。那么钢材在热处理后性能为什么会发生改变呢？又是如何提高钢的强度和硬度的？本章主要介绍钢的热处理原理、工艺方法及热处理后得到的组织、性能。

## 第一节　热处理概述

### 一、定义

钢的热处理是指采用适当的方式对固态下的钢进行加热、保温和冷却，从而改变钢的内部组织结构，最终获得所需性能的工艺方法。

钢的各种热处理工艺都包括加热、保温和冷却三个阶段，加热温度和各阶段的持续时间是决定热处理工艺的主要因素。钢的热处理工艺曲线如图 3-2 所示。

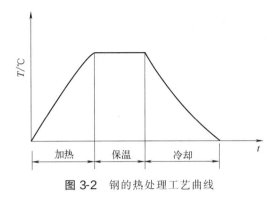

**图 3-2**　钢的热处理工艺曲线

## 二、热处理的特点

热处理工艺区别于其他加工工艺（如铸造、锻造、焊接等）的特征是不改变工件的形状，只改变材料的组织结构和性能。热处理工艺只适用于固态下能发生组织转变的材料，无固态相变的材料则不能用热处理来进行强化。

## 三、热处理的目的

通过适当的热处理，不仅可以提高钢的使用性能，改善钢的工艺性能，而且能够充分发挥钢的性能潜力，从而降低零件的重量，延长产品使用寿命，提高产品的产量、质量和经济效益。

据统计，在机床制造中有 $60\% \sim 70\%$ 的零部件要经过热处理；在汽车、拖拉机制造中有 $70\% \sim 90\%$ 的零部件要经过热处理；飞机配件、各种工具和滚动轴承等几乎全部需要进行热处理。

## 四、热处理的分类

根据加热、冷却方式不同以及钢的组织和性能的变化特征不同，可大致对热处理进行如下分类：

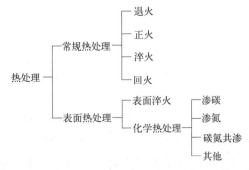

热处理之所以能使钢的性能发生变化，其根本原因在于纯铁具有同素异构转变的特

性，从而使钢在加热和冷却过程中发生组织与结构上的变化。因此，要想正确掌握热处理工艺，就必须了解在不同的加热及冷却条件下钢的组织变化规律。

# 第二节　钢的热处理原理

热处理工艺中，对钢加热的目的是获得奥氏体。奥氏体虽然是钢在高温时的组织，但是它的化学成分、均匀化程度、晶粒大小以及加热后未溶入奥氏体中的碳化物、氮化物等过剩相的数量、分布状况等都对钢冷却后的组织和性能产生重要的影响。因此，了解钢在加热时奥氏体的形成过程具有重要的意义。

## 一、钢在加热时的组织转变

钢在固态下进行加热、保温和冷却时将发生组织转变，其转变临界点可根据 Fe-Fe$_3$C 相图（图 3-3）确定。平衡状态下，当钢在缓慢加热或冷却时，其固态下的临界点分别用 Fe-Fe$_3$C 相图中的平衡线 $A_1$（$PSK$ 线）、$A_3$（$GS$ 线）、$A_{cm}$（$ES$ 线）表示。

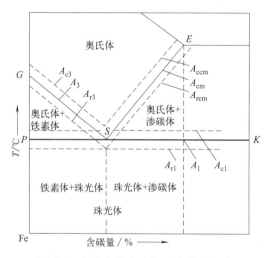

**图 3-3**　钢在加热和冷却时的临界温度

实际加热和冷却时，发生组织转变的临界点都要偏离平衡临界点，总存在滞后现象；并且加热和冷却速度越快，其偏离的程度越大。在加热时高于相图上的临界点，而在冷却时低于相图上的临界点。为便于区别，通常用 $A_{c1}$、$A_{c3}$、$A_{ccm}$ 来表示加热时的实际临界点，用 $A_{r1}$、$A_{r3}$、$A_{rcm}$ 来表示冷却时的实际临界点，如图 3-3 所示。

### （一）奥氏体的形成及其影响因素

#### 1. 奥氏体的形成

将钢加热到一定温度，以获得完全或部分奥氏体组织的转变过程称为钢的奥氏体化。下面以共析钢为例来说明钢的奥氏体化过程。

共析钢（$w_C = 0.77\%$），其室温平衡组织是珠光体 P，即由铁素体 F 和渗碳体 Fe$_3$C 两相组成的机械混合物。铁素体是体心立方晶格，在 $A_1$ 时 $w_C = 0.0218\%$；渗碳体是复杂晶格，其 $w_C = 6.69\%$。当加热到临界点 $A_1$ 以上时，珠光体转变为奥氏体 A；奥氏体是面心立方晶格，其 $w_C = 0.77\%$。由此可见，珠光体向奥氏体的转变，是由化学成分和晶格类型都不相同的两相转变为另一种化学成分和晶格的过程。因此，在转变过程中必须进行碳原子的扩散和铁原子的晶格重构，即发生相变。

共析钢由珠光体到奥氏体的转变过程包括以下四个阶段：奥氏体晶核的形成、奥氏体晶核的长大、残余渗碳体的溶解和奥氏体的化学成分均匀化，如图 3-4 所示。

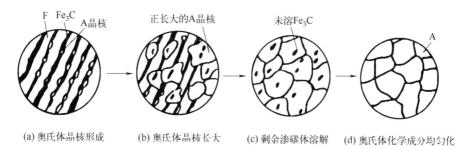

图 3-4 共析钢中奥氏体的形成过程

① 奥氏体晶核的形成：共析钢加热到 $A_1$ 时，奥氏体晶核优先在铁素体与渗碳体的相界面上形成。这是因为相界面的原子是以渗碳体与铁素体两种晶格的过渡结构排列的，原子偏离平衡位置处于畸变状态，具有较高的能量。另外，渗碳体与铁素体的交界处碳的分布是不均匀的，这些都在化学成分、结构和能量上为形成奥氏体晶核提供了有利条件。

② 奥氏体晶核的长大：奥氏体晶核生成后，与奥氏体相邻的铁素体中的铁原子通过扩散运动转移到奥氏体晶核上来，使奥氏体晶核不断长大。同时与奥氏体相邻的渗碳体也通过分解融入生成的奥氏体中，使奥氏体逐渐长大，直至珠光体全部消失。

③ 残余渗碳体的溶解：由于渗碳体的晶体结构和碳的质量分数与奥氏体差别较大，因此，渗碳体向奥氏体中溶解的速度必然落后于铁素体向奥氏体转变的速度。在铁素体全部转变完后，仍会有部分渗碳体尚未溶解，因而渗碳体还需要一段时间继续向奥氏体中溶解，直至全部溶解完。

④ 奥氏体的均匀化：奥氏体转变结束时，其化学成分处于不均匀状态，在原来铁素体处碳的质量分数较低，在原来渗碳体处碳的质量分数较高。因此，只有继续延长保温时间，通过碳原子的扩散过程才能得到化学成分均匀的奥氏体组织。均匀的奥氏体组织可以保证奥氏体在冷却过程中获得化学成分均匀的组织与性能。

亚共析钢的室温组织是珠光体和铁素体，当加热到 $A_{c1}$ 时，其组织中的珠光体转变为奥氏体，温度继续升高，铁素体也不断转变为奥氏体，直到 $A_{c3}$ 时才全部转变为单相奥氏体组织。过共析钢的室温组织是珠光体和二次渗碳体，当加热到 $A_{c1}$ 时，珠光体转变为奥氏体，温度继续升高，渗碳体也逐渐溶解到奥氏体中，直至 $A_{ccm}$ 时才全部转变为单相奥氏体组织。

**2. 影响奥氏体转变速度的因素**

① 加热温度：随加热温度的提高，碳原子的扩散速度增大，奥氏体化速度加快。

② 加热速度：在实际热处理条件下，加热速度越快，过热度越大，发生转变的温度就越高，转变所需的时间就越短。

③ 钢中碳的质量分数：碳的质量分数增大时，渗碳体量增多，铁素体和渗碳体的相界面增大，因此奥氏体的核心增多，转变速度加快。

④ 合金元素：钴、镍等可增大碳在奥氏体中的扩散速度，因此加快奥氏体化过程；铬、钼、钒等可与碳形成较难溶解的碳化物，显著降低碳的扩散能力，所以减慢奥氏体化过程；硅、铝、锰等对碳的扩散速度影响不大，不影响奥氏体化过程。由于合金元素的扩散速度比碳的扩散速度慢得多，所以合金钢的热处理加热温度一般都高一些，保温时间更长一些。

⑤ 原始组织：原始组织中渗碳体为片状时奥氏体形成速度快，因为它的相界面积较大。渗碳体间距越小，相界面越大，同时奥氏体晶粒中碳的浓度梯度也越大，所以长大速度更快。

### （二）奥氏体的晶粒度及其影响因素

钢铁材料中奥氏体晶粒的大小将直接影响其冷却后的组织和性能。如果奥氏体晶粒细小，则其转变产物的晶粒也较细小，性能（如韧性和强度）也较高；反之，其转变产物的晶粒则粗大，性能（如韧性和强度）则较低。将钢铁材料加热到临界点以上时，刚形成的奥氏体晶粒一般都很细小；如果继续升温或延长保温时间，便会使奥氏体晶粒长大。因此，在生产中常采用下列措施来控制奥氏体晶粒的长大。

#### 1. 加热温度与保温时间

奥氏体形成后，随着加热温度的继续升高，或者保温时间的延长，奥氏体晶粒将会不断长大，特别是加热温度的升高对奥氏体晶粒的长大影响更大。这是因为晶粒长大是通过原子扩散进行的，而扩散速度随加热温度的升高急剧增大。因此，合理选择加热温度和保温时间可以获得较细小的奥氏体晶粒。

#### 2. 含碳量

在相同的温度下，随钢中含碳量增大，获得的奥氏体晶粒尺寸增大。这是因为它们相互吞并的机会增多，加快了晶粒长大。但是，当含碳量超过某一限度时，奥氏体晶粒长大的倾向又会减小。这是因为含碳量增大，钢中出现二次渗碳体，未溶的渗碳体质点阻碍了晶粒长大。因此钢中含碳量超过某个限度越多，那么未溶渗碳体也越多，阻碍晶粒长大的作用也越大，奥氏体晶粒长大的倾向也就越小。

#### 3. 合金元素

合金元素主要影响奥氏体的形成速度，首先是影响碳在奥氏体中的扩散速度；其次改变了钢的临界点和碳在奥氏体中的溶解度。此外，强碳化合物形成元素铌、钒、钛等形成高熔点、高稳定性的碳化物，强烈阻碍奥氏体晶粒长大。

评价奥氏体晶粒大小的指标是晶粒度。一般根据标准晶粒度等级图确定钢的奥氏体晶粒大小，如图3-5所示。标准晶粒度等级分为8级，其中1~4级为粗晶粒，5~8级为细晶粒。

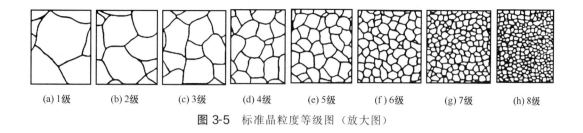

| (a) 1级 | (b) 2级 | (c) 3级 | (d) 4级 | (e) 5级 | (f) 6级 | (g) 7级 | (h) 8级 |

**图 3-5** 标准晶粒度等级图（放大图）

## 二、钢在冷却时的组织转变

### 1. 冷却方式

实践经验证明，同一化学成分的钢，加热到奥氏体状态后，如果采用不同的冷却速度冷却，将得到形态不同的各种室温组织，从而获得不同的使用性能，见表 3-1。这种现象已不能用铁碳合金相图来解释了。因为铁碳合金相图只能说明平衡状态时的相变规律，如果冷却速度提高，则脱离了平衡状态。因此，正确认识钢铁材料在冷却时的相变规律对理解和制订钢铁材料的热处理工艺具有重要意义。

**表 3-1 45 钢经 840°加热后，以不同方法冷却后的力学性能**

| 冷却方法 | $R_m$/MPa | $R_{eL}$/MPa | $A/\%$ | $Z/\%$ | 硬度 |
| --- | --- | --- | --- | --- | --- |
| 炉冷 | 530 | 280 | 32.5 | 49.3 | 160～200HB |
| 空冷 | 670～720 | 340 | 15～18 | 45～50 | 170～240HBW |
| 油冷 | 900 | 620 | 18～20 | 48 | 40～50HRC |
| 水中冷却 | 1000 | 720 | 7～8 | 12～14 | 52～58HRC |

热处理工艺中，钢在奥氏体化后，接着进行冷却。冷却的方式通常有两种：

等温处理，即将钢迅速冷却到临界点以下的给定温度，进行保温，使其在该温度下等温转变，如图 3-6 所示。

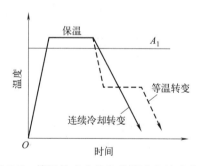

**图 3-6** 等温转变曲线和连续冷却转变曲线

连续冷却，即将钢以某种速度连续冷却，使其在临界点以下变温连续转变，如图 3-6 所示。

### 2. 过冷奥氏体的等温转变

由铁碳相图可知，当温度在 $A_1$ 线以上时，奥氏体是稳定的，能长期存在。当温度降到 $A_1$ 线以下后，奥氏体即处于过冷状态，这种奥氏体称为过冷奥氏体（过冷 A）。过冷奥氏体是不稳定的，它会转变为其他组织。钢在冷却时的转变，实质上就是过冷奥氏体的转变。

（1）过冷奥氏体等温转变图

以共析钢为例，使具有不同过冷度的过冷奥氏体进行等温转变，分别测定过冷奥氏体转变开始和转变终止的时间，并标注在温度-时间坐标中，然后分别将转变开始点和转变终止点连接起来，即可得到过冷奥氏体转变开始曲线和过冷奥氏体转变终止曲线，如图3-7所示。

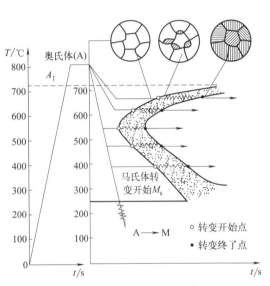

图3-7 共析钢奥氏体等温转变图的建立

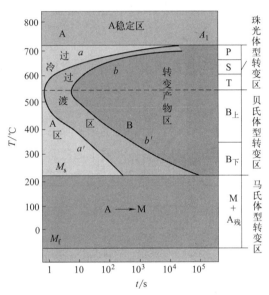

图3-8 共析钢的等温转变图

图3-7中横坐标为转变时间（对数坐标），纵坐标为温度。根据曲线的形状，过冷奥氏体等温转变曲线可简称为 $C$ 曲线，如图3-8所示。$C$ 曲线的左边一条线为过冷奥氏体转变开始线，右边一条线为过冷奥氏体转变终了线。图3-8中 $M_s$ 线是过冷奥氏体转变为马氏体（M）的开始温度，$M_f$ 线是过冷奥氏体转变为马氏体的终了温度。奥氏体从过冷到转变开始的这段时间称为孕育期，孕育期的长短反映了过冷奥氏体的稳定性大小。在 $C$ 曲线的"鼻尖"处（约550℃）孕育期最短，过冷奥氏体的稳定性最小。

共析钢过冷奥氏体等温转变包括两个转变区。

（2）过冷奥氏体等温转变的产物和性能

由过冷奥氏体等温转变图可以看出，过冷奥氏体在曲线以下不同温度进行等温转变时，会产生不同的等温转变产物。对于共析钢的等温转变过程，根据转变产物的组织特征不同，可划分为高温转变区（珠光体型转变区，$A_1$～550℃）、中温转变区（贝氏体型转变区，550℃～$M_s$）和低温转变区（马氏体型转变区，$M_s$～$M_f$）。共析钢过冷奥氏体等温转变的温度与转变产物的组织和性能见表3-2。

表3-2 共析钢过冷奥氏体等温转变的温度与转变产物的组织和性能

| 转变温度范围 | 过冷程度 | 转变产物 | 代表符号 | 组织形态 | 层片间距 | 转变产物的硬度 |
| --- | --- | --- | --- | --- | --- | --- |
| $A_1$～650℃ | 小 | 珠光体 | P | 粗片状 | 约0.3μm | <25HRC |

续表

| 转变温度范围 | 过冷程度 | 转变产物 | 代表符号 | 组织形态 | 层片间距 | 转变产物的硬度 |
|---|---|---|---|---|---|---|
| 650～600℃ | 中 | 索氏体 | S | 细片状 | 0.1～0.3$\mu$m | 25～30HRC |
| 600～550℃ | 较大 | 屈氏体 | T | 极细片状 | 约0.1$\mu$m | 30～40HRC |
| 550～350℃ | 大 | 上贝氏体 | B$_\text{上}$ | 羽毛状 | — | 40～50HRC |
| 350℃～$M_s$ | 更大 | 下贝氏体 | B$_\text{下}$ | 针叶状 | — | 50～60HRC |
| $M_s$～$M_f$ | 最大 | 马氏体 | M | 板条状 | — | 40HRC左右 |
| | 最大 | 马氏体 | M | 双凸透镜状 | — | ＞60HRC |

由表 3-2 可知：

① 在高温转变区，奥氏体转变为珠光体。随着温度降低，珠光体的片间距越来越小，强度、硬度越来越大。根据珠光体片层间距大小不同，又分别称为珠光体、索氏体和屈氏体，分别用符号 P、S、T 表示。如图 3-9 所示，其实珠光体、索氏体、屈氏体三种组织无本质区别，只是形态上的粗细之分，因此其界限也是相对的。

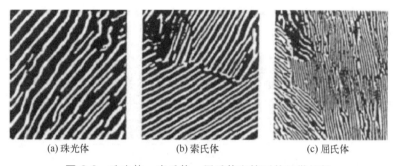

(a) 珠光体　　　　　　(b) 索氏体　　　　　　(c) 屈氏体

**图 3-9**　珠光体、索氏体、屈氏体电镜下的显微组织

② 在中温转变区，发生的是贝氏体转变。在 550～350℃ 区间内，得到的是上贝氏体（B$_\text{上}$），如图 3-10（a）所示。上贝氏体呈羽毛状，脆性很大，是一种机械性能不好的组织。在 350℃～$M_s$ 区间内，得到的是下贝氏体（B$_\text{下}$），如图 3-10（b）所示。下贝氏体呈针状，机械性能好。

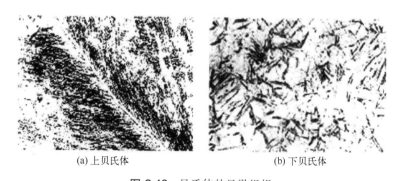

(a) 上贝氏体　　　　　　　　　　(b) 下贝氏体

**图 3-10**　贝氏体的显微组织

③ 在低温转变区，得到的是马氏体（图 3-11）。这是以大于临界冷却速度的速度冷却得到的。马氏体的硬度主要取决于马氏体中的含碳量。马氏体中由于溶入过多的碳，而使 $\alpha$-Fe 的晶格发生畸变，增加了其塑性变形抗力。马氏体的含碳量越高，其硬度也越高，

(a) 低碳马氏体       (b) 高碳马氏体

**图 3-11** 马氏体的显微组织

但当钢中含碳量大于 0.6% 时，淬火钢的硬度增加很慢。

### 3. 过冷奥氏体的连续冷却转变

过冷奥氏体的连续冷却转变是指工件奥氏体化后以不同冷却速度连续冷却时过冷奥氏体发生的相变。

（1）过冷奥氏体的连续冷却转变曲线

同样以共析钢为例，首先将一组相同试样加热到奥氏体化，然后使它们以不同的冷却速度连续冷却。在冷却过程中测量各试样比热容的变化，由于奥氏体与其转变产物的比热容不同，即可测出各种冷却速度下奥氏体转变开始和转变终了的时间与温度；用这些测出的数据绘制温度-时间坐标图，将所有转变开始点和转变终了点分别连接起来，这样便可得到过冷奥氏体的连续冷却转变曲线，如图 3-12 所示。

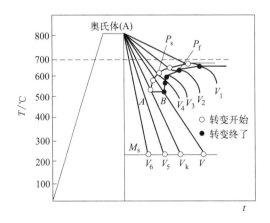

**图 3-12** 共析钢奥氏体连续冷却转变图的建立

图 3-12 中 $P_s$ 线为过冷奥氏体转变成珠光体的开始线，$P_f$ 线为珠光体转变终了线，$M_s$ 点以下转变为马氏体。$V_k$ 称为上临界冷却速度，它是由过冷奥氏体直接得到马氏体的最小冷却速度；$V_k$ 越小，钢件在淬火时越容易得到马氏体组织。$V$ 称为下临界冷却速度，它是得到全部珠光体组织的最大冷却速度；$V$ 越小，则退火所需的时间就越长。

（2）过冷奥氏体连续冷却转变的产物

采用连续冷却转变时，由于连续冷却转变是在一个温度范围内进行的，因此，连续冷却转变的产物往往不是单一的。因为冷却速度不同，其转变产物有可能是 P+S、S+T 及 T+M 等。

# 第三节　钢的普通热处理

## 一、退火

退火是将工件加热到适当温度，保持一定时间，然后缓慢冷却的热处理工艺。退火的目的是消除钢铁材料的内应力；降低钢铁材料的硬度，提高其塑性；细化钢铁材料的组织，均匀其化学成分，并为最终热处理做好组织准备。根据钢铁材料化学成分和退火目的不同，退火通常分为完全退火、等温退火、球化退火、去应力退火、扩散退火等。在机械零件的制造过程中，一般将退火作为预备热处理工序，并安排在铸造、锻造、焊接等工序之后，粗切削加工之前，用来消除前一道工序中产生的某些缺陷或残余应力，为后续工序做好组织准备。

### 1. 完全退火

完全退火又称重结晶退火，一般简称为退火。完全退火是一种先将钢加热到 $A_{c3}$ 以上 30～50℃，并保温一定时间，然后使其缓慢冷却（随炉冷却、埋入石灰和砂中冷却）至 500℃ 以下，再在空气中冷却，以获得接近平衡状态组织的热处理工艺。

在完全退火加热过程中，钢的组织全部转变为奥氏体；在冷却过程中，奥氏体转变为细小而均匀的平衡组织（铁素体＋珠光体），从而达到降低钢的强度、细化晶粒、充分消除内应力的目的，为随后的切削加工和后续的热处理做好组织准备。

① 应用：完全退火主要用于亚共析钢和中碳合金钢的铸、焊、锻、轧制件等的处理，常作为一些不重要工件的最终热处理或某些重要件的预先热处理。过共析钢不宜采用完全退火，因为加热到 $A_1$ 以上慢冷时，二次渗碳体会以网状形式沿奥氏体晶界析出，使钢的韧性大大下降，并可能在以后的热处理中引起裂纹。

② 作用：改善组织、细化晶粒、降低硬度，改善力学性能和加工性能，消除内应力。

③ 保温时间计算：完全退火的保温时间按钢件的有效厚度计算。在箱式电炉中加热时，碳素钢的厚度不超过 25mm 需保温 1h，以后厚度每增加 25mm 延长 0.5h；合金钢每 20mm 保温 1h。保温后的冷却一般是关闭电源让钢件在炉中缓慢冷却，当冷至 500～600℃ 时即可出炉空冷。

### 2. 不完全退火

不完全退火是先将钢加热到 $A_{c1}$～$A_{c3}$ 之间的温度，使其达到不完全奥氏体化，保温后再缓慢冷却的退火工艺。由于加热至两相区温度，仅使奥氏体发生重结晶，因此该工艺基本上不改变铁素体或渗碳体的分布及形态。

不完全退火主要用于中、高碳钢和低合金钢锻轧件等，其目的是细化组织和降低硬度。

### 3. 球化退火

球化退火是一种将钢加热到 $A_{c1}$ 以上 20～30℃，保温一定时间，然后缓慢冷却，使钢中碳化物球状化而进行的退火工艺。钢经球化退火后，将获得由大致呈球形的渗碳体颗粒弥散分布在铁素体基体上的球状组织（球状珠光体）。

① 应用：球化退火主要用于共析钢和过共析钢制造的刀具、量具及模具等零件。若原始组织中存在较多的渗碳体网，则应先进行正火消除渗碳体网，然后再进行球化退火。

② 目的：球化退火的目的是使二次渗碳体及珠光体中的渗碳体球状化，以降低硬度，提高塑性，改善切削加工性能；获得均匀的组织，改善热处理工艺性能，并为以后淬火做组织准备。

### 4. 去应力退火（低温退火）

去应力退火是为了去除塑性变形加工、焊接等造成的应力以及铸件内存在的残余应力而进行的热处理工艺。

① 目的：消除塑性变形、焊接、切削加工、铸造等形成的残余内应力。

② 工艺方法：去应力退火的加热温度一般为 500～600℃，保温后随炉缓冷至室温。由于加热温度在 $A_1$ 以下，退火过程中一般不发生相变。

③ 应用：去应力退火广泛用于消除铸件、锻件、焊接件、冷冲压件以及机加工件中的残余应力，以稳定钢件的尺寸，减少变形，防止开裂。

### 5. 扩散退火（均匀化退火）

扩散退火是将钢锭、铸件或锻坯加热至略低于固相线的温度下长时间保温，然后缓慢冷却以消除化学成分不均匀现象的热处理工艺。

扩散退火的加热温度一般为 $A_{c3}$ 以上 150～200℃，保温时间一般为 10～15h，以保证扩散充分进行，消除或减少成分和组织不均匀。由于扩散退火的加热温度高、时间长，晶粒粗大，因此，扩散退火后再进行完全退火或正火，使组织重新细化。

## 二、正火

正火是先将钢加热到 $A_{c3}$ 或 $A_{cm}$ 以上 30～50℃，并保温适当的时间，然后使其在空气中冷却的工艺方法。

与退火相比，正火的冷却速度稍快，故正火后得到的索氏体组织较细，强度、硬度较高。对力学性能要求不高的工件，正火可作为最终热处理。表 3-3 为 45 钢退火、正火状态的力学性能对比。

表 3-3　45 钢退火、正火状态的力学性能对比

| 工艺方法 | $R_m$/MPa | $A$/% | $\alpha_k$/(J/cm²) | 硬度/HBS |
|---|---|---|---|---|
| 退火 | 650～700 | 15～20 | 40～60 | 约 180 |
| 正火 | 700～800 | 15～20 | 50～80 | 约 220 |

### 1. 正火的目的

① 改善低碳钢和低碳合金钢的切削加工性能。

一般认为钢材的硬度在 170～230HBS 范围内最适合切削加工。硬度过高时难以加工，而且刀具容易磨损；硬度过低，切削时容易"粘刀"，使刀具发热而磨损，而且工件的表面质量较低。低碳钢和低碳合金钢退火后的硬度在 160HBS 以下，切削性能不良，而正火

能适当提高其硬度，改善切削加工性。

② 细化晶粒，改善钢的力学性能。

③ 消除过共析钢中的网状渗碳体，为球化退火做组织准备。

④ 代替中碳钢和低碳合金结构钢的退火，改善它们的组织结构和切削加工性能。

**2. 退火与正火的应用选择**

在机械零件、模具等加工中，退火与正火一般作为预先热处理被安排在毛坯生产之后或半精加工之前。退火与正火在某种程度上虽然有相似之处，但在实际选用时仍应从以下三个方面考虑。

① 切削加工性：一般来说，当钢的硬度为 $170 \sim 230\text{HBW}$，并且组织中无大块铁素体时，切削加工性较好。因此，对低、中碳钢宜用正火，以防止"粘刀"现象；高碳结构钢、工具钢以及含合金元素较多的中碳合金钢宜用球化退火降低硬度，以利于切削加工。

② 使用性能：若对零件的性能要求不太高时，可采用正火作为最终热处理；对于一些大型或重型零件，当淬火有开裂危险时，也采用正火作为最终热处理；对于一些形状复杂的零件和大型铸件，宜用退火，以防止正火产生较大的内应力而导致裂纹。

③ 经济性：正火比退火的生产周期短，设备利用率高，节能省时，操作简便，在可能的情况下优先采用正火。

## 三、淬火

先将钢加热到相变温度以上，并保温一定时间，然后使其快速冷却以获得马氏体组织的热处理工艺称为淬火。淬火是钢最重要的强化方法。

淬火的主要目的是使钢铁材料获得马氏体或贝氏体组织，提高钢铁材料的硬度和强度；并淬火可以与回火工艺合理配合，以获得所需的使用性能。一些重要的结构件，特别是在动载荷与摩擦力作用下的零件，各种类型的重要工具（如刀具、钻头、丝锥、板牙、精密量具等）及重要零件（销、套、轴、滚动轴承、模具等）都要进行淬火处理。

**1. 淬火加热温度的选择**

钢的淬火加热温度可根据 $Fe\text{-}Fe_3C$ 相图来选择，如图 3-13 所示。

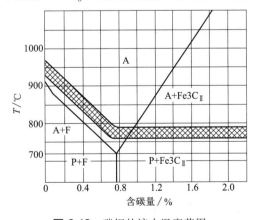

**图 3-13**　碳钢的淬火温度范围

亚共析钢适宜的淬火加热温度为 $A_{c3}$ 以上 30～50℃，淬火后可获得细小均匀的马氏体组织。若加热温度过高，由于奥氏体晶粒长大会引起淬火后的马氏体组织粗大，使零件的性能变坏，并容易引起零件的变形和开裂。反之，若加热温度过低，则淬火组织中含有未熔铁素体，将降低钢的强度和硬度。

共析钢或过共析钢适宜的淬火加热温度为 $A_{c1}$ 以上 30～50℃，可得到成细小针状马氏体基体上均匀分布着细颗粒状渗碳体的组织。这种组织不仅耐磨性好、强度高，而且脆性也小。如果淬火加热温度选择在 $A_{cm}$ 以上，不仅奥氏体的晶粒粗化，淬火后得到粗大马氏体，增大脆性及变形开裂的倾向，而且残余奥氏体的量也多，使钢的硬度降低。共析钢和过共析钢的零件在淬火前必须进行球化退火。

对于合金钢，由于多数合金元素（Mn、P 除外）对奥氏体晶粒的长大有阻碍作用，因此合金钢的淬火温度要比碳钢高。亚共析钢的淬火温度为 $A_{c3}+(50～100)℃$。共析钢、过共析钢的淬火温度为 $A_{c1}+(50～100)℃$。

### 2. 淬火冷却介质

淬火时为了得到足够的冷却速度，保证奥氏体向马氏体转变，又不至于冷却速度过大而引起零件的内应力增大，造成零件变形和开裂，应科学合理地选用淬火冷却介质。常用的淬火冷却介质有油、水、盐水、硝盐浴、碱浴等。它们的冷却能力依次增强。其中，水和油是目前生产中应用最广的冷却介质。

水不仅在 550～650℃ 的范围内冷却能力较大，在 200～300℃ 的范围内冷却能力也较大。因此，水易造成零件的变形和开裂，这是它的最大缺点。提高水温能降低其在 550～650℃ 范围的冷却能力，但对 200～300℃ 的冷却能力几乎没有影响。这既不利于淬硬，也不能避免变形，所以淬火用水的温度控制在 30℃ 以下。水在生产上主要用于形状简单、截面较大的碳钢零件的淬火。

淬火用油为各种矿物油（如机油、变压器油等）。它的优点是在 200～300℃ 的范围内冷却能力低，有利于减少工件的变形；缺点是在 550～650℃ 的范围内冷却能力也低，不利于钢的淬硬。所以，油一般作为合金钢的淬火介质。

为了减少零件淬火时的变形，可用盐浴作为淬火介质。这种介质主要用于分级淬火和等温淬火。其特点是沸点高，冷却能力介于水和油之间，常用于处理形状复杂、尺寸较小、变形要求严格的工具等。

到目前为止，还很难找到一种完全符合要求的理想淬火冷却介质，在实际生产中需要根据工件的技术要求、材质及形状，科学合理地选择淬火冷却方法，以弥补单一淬火冷却介质的不足。

### 3. 淬火方法

根据钢材的化学成分及对组织、性能和钢件尺寸精度的要求，在保证技术要求规定的前提下，应尽量选择简便、经济的淬火方法。常用的淬火方法有单介质淬火、双介质淬火、分级淬火和等温淬火。

（1）单介质淬火（水冷或油冷淬火）

水冷（或油冷）淬火是将工件奥氏体化后，保温适当时间，随之在水（或油）中急冷的淬火工艺，如图 3-14 中的①所示。此法操作简便，易实现机械化和自动化，但淬火应

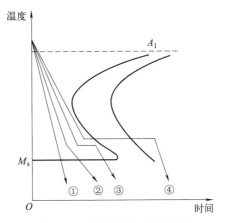

图 3-14　不同淬火方法示意图

力大，易导致变形和开裂。通常形状简单、尺寸较大的碳钢件在水中淬火，合金钢件及尺寸很小的碳钢件在油中淬火。

（2）双介质淬火

工件先在冷却能力较强的介质中冷却到 300℃ 左右，再在冷却能力较弱的介质中冷却，如图 3-14 中的②所示。如先水淬后油淬，可有效减小热应力和相变应力，减弱工件变形开裂的倾向。这种方法常用于形状复杂、截面不均匀的工件淬火。其缺点是难以掌握双液转换的时刻，转换过早易淬不硬，转换过迟易淬裂。

（3）分级淬火

工件迅速放入低温盐浴或碱浴炉（盐浴或碱浴的温度略高于或略低于 $M_s$ 点）中保温 2～5min，然后取出空冷进行马氏体转变的冷却方式叫分级淬火，如图 3-14 中的③所示。这种方法能大大减小淬火应力，防止变形开裂。分级温度略高于 $M_s$ 点的分级淬火适合小件的处理（如刀具）。分级温度略低于 $M_s$ 点的分级淬火适合大件的处理，在 $M_s$ 点以下分级的效果更好。例如，高碳钢模具在 160℃ 的碱浴中分级淬火，既能淬硬，变形又小。

（4）等温淬火

钢奥氏体化后，放入温度稍高于 $M_s$ 点（一般为 260～400℃）的盐浴或碱浴中，保温足够长的时间，从而获得下贝氏体组织的淬火方法称为等温淬火，又叫贝氏体等温淬火，如图 3-14 中的④所示。贝氏体等温淬火的主要目的是强化钢材，使工件获得强度和韧性的良好配合，以及较高的硬度和较好的耐磨性。

**4. 淬透性与淬硬性**

淬透性是评定钢淬火性能的一个重要参数，它对于钢材选择、编制热处理工艺具有重要意义。淬透性是指以规定条件下的钢试样淬硬深度和硬度分布表征的材料特性。换句话说，淬透性是钢材的一种属性，是指钢淬火时获得马氏体的能力。对于亚共析钢，随着碳的质量分数增大，其淬透性提高；但对于过共析钢，随着碳的质量分数增大，其淬透性却降低。

钢淬火后可以获得较高的硬度，但不同化学成分的钢淬火后所得马氏体组织的硬度值是不相同的。以钢在理想条件下淬火所能达到的最高硬度来表征的材料特性，称为淬硬性。淬硬性主要与钢中碳的质量分数有关，与合金元素的含量没有多大关系。更确切地说，它取决于淬火加热时固溶于奥氏体中的碳的质量分数。奥氏体中碳的质量分数越高，则钢的淬硬性越高，钢淬火后的硬度值也越高。

淬硬性和淬透性是两个不同的概念，因此，必须注意：淬火后硬度高的钢，不一定淬透性就高；淬火后硬度低的钢，不一定淬透性就低。

### 5. 淬火缺陷

工件在淬火加热和冷却过程中，由于加热温度高、冷却速度快，很容易产生某些缺陷。因此，在热处理生产过程中需要采取合理的措施，尽量减少各种缺陷的产生。

（1）过热与过烧

工件加热温度偏高而使晶粒过度长大，导致力学性能显著降低的现象称为过热。钢件过热后，形成的粗大奥氏体晶粒可以通过正火和退火来消除。

工件加热温度过高，致使晶界氧化和部分熔化的现象称为过烧。过烧的钢件淬火后强度低，脆性很大，并且无法补救，只能报废。

过热和过烧主要是加热温度过高或高温下保温时间过长引起的，因此，合理制订加热规范，严格控制加热温度和保温时间可以防止过热与过烧现象的发生。

（2）变形与开裂

淬火时产生的内应力是造成变形和开裂的原因。对于变形量小的工件，可采取某些措施予以纠正，而变形量太大或开裂的工件只能报废。

选择淬透性好的钢材、尽量减少工件的非对称结构、安排退火和正火等预备热处理细化原始组织、采用适当的冷却方法（如分级淬火或等温淬火等）、淬火后及时回火等措施可以减少零件变形，防止开裂。

（3）硬度不足和软点

工件淬火后较大区域内硬度达不到技术要求的现象，称为硬度不足。加热温度过低或保温时间过短，淬火冷却介质的冷却能力不够，钢件表面氧化、脱碳，奥氏体中碳的质量分数较低或成分不均匀，存在未溶的铁素体等，均容易导致钢件淬火后达不到技术要求的硬度值。

工件淬火硬化后，其表面许多小区域硬度偏低的现象，称为软点。

工件产生硬度不足和大量的软点后，先退火或正火，再重新进行正确的淬火，即可消除工件表面的硬度不足和大量的软点。

## 四、回火

钢件淬火后，为了消除内应力并获得所要求的组织和性能，将其加热到727℃以下某一温度，并保温一定时间，然后冷却到室温的热处理工艺叫作回火。

淬火钢一般不直接使用，必须进行回火。这是因为：第一，淬火后得到的是性能很脆的马氏体组织，并且存在内应力，容易产生变形和开裂；第二，淬火马氏体和残余奥氏体都是不稳定组织，在工作中会发生分解，导致零件尺寸的变化，对于精密零件这是不允许的；第三，为了获得要求的强度、硬度、塑性和韧性，以满足零件的使用要求。

### 1. 回火时的组织转变

一般来说，随着回火温度的升高，淬火组织将发生一系列变化。回火时的组织转变过程一般分为四个阶段。

① 第一阶段（80～200℃）：马氏体分解。淬火组织经过回火，转变为回火马氏体（过饱和度较低的马氏体和极细微碳化物的混合组织）。

② 第二阶段（200～300℃）：残留奥氏体分解。淬火组织经过回火，转变为回火马氏体（或下贝氏体）组织。

③ 第三阶段（300～400℃）：碳化物析出。淬火组织经过回火，形成回火屈氏体（铁素体基体内分布着细小粒状或片状碳化物的混合组织）。

④ 第四阶段（＞400℃）：碳化物的聚集长大与铁素体的再结晶。淬火组织经过回火，最终形成回火索氏体（铁素体基体内分布着粒状渗碳体的混合组织）。

由此可见，在回火加热过程中，随着组织发生变化，钢的性能也发生改变。其变化的基本趋势是：随着回火温度的升高，钢的强度、硬度下降，而塑性、韧性提高。如图 3-15 所示为 40 钢的力学性能与回火温度的关系。

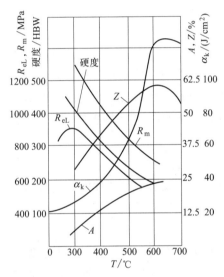

图 3-15　40 钢的力学性能与回火温度的关系

回火钢的性能只与加热温度有关，而与冷却速度无关。但值得注意的是，回火后有些钢自 538℃以上缓冷时其韧性会降低。这种回火后韧性降低的现象称为回火脆性，生产中可采用加热后快冷的方法加以避免。

**2. 回火的分类及应用**

回火时，决定钢的组织和性能的主要因素是加热温度。根据加热温度的不同，回火可分为以下三类。

① 低温回火（150～250℃）：低温回火后得到的组织是回火马氏体，硬度可达 58～64HRC。其目的是在降低淬火内应力和脆性的同时，保持钢在淬火后的高硬度和高耐磨性。低温回火广泛用于处理各种刀具、量具、冷冲压模具及其他要求硬而耐磨的零件。

② 中温回火（350～500℃）：中温回火得到的组织是回火屈氏体，硬度可达 35～50HRC。其目的是获取高的弹性极限、屈服强度和适当的韧性。中温回火主要用于弹性零件及热锻模具的热处理等。

③ 高温回火（500～650℃）：高温回火得到的组织是回火索氏体，硬度达 25～35HRC。其目的是获得良好的综合力学性能，即足够的强度与高韧性相配合。生产中常把淬火及高温回火的复合热处理工艺称为"调质"。调质处理多用于重要的受力构件，如螺栓、连杆、齿轮、曲轴等。

调质处理后的中碳钢与正火后的中碳钢相比，不仅强度较高，而且前者的塑性、韧性远高于后者。这是因为调质后钢的组织是回火索氏体，其渗碳体呈颗粒状，而正火后得到的索氏体组织中的渗碳体呈薄片状，颗粒状的渗碳体相对于片状的渗碳体对阻止断裂过程中裂纹的扩展更有利。因此，重要零件均应采用调质处理。

# 第四节　钢的表面改性处理

生产中有些零件如齿轮、花键轴、活塞销、凸轮等，要求其表面具有高硬度和高耐磨性，而心部具备一定的强度和足够的韧性。在这种情况下，要达到上述技术要求，单从材料方面去解决是比较困难的。如果选用高碳钢制作这些零件，经过淬火后虽然其表面硬度很高，但心部韧性严重不足，不能满足技术需要；如果采用低碳钢制作这些零件，经过淬火后虽然其心部韧性好，但表面硬度和耐磨性均较低，也不能满足技术需要。这时就需要考虑对零件进行表面热处理，以满足上述"表里不一"的性能要求。

## 一、表面热处理

仅对工件表层进行热处理以改变其组织和性能的工艺称为表面热处理。常用的表面热处理方法包括表面淬火和化学热处理两类。

### 1. 钢的表面淬火

将工件表层迅速加热到淬火温度进行淬火的工艺方法称为表面淬火。工件经表面淬火后，其表层得到马氏体组织，具有高的硬度和耐磨性，而心部仍为淬火前的组织，具有足够的强度和韧性。

根据加热方法不同，表面淬火主要分为火焰加热表面淬火、感应加热表面淬火、激光加热表面淬火及电解液加热表面淬火等。目前，生产中应用最多的是火焰加热表面淬火和感应加热表面淬火。

（1）火焰加热表面淬火

应用氧-乙炔（或其他可燃气体）火焰对零件表面进行快速加热，并随之快速冷却的工艺，称为火焰加热表面淬火，如图 3-16 所示。

火焰加热表面淬火的淬硬层深度一般为 2～6mm。这种方法的特点是：加热温度及淬硬层深度不易控制，易产生加热不均匀和表面过热现象，淬火质量不稳定。但此方法简便，不需要特殊设备，成本较低，故适用于单件或小批量生产及大型工件的热处理。

（2）感应加热表面淬火

利用感应电流通过工件时产生的热效应使工件表面局部加热，然后快速冷却的淬火工艺，称为感应加热表面淬火。

感应加热表面淬火的工作原理如图 3-17 所示。把工件放入空心铜管绕成的感应器内，当感应器中通入一定频率的交流电时，便会在电磁感应的作用下产生频率相同、方向相反的感应电流。该电流在钢件内自成回路，称为"涡流"。涡流在工件截面上分布不均匀，表面密度大，心部密度小。电流频率越高，涡流集中的表面层越薄，称此现象为集肤效应。由于工件本身有电阻，因此集中在工件表层的涡流可使表层迅速加热到淬火温度，而工件心部仍接近于室温。随即喷水快冷，工件表层被淬硬达到表面淬火的目的。

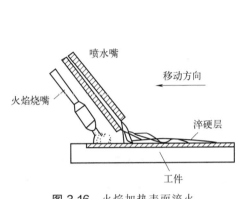

图 3-16 火焰加热表面淬火

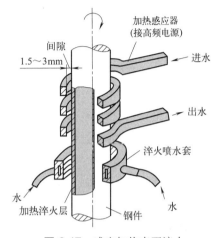

图 3-17 感应加热表面淬火

① 按所用电流频率的不同，感应加热表面淬火分为三种：

a. 高频感应加热表面淬火常用的电流频率为 200～300kHz，淬硬层深度为 0.5～2mm，主要用于要求淬硬层较薄的中、小模数齿轮和中、小尺寸轴类零件等。

b. 中频感应加热表面淬火常用的电流频率为 2.5～8kHz，淬硬层深度为 2～10mm，主要用于大、中模数齿轮和较大直径轴类零件等。

c. 工频感应加热表面淬火常用的电流频率为 50Hz，淬硬层深度为 10～20mm，主要用于大直径零件（如轧辊、火车车轮等）的表面淬火和大直径钢件的穿透加热。

② 感应加热表面淬火的特点。感应加热表面淬火具有工件加热速度快、时间短、变形小、基本无氧化和无脱碳的特点；工件经感应淬火后，在淬硬的表面层中存在较大的残余压应力，可以有效地提高工件的疲劳强度；生产率高，易实现机械化、自动化，适于大批量生产。

③ 感应加热表面淬火的应用。感应加热表面淬火主要用于中碳钢和中碳合金钢制造的工件，如 40 钢、40Cr、40MnB 等。感应淬火时，工件表面的加热层深度主要取决于交流电流的频率。交流电流频率越高，工件表面的加热层深度越小。因此，生产中可通过调整交流电流的频率来获得不同的淬硬层深度。

**2. 化学热处理**

将工件置于一定温度的活性介质中保温，使一种或几种元素渗入它的表层，以改变其化学成分、组织和性能的热处理工艺称为化学热处理，也称为表面合金化。与表面淬火相比，它不仅改变了工件表层的组织，而且改变了表层的化学成分。化学热处理也是获得表层硬心部韧性能的方法之一。

化学热处理由分解、吸收和扩散三个基本过程组成。分解是指渗入介质在高温下通过化学反应进行分解，形成渗入元素的活性原子；吸收是指渗入元素的活性原子被工件表面吸附，进入晶格内形成固溶体或化合物；扩散是指被吸附的渗入原子由工件表层逐渐向内扩散，形成一定深度的扩散层。目前在机械制造业中，最常用的化学热处理是渗碳、渗氮和碳氮共渗。

（1）渗碳

渗碳是将低碳钢或低碳合金钢工件置于渗碳介质中加热并保温，使碳原子渗入工件表层的化学热处理工艺。其目的是提高工件表层的含碳量。零件渗碳后，须经过淬火及低温回火才能使表面获得高硬度和耐磨性，而心部仍保持一定的强度及较高的塑性和韧性。

渗碳方法可分为气体渗碳、盐浴渗碳及固体渗碳三种，应用较为广泛的是气体渗碳。气体渗碳的优点是生产率高，劳动条件较好，渗碳过程可以控制，渗碳层的质量和机械性能较好。此外，还可实行直接淬火。

气体渗碳如图 3-18 所示。将工件置于密封的加热炉中，通入气体渗碳剂进行渗碳。常用的渗碳剂有煤油、丙酮、甲醇等。渗碳层深度主要取决于保温时间，一般按每小时渗入 0.2～0.25mm 的速度估算。根据所需渗碳层的厚度可以确定保温时间。零件渗碳后，其表面含碳量控制在 0.85%～1.05%，并从表面到心部逐渐减小，心部仍保持原来低碳钢的含碳量。

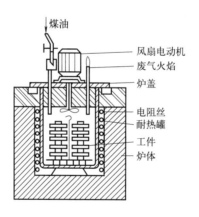

**图 3-18** 气体渗碳法

渗碳只改变工件表面的化学成分，若要使渗碳件表层具有高的硬度、高的耐磨性以及心部具有良好的韧性，渗碳后还必须进行淬火和低温回火。渗碳零件经淬火及低温回火后，表层显微组织为细针状回火马氏体和均匀分布的细小颗粒状渗碳体，硬度高达 58～64HRC；心部因是低碳钢，其显微组织仍为铁素体和珠光体，具有较高的韧性和适当的强度。

（2）渗氮（氮化）

渗氮是指在一定温度下于一定介质中使氮原子渗入工件表层的化学热处理工艺。其目的是提高工件表面的硬度、耐磨性、疲劳强度、耐热性和耐蚀性。常用的渗氮方法有以下两种：

① 气体渗氮是指工件在气体介质中进行渗氮。渗氮时将工件放入密闭的炉内，加热到 $500\sim600℃$ 后通入氨气（$NH_3$）；氨气在高温下分解出活性氮原子，被工件表面吸收。

渗氮用钢是含有 Al、Cr、Mo 等合金元素的钢，通常用的是 38CrMoAl，其次为 35CrMo、18CrNiW 等。这样，被吸收的氮原子与钢表面的合金元素 Al、Cr、Mo 等形成氮化物，并向心部扩散，渗氮层薄而致密，深度一般为 $0.1\sim0.6mm$。

在生产中渗氮主要用来处理重要及复杂的精密零件，如精密丝杠、镗杆、排气阀、精密机床的主轴等。

② 离子渗氮是指在低真空的渗氮气氛中，利用工件（阴极）和阳极之间产生的辉光放电进行渗氮的工艺。具体方法是：将工件放入离子渗氮炉的真空器内，通入氨气或氮、氢混合气体，保持一定压力；在阳极（真空器）与阴极（工件）间通入高压（$400\sim700V$）直流电，迫使电离后的氮离子高速轰击工件表面；将表面加热到渗氮所需温度（$500\sim570℃$），氮离子在阴极上夺取电子后，还原成氮原子，被工件表面吸收，并逐渐向内部扩散形成渗氮层。

离子渗氮的特点是：渗氮速度快，时间短（为气体渗氮的 $1/5\sim1/2$）；渗氮层质量好，脆性小，工件变形小；省电，无公害，操作条件好；材料适应性强，碳钢、合金钢、铸铁等均可进行离子渗氮。对于形状复杂或截面相差悬殊的零件，渗氮后很难同时达到相同的硬度和渗氮层深度；设备复杂，操作要求严格。

（3）碳氮共渗

碳氮共渗是指同时将碳原子和氮原子渗入奥氏体状态工件表层，并以渗碳为主的化学热处理工艺。其主要目的是提高工件表面的硬度和耐磨性。碳氮共渗分为液体碳氮共渗和气体碳氮共渗两类。目前，应用较多的是气体碳氮共渗。按温度不同，气体碳氮共渗又分为高温和低温两种。

高温气体碳氮共渗是在 $800\sim900℃$ 下进行的，同时通入渗碳和渗氮气体，形成碳氮共渗层，但以渗碳为主。高温气体碳氮共渗后，工件表层组织为含碳、氮的马氏体及均匀分布的细小碳氮化合物。高温气体碳氮共渗层组织与渗碳层类似，但其硬度、耐磨性、耐蚀性和抗疲劳性能都优于渗碳层。目前，工厂里高温气体碳氮共渗常用来处理汽车和机床上的齿轮、蜗杆和轴类零件。

低温气体碳氮共渗是在 $500\sim600℃$ 下进行的，同时通入渗碳和渗氮气体，形成碳氮共渗层，但以渗氮为主，也称为"软氮化"。低温气体碳氮共渗层组织与渗氮层类似，但其抗疲劳性优于渗碳层和高温气体碳氮共渗层，硬度低于渗氮层，不过仍有耐磨性，并具有减磨作用。低温气体碳氮共渗常用于处理模具、量具、高速钢刀具等。

## 二、其他表面技术

### 1. 时效处理

时效处理是将淬火后的金属工件置于室温或较高温度下保持适当的时间，以提高金属强度的金属热处理工艺。室温下进行的时效处理为自然时效；较高温度下进行的时效处理为人工时效。

注意：在机械生产中，为了稳定铸件尺寸，常将铸件在室温下长期放置（有时长达若干年），然后才进行切削加工。这种措施也被称为时效，但这种时效不属于金属热处理工艺。低碳钢冷态塑性变形后在室温下长期放置，强度可提高，塑性可降低。

**2. 形变热处理**

形变热处理是将形变与相变结合在一起的一种热处理新工艺。它能获得加工硬化与相变强化的综合作用，是一种既可以提高强度又可以改善塑性和韧性的最有效方法，可显著提高钢的综合力学性能。形变热处理中的形变方式有很多，如锻、轧、挤压、拉拔等。

**3. 激光热处理**

激光热处理的原理：首先利用高能量密度的激光束对工件表面扫描照射，在极短时间内工件表面被加热到相变温度以上；然后停止扫描照射，热量迅速传至周围未被加热的金属，加热处迅速冷却，达到自行淬火。工业用激光发生器多数是 $CO_2$ 激光器，它具有易获得大功率、转换效率高、可持续工作等优点。

激光热处理的特点：加热速度极快（千分之几秒至百分之几秒）；不用冷却介质，变形极小；处理后的表面光洁，不再进行表面加工就可直接使用；可细化晶粒，显著提高工件表面的硬度和耐磨性（相比常规淬火，硬度高 20%）；对任何复杂工件均可局部淬火，不影响相邻部位的组织和表面质量；可控性好，淬硬层深度为 0.3～0.5mm。激光热处理主要用于精密零件的局部表面淬火。

**4. 气相沉积**

气相沉积是直接利用气体，或者通过各种手段将物质转变为气体，使工件在气体状态下发生物理变化或者化学反应，在其表面沉积单层或多层薄膜，从而使材料或制品获得所需的各种优异性能。按沉积的主要属性可分为化学气相沉积和物理气相沉积、等离子化学气相沉积。

气相沉积可在工件表面覆盖一层厚度为 0.5～10μm 的过渡族元素（Ti、V、Cr、W 等）的碳、氧、氮、硼化合物或单一的金属及非金属涂层，常用于刀具、模具的表面涂层。

**5. 真空热处理**

真空热处理是指在正常大气压以下（通常是 $10^{-1}～10^{-3}$Pa）的减压空间中进行加热的热处理工艺。它包括真空淬火、真空退火、真空回火和真空化学热处理等。

真空热处理的特点：处理后工件不产生氧化和脱碳；其依靠辐射方式传热，升温速度慢，工件截面温差小，热处理变形小；因金属氧化物、油污在真空加热时分解，被真空泵抽出，使工件表面光洁，提高了疲劳强度和耐磨性；劳动条件好，但设备较复杂，投资较高。目前，真空热处理多用于工具、模具、精密零件的热处理。

**6. 电子束淬火**

电子束淬火是以电子束作为热源，以极快的速度加热工件的自冷淬火。电子束的能量远高于激光，而且其能量利用率也高于激光，可达 80%。此外，电子束淬火质量高，淬火过程中工件基体性能几乎不受影响，因此它是很有前途的热处理新技术。

# 习 题

1. 共析钢加热时奥氏体化的过程由哪几部分组成？

2. 影响奥氏体晶粒长大的因素有哪些？

3. 何谓马氏体？马氏体有哪两种基本类型？它们的性能有何特点？

4. 过冷奥氏体等温转变与连续冷却转变有何区别？

5. 什么是钢的热处理？热处理的主要目的是什么？

6. 什么是退火？退火的主要目的是什么？

7. 根据加热温度和目的不同，常用的退火方法分为几种？

8. 何谓完全退火？主要应用范围是什么？

9. 何谓去应力退火？

10. 什么是正火？正火的主要目的是什么？

11. 什么是淬火？淬火的主要目的是什么？

12. 如何选择淬火加热温度？理由是什么？

13. 常用的淬火方法有哪几种？

14. 钢淬火时常见的缺陷有哪些？

15. 什么是回火？回火的目的是什么？

16. 淬火钢在回火时的组织转变分为哪几个阶段？

17. 常用的回火方法有哪几种？指出各种回火方法的组织及目的。

18. 什么是调质处理？为什么调质后的工件力学性能要比正火后的工件好？

19. 表面改性处理零件的性能要求是什么？常用的方法有哪几种？

20. 何谓表面淬火？常用的方法有哪几种？

21. 何谓化学热处理？化学热处理的基本过程是什么？

22. 渗碳处理的主要目的是什么？适用于什么钢？渗碳后须进行哪种热处理？

23. 何谓渗氮？与渗碳相比，渗氮有何特点？

# 第四章

# 碳钢

在工业上使用的钢铁材料中，碳钢占有重要的地位。碳钢是指含碳量大于0.0218%、小于2.11%，在冶炼时没有特意加入其他合金元素的铁碳合金。常用的碳钢碳的质量分数一般都小于1.3%，其强度和韧性均较好。与合金钢相比，碳钢冶炼简便、加工容易、价格便宜，而且在一般情况下能满足使用性能的要求，故应用十分广泛（图4-1）。

  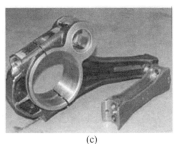

(a)　　　　　　　　　　　　(b)　　　　　　　　　　　　(c)

**图 4-1**　碳钢的应用

## 第一节　合金元素对钢性能的影响

钢在整个冶炼过程中，由于与空气接触，因而碳钢中除含有铁和碳两种元素外，还含有少量的硅、锰、硫、磷等元素以及非金属夹杂物。这些元素的来源主要有两个：一个是从炉料中带来的；另一个是在冶炼中不可避免地带入的。它们的存在必然会对钢的性能产生影响。

### 1. 硅

硅是钢中的有益元素，它是炼钢后期以硅铁作脱氧剂进行脱氧反应后残留在钢中的元素。硅能溶于铁素体和奥氏体，提高钢的强度、硬度。含硅的钢在氧化气氛中加热时，表面将形成一层 $SiO_2$ 薄膜，从而提高钢在高温时的抗氧化性。在镇静钢中一般将硅的含量控制在0.17%~0.37%之内，有意加入时，则在炼钢时加入硅铁合金。

### 2. 锰

锰也是钢中的有益元素，主要来自炼钢脱氧剂（锰铁）。残留在钢中的锰可溶于铁素体和渗碳体，使钢的强度和硬度提高。此外，锰与硫形成硫化锰（MnS），可以减轻硫对钢的危害性。锰在钢中的含量一般为 $0.25\%\sim0.80\%$。

### 3. 硫

硫是钢中的有害元素，它来源于炼钢的矿石与燃料焦炭。在固态下，硫在钢中不溶于铁，而是与铁化合形成化合物 FeS。由于 FeS 的塑性差，含硫较多的钢脆性较大。更严重的是，FeS 与 Fe 可形成低熔点（985℃）的共晶体，分布在奥氏体的晶界上。这样当钢加热到约1200℃进行热压力加工时，晶界上的共晶体早已熔化，晶粒间的结合被破坏，导致其沿晶界开裂，这种现象称为热脆。硫含量越高，热脆现象越严重，故必须对钢中的硫含量进行控制。为了消除硫的有害作用，必须增加钢中的锰含量。锰与硫优先形成高熔点（1620℃）的硫化锰，并呈粒状分布在晶粒内；硫化锰在高温下具有一定的塑性，从而避免了热脆现象。

### 4. 磷

磷也是钢中的有害元素，它是由矿石带入钢中的。磷虽能使钢材的强度、硬度提高，但导致其塑性、冲击韧性显著降低。这种脆化现象在低温时更为严重，故称为冷脆。冷脆可使钢材的冷加工及焊接性变坏，磷含量越高，冷脆现象越严重，故对钢中磷含量的控制较严。一般希望冷脆转变温度低于工件的工作温度，以免发生冷脆。而磷在结晶过程中，由于容易产生晶内偏析，使局部区域含磷量偏高，导致冷脆转变温度升高，从而高于工件的工作温度，发生冷脆。冷脆现象对在高寒地带和其他低温条件下工作的结构件具有严重的危害性。

但有时硫和磷也有有利的一面。例如，MnS 对断屑有利，而且能起润滑作用，降低刀具磨损，所以在自动切削车床上用的易切削钢，其硫含量高达 $0.15\%$，以改善钢的切削加工性，降低加工表面粗糙度。在炮弹钢中，磷含量高，其目的在于提高钢的脆性，增大弹片的碎化程度，提高炮弹的杀伤力。

### 5. 非金属夹杂物

在炼钢过程中，由于少量炉渣、耐火材料及冶炼中的反应物融入钢液中，从而形成氧化物、硫化物、硅酸盐、氮化物等非金属夹杂物。非金属夹杂物会降低钢的力学性能，特别是塑性、韧性及疲劳强度；严重时还会使钢在热加工与热处理时产生裂纹，或使用时突然脆断。非金属夹杂物也会促使钢形成热加工纤维组织，在形成过程中会吸收一些气体，如氮、氧、氢等。这些气体对钢的质量也会产生不良的影响，尤其是氢，对钢的危害很大。它可使钢变脆（称为氢脆），也可使钢产生微裂纹（称为白点），严重影响钢的力学性能，使钢容易脆断。

## 第二节　碳钢的分类

实际使用的碳钢，除含有 Fe、C 两个主要元素之外，还含有少量 Mn、Si、S、P、

H、O、N 等非特意加入的杂质元素。它们对钢材的性能和质量影响很大，必须严格控制在牌号规定的范围之内。

## 一、按含碳量分类

钢按碳的质量分数大小分类，可分为低碳钢、中碳钢和高碳钢三类，见表 4-1。

表 4-1 低碳钢、中碳钢和高碳钢的定义、典型牌号

| 名称 | 定义 | 典型牌号 |
|---|---|---|
| 低碳钢 | 碳的质量分数 $w_C < 0.25\%$ 的钢铁材料 | 08 钢、10 钢、15 钢、20 钢等 |
| 中碳钢 | 碳的质量分数 $w_C = 0.25\% \sim 0.60\%$ 的钢铁材料 | 35 钢、40 钢、45 钢、50 钢、55 钢等 |
| 高碳钢 | 碳的质量分数 $w_C > 0.60\%$ 的钢铁材料 | 65 钢、70 钢、75 钢、80 钢、85 钢等 |

## 二、按钢的质量等级分类

根据钢中有害元素硫、磷的含量可分为以下几种。

### 1. 普通钢

钢中含杂质元素较多，含硫量 $\leq 0.050\%$，含磷量 $\leq 0.045\%$，如碳素结构钢、低合金结构钢等。

### 2. 优质钢

钢中含杂质元素较少，含硫量及含磷量均 $\leq 0.035\%$，如优质碳素结构钢、合金结构钢、碳素工具钢和合金工具钢、弹簧钢、轴承钢等。

### 3. 高级优质钢

钢中含杂质元素极少，含硫量 $\leq 0.025\%$，含磷量 $\leq 0.025\%$，如合金结构钢和工具钢等。高级优质钢在钢号后面通常加符号"A"或汉字"高"，以便识别。

## 三、按钢的用途分类

### 1. 碳素结构钢

① 建筑及工程用结构钢：简称建造用钢，指用于建筑、桥梁、船舶、锅炉或其他工程上制作金属结构件的钢，如碳素结构钢、低合金钢、钢筋钢等，如图 4-2 所示。

(a)　　　　　　　　　　(b)　　　　　　　　　　(c)

图 4-2 碳素结构钢

② 机械制造用结构钢：用于制造机械设备上结构零件的钢。这类钢基本上都是优质钢或高级优质钢，主要有优质碳素结构钢、合金结构钢、易切削结构钢、弹簧钢、滚动轴承钢等。

## 2. 碳素工具钢

用于制造各种工具（如刃具、模具和量具等）的钢。这类钢一般为高碳钢，如图 4-3 所示。

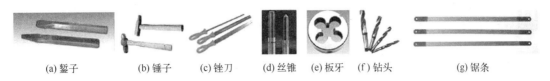

(a) 錾子　　(b) 锤子　　(c) 锉刀　　(d) 丝锥　　(e) 板牙　(f) 钻头　　　(g) 锯条

**图 4-3　碳素工具钢**

## 3. 特殊钢

具有特殊性能的钢，如不锈耐酸钢、耐热不起皮钢、高电阻合金、耐磨钢、磁钢等。

## 4. 专业用钢

各个工业部门专业用途的钢，如汽车用钢、农机用钢、航空用钢、化工机械用钢、锅炉用钢、电工用钢、焊条用钢等，如图 4-4 所示。

**图 4-4　化工机械用钢**

# 四、其他分类方法

## 1. 按冶炼方法分类

按钢的冶炼方法不同可分为转炉钢、平炉钢和电炉钢。

## 2. 按脱氧方法分类

① 沸腾钢：属脱氧不完全的钢，浇注时在钢锭模里产生沸腾现象。此类钢冶炼损耗少、成本低，但成分和质量不均匀、抗腐蚀性和力学强度较差，一般用于轧制型钢和钢板。

② 镇静钢：属脱氧完全的钢，浇注时在钢锭模里钢液镇静，没有沸腾现象。此类钢成分和质量均匀，但金属的收得率低，成本较高。一般合金钢和优质碳素结构钢都为镇静钢。

③ 半镇静钢：脱氧程度介于沸腾钢和镇静钢之间的钢，因生产较难控制，目前产量较少。

# 第三节　碳钢的牌号及用途

我国钢材的牌号用国际通用的化学元素符号、汉语拼音字母和阿拉伯数字组合表示。

## 一、碳素结构钢

碳素结构钢的杂质和非金属夹杂物较多，但冶炼容易、工艺性好、价格便宜、产量大，在性能上能满足一般工程结构及普通零件的要求，因而是工程中应用最多的钢种。其产量约占钢总产量的 70%～80%。碳素结构钢通常轧制成钢板和各种型材（圆钢、方钢、扁钢、角钢、槽钢、工字钢、钢筋等），用于厂房、桥梁、船舶等建筑结构或一些受力不大的机械零件（如铆钉、螺钉、螺母等）。

碳素结构钢的牌号由代表屈服强度的汉语拼音字母"Q"、屈服强度数值、质量等级符号和脱氧方法符号 4 个部分按顺序组成。质量等级符号用字母 A、B、C、D 表示，其中 A 级的硫、磷含量最高，D 级的硫、磷含量最低。脱氧方法符号用 F、Z、TZ 表示，F 是沸腾钢，Z 是镇静钢，TZ 是特殊镇静钢。Z 与 TZ 符号在钢号组成表示方法中予以省略。例如，Q235AF 表示屈服强度为 235MPa 的 A 级沸腾钢。碳素结构钢的牌号、化学成分、力学性能如表 4-2 所列。

表 4-2　碳素结构钢的牌号、化学成分、力学性能（摘自 GB/T 700—2006）

| 牌号 | 等级 | 化学成分(质量分数)/%，≤ | | | | | 脱氧方法 | 力学性能，≥ | | |
|---|---|---|---|---|---|---|---|---|---|---|
| | | C | Mn | Si | S | P | | $R_{eL}$/MPa | $R_m$/MPa | A/% |
| Q195 | — | 0.12 | 0.50 | 0.30 | 0.035 | 0.040 | F、Z | 195 | 315～430 | 33 |
| Q215 | A | 0.15 | 1.20 | 0.35 | 0.050 | 0.045 | F、Z | 215 | 335～450 | 31 |
| | B | | | | 0.045 | | | | | |
| Q235 | A | 0.22 | 1.40 | 0.35 | 0.050 | 0.045 | F、Z | 235 | 370～500 | 26 |
| | B | 0.20a | | | 0.045 | | | | | |
| | C | 0.17 | | | 0.040 | 0.040 | Z、TZ | | | |
| | D | | | | 0.035 | 0.035 | | | | |
| Q275 | A | 0.24 | 1.50 | 0.35 | 0.050 | 0.045 | — | 275 | 410～540 | 22 |
| | B | 0.21b | | | 0.045 | 0.045 | | — | — | — |
| | C | 0.20 | | | 0.040 | 0.40 | | — | — | — |
| | D | | | | 0.035 | 0.035 | Z | 275 | 490～630 | 20 |

注：1. 表中所列的力学性能指标为热轧状态试样测得。

2. 经需方同意，Q235B 的含碳量可不大于 0.22%。

3. 钢材的厚度（或直径）≤40mm 时，含碳量不大于 0.21%；>40mm 时，含碳量不大于 0.22%。

## 二、优质碳素结构钢

优质碳素结构钢是按化学成分和力学性能供应的，钢中所含的硫、磷及非金属夹杂物量较少，常用来制造重要的机械零件，使用前一般都要经过热处理来改善力学性能。

优质碳素结构钢的牌号用两位数字表示，这两位数字表示该钢平均含碳量的万分数。例如，45 表示平均含碳量为 0.45％的优质碳素结构钢；08 表示平均含碳量为 0.08％的优质碳素结构钢。

优质碳素结构钢根据其中锰含量的不同，可分为普通锰含量钢（锰含量＝0.35％～0.80％）和较高锰含量钢（锰含量＝0.7％～1.2％）两组。较高锰含量钢在牌号后面标出元素符号"Mn"，如 50Mn。用铝脱氧的镇静钢应标出"Al"，如 08Al。高级优质碳素结构钢在钢号后加"A"，特级优质碳素结构钢在钢号后加"E"。部分优质碳素结构钢的牌号、化学成分和力学性能见表 4-3。

08～25（低碳钢）：强度、硬度较低，塑性、韧性及焊接性良好，主要用于制作冲压件、焊接结构件及强度要求不高的机械零件及渗碳件，如深冲器件、压力容器、小轴、销子、法兰盘、螺钉和垫圈等。

30～55（中碳钢）：具有较高的强度、硬度，塑性、韧性随含碳量增加而降低，切削性能良好，调质后综合力学性能较好，主要用来制作受力较大的机械零件，如连杆、曲轴、齿轮和联轴器等。

60 以上（高碳钢）：具有较高的强度、硬度和弹性，但焊接性不好，切削性差，冷变形塑性差，主要用来制造要求具有较高强度、耐磨性和弹性的零件，如气门弹簧、弹簧垫圈、板簧和螺旋弹簧等弹性元件及耐磨零件。

**表 4-3　优质碳素结构钢的牌号、化学成分、力学性能和用途举例**（摘自 GB/T 699—2015）

| 牌号 | $w_C/\%$ | $R_m/MPa$ | $R_{eL}/MPa$ | $A/\%$ | $Z/\%$ | $K_{U2}/J$ | 用途举例 |
|---|---|---|---|---|---|---|---|
| | | 不小于 | | | | | |
| 08 | 0.05～0.11 | 325 | 195 | 33 | 60 | — | 塑性好，适合制造高韧性的冲压件、焊接件、紧固件等，如容器、搪瓷制品、螺栓、螺母、垫圈、法兰盘、钢丝、轴套、拉杆等。部分钢经渗碳淬火后可制造强度不高的耐磨件，如凸轮、滑块、活塞销等 |
| 10 | 007～0.13 | 335 | 205 | 31 | 55 | — | |
| 15 | 0.12～0.18 | 375 | 225 | 27 | 55 | — | |
| 20 | 0.17～0.23 | 410 | 245 | 25 | 55 | — | |
| 25 | 0.22～0.29 | 450 | 275 | 23 | 50 | 71 | |
| 30 | 0.27～0.34 | 490 | 295 | 21 | 50 | 63 | 综合力学性能较好，适合制造负荷较大的零件，如连杆、螺杆、螺母、轴销、曲轴、传动轴、活塞杆(销)、飞轮、表面淬火齿轮、凸轮、链轮等 |
| 35 | 0.32～0.39 | 530 | 315 | 20 | 45 | 55 | |
| 40 | 0.37～0.44 | 570 | 335 | 19 | 45 | 47 | |
| 45 | 0.42～0.50 | 600 | 355 | 16 | 40 | 39 | |
| 50 | 0.47～0.55 | 630 | 375 | 14 | 40 | 31 | |
| 55 | 0.52～0.60 | 645 | 380 | 13 | 35 | — | |
| 60 | 0.57～0.65 | 675 | 400 | 12 | 35 | — | 屈服强度高，硬度高，适合制造弹性零件(如各种螺旋弹簧、板簧等)及耐磨零件(如轧辊、钢丝绳、偏心轮、轴、凸轮 离合器等) |
| 65 | 0.62～0.70 | 695 | 410 | 10 | 30 | — | |
| 70 | 0.67～0.75 | 715 | 420 | 9 | 30 | — | |
| 75 | 0.72～0.80 | 1080 | 880 | 7 | 30 | — | |
| 80 | 0.77～0.85 | 1080 | 930 | 6 | 30 | — | |
| 85 | 0.82～0.90 | 1130 | 980 | 6 | 30 | — | |

注：$K_{U2}$ 表示 U 型缺口试样在 2mm 锤刃下的冲击吸收能量。

优质碳素结构钢按用途可分为冲压钢、渗碳钢、调质钢和弹簧钢。

（1）冲压钢

冲压钢碳的质量分数低，塑性好，强度低，焊接性能好，主要用于制造薄板以及冲压零件和焊接件，常用的钢种有 08 钢、10 钢和 15 钢。

（2）渗碳钢

渗碳钢强度较低，塑性和韧性较高，冲压性能和焊接性能好，可以制造各种受力不大但要求高韧性的零件，如焊接容器与焊接件、螺钉、杆件、轴套、冲压件等。这类钢经渗碳淬火后，表面硬度可达 60HRC 以上，表面耐磨性较好，而心部具有一定的强度和良好的韧性，可用于制造要求表面硬度高、耐磨，并承受冲击载荷的零件。其常用的钢种有 15 钢、20 钢、25 钢等。

（3）调质钢

调质钢经过热处理后具有良好的综合力学性能，主要用于制作要求强度、塑性、韧性都较高的零件，如齿轮、套筒、轴类等零件。这类钢在机械制造中应用广泛，特别是 40 钢、45 钢。其常用的钢有 30 钢、35 钢、40 钢、45 钢、50 钢、55 钢等。

（4）弹簧钢

弹簧钢经热处理后可获得较高的规定塑性延伸强度，主要用于制造尺寸较小的弹簧、弹性零件及耐磨零件，如机车车辆及汽车上的螺旋弹簧、板弹簧、气门弹簧、弹簧发条等。其常用的钢种有 60 钢、65 钢、70 钢、75 钢、80 钢、85 钢等。

## 三、碳素工具钢

碳素工具钢的碳含量在 $0.65\% \sim 1.35\%$ 范围内，是用于制造工具的高碳钢。按冶炼质量的要求不同，碳素工具钢可分为优质碳素工具钢和高级优质碳素工具钢。后者的 S、P 及非金属夹杂物含量比前者低。

碳素工具钢一般适于制造尺寸较小、小走刀和低速的切削工具以及形状简单的量具，也可用于制造较简单的模具。

碳素工具钢的牌号以汉字"碳"的汉语拼音字母字头"T"及后面的阿拉伯数字表示，数字表示钢中平均含碳量的千分数。例如，T8 表示平均含碳量为 $0.80\%$ 的碳素工具钢。若为高级优质碳素工具钢，则在牌号后面标以字母 A，如 T12A 表示平均含碳量为 $1.2\%$ 的高级优质碳素工具钢。碳素工具钢的牌号、化学成分和硬度如表 4-4 所示。

随含碳量上升，钢的耐磨性增加，韧性下降。不同牌号的工具钢，用于制作不同情况下使用的工具。

T7、T8：具有较高的强度和韧性，以及相当的硬度，但淬透性低，淬火变形大，而且热硬性低，如木工用凿、锤头、钻头、模具等。

T10：具有较好的韧性和耐磨性、较高的强度和硬度，但淬透性低，淬火变形大，而且热硬性低，如刨刀、冲模、丝锥、板牙、手工锯条、卡尺等。

T12：具有高的硬度和耐磨性，但韧性较低，热硬性差，淬透性不好，淬火变形大，如钻头、锉刀、刮刀、量具等。

表 4-4　碳素工具钢的牌号、化学成分、硬度（摘自 GB/T 1299—2014）

| 序号 | 牌号 | 化学成分(质量分数)/% | | | 退火 | 试样淬火 | |
| | | C | Mn | Si | 布氏硬度/HBW 不大于 | 淬火温度 和冷却剂 | 洛氏硬度 /HRC 不小于 |
|---|---|---|---|---|---|---|---|
| 1 | T7 | 0.65～0.74 | ≤0.40 | ≤0.35 | 187 | 800～820℃,水 | 62 |
| 2 | T8 | 0.75～0.84 | | | | 780～800℃,水 | |
| 3 | T8Mn | 0.80～0.90 | 0.40～0.60 | | | | |
| 4 | T9 | 0.85～0.94 | ≤0.40 | | 192 | 760～780℃,水 | |
| 5 | T10 | 0.95～1.04 | | | 197 | | |
| 6 | T11 | 1.05～1.14 | | | 207 | | |
| 7 | T12 | 1.15～1.24 | | | | | |
| 8 | T13 | 1.25～1.35 | | | 217 | | |

　　高级优质碳素工具钢由于杂质和非金属夹杂物含量少，在磨削加工后能获得较高级的精加工表面，可用于制造精度较高、形状较复杂的工具。

 习 题

　　1. 碳素钢常含有哪些杂质？它们对钢的性能有哪些影响？

　　2. 低碳钢、中碳钢和高碳钢是怎样划分的？

　　3. 钢按照用途是如何划分的？

　　4. 钢的质量是根据什么划分的？

　　5. 解释下列牌号的含义，并试着说明它们的主要用途：Q235AF　25　60Mn　T8 T12A　45

　　6. 45、T12A 按含碳量、质量、用途划分各属于哪一类钢？

第五章

# 合金钢

随着科学和工程技术的不断发展，对钢材的性能要求越来越高。例如，尺寸大的高强度零件，不仅要求具有优良的综合力学性能，而且还要具有较高的淬透性；某些特殊条件下工作的零件，要求具有耐腐蚀、抗氧化、耐磨等性能；切削速度较高的刀具，要求具有较高的热硬性。普通钢是不能满足这些性能要求的，因此，必须采用性能优异的低合金钢和合金钢，如图 5-1 所示。

(a)

(b)

(c)

图 5-1　合金钢的应用

为了改善钢的某些性能或使之具有某些特殊性能，在炼钢时有意加入的元素称为合金元素。含有一种或数种有意添加的合金元素的钢，称为合金钢。钢中加入的合金元素主要有硅（Si）、锰（Mn）、铬（Cr）、镍（Ni）、钨（W）、钼（Mo）、钒（V）、钛（Ti）、铌（Nb）、钴（Co）、铝（Al）、硼（B）及稀土元素（RE）等。根据我国资源条件，在合金钢中主要加入硅、锰、硼、钨、钼、钒、钛及稀土元素等合金元素。

## 第一节　概述

### 一、合金元素对钢性能的影响

#### 1. 对钢组织性能的影响

合金元素在钢中主要以两种形式存在：合金铁素体与合金碳化物。

① 合金铁素体：大多数合金元素（如 Ni、Si、Al、Co 等）都能不同程度地溶解在铁素体中，引起铁素体的强度和硬度提高，而塑性、韧性却有所下降。

② 合金碳化物：与碳亲和力强的碳化物形成元素，Ti、Zr、Nb、V、Mo、Cr、Mn、Fe（依次由强到弱）等，与碳结合形成合金渗碳体或碳化物。其特点是熔点高、硬度高，且很稳定，不易分解。在最终热处理后，合金碳化物呈细颗粒状均匀分布在基体上，不但不降低韧性，而且还可以进一步提高钢的机械性能。

### 2. 对钢热处理的影响

① 阻碍奥氏体晶粒长大：大多数合金元素（除 Ni、Co 外）均减慢奥氏体的形成，它们使碳的扩散能力降低，与碳的亲和力大、稳定性高，很难溶解。

② 提高钢的淬透性：合金元素（Co 除外）溶入奥氏体后，都不同程度地增大过冷奥氏体的稳定性，使 C 曲线右移，减小了临界冷却速度，提高了钢的淬透性。碳化物形成元素 Cr、Mo、W、V、Ti 等，溶入奥氏体后，不仅使 C 曲线右移，当达到一定含量时，还使其分离成上、下两个"C"曲线；上部 C 曲线表示奥氏体向珠光体的转变，而下部 C 曲线表示奥氏体向贝氏体的转变。

③ 提高钢的回火稳定性：回火稳定性是指淬火钢对回火过程中发生的各种软化倾向的抵抗能力。由于合金元素溶入马氏体，使回火过程中的各个转变速度显著减慢，延缓了马氏体和残余奥氏体分解，阻止碳化物聚集长大，因此提高了钢的回火稳定性。

④ 产生二次硬化：当 W、Mo、V、Ti 含量较高的淬火钢在 $500 \sim 600℃$ 温度范围内回火时，其硬度并不降低，反而升高。这种在回火时硬度升高的现象称为二次硬化。这种硬化实质上是一种弥散硬化，即合金的特殊碳化物呈高度弥散状态分布。此外，由于析出一部分特殊碳化物，使残余奥氏体中碳及合金元素的浓度降低，提高了 $M_s$ 点温度，从而在随后的冷却过程中有部分残余奥氏体转变为马氏体，这也是使钢的硬度增大而产生二次硬化的原因。

## 二、合金钢的分类

合金钢的分类方法很多，常用的分类方法有以下几种。

### 1. 按合金元素总含量分

① 低合金钢：合金元素总含量 $<5\%$。

② 中合金钢：合金元素总含量为 $5\% \sim 10\%$。

③ 高合金钢：合金元素总含量 $>10\%$。

### 2. 按用途分

① 合金结构钢：用于制造机械零件和工程结构的钢，又可分为低合金高强度钢、渗碳钢、调质钢、弹簧钢、滚动轴承钢等。

② 合金工具钢：用于制造各种工具的合金钢，又可分为刃具钢、量具钢、模具钢等。

③ 特殊性能钢：具有某种特殊物理、化学性能的钢，如不锈钢、耐热钢、耐磨钢等。

### 3. 按金相组织分

① 按平衡组织或退火组织分类：可以分为亚共析钢、共析钢、过共析钢和莱氏体钢。

② 按正火组织分类：可以分为珠光体钢、贝氏体钢、马氏体钢和奥氏体钢。

### 4. 其他分类方法

除上述分类方法外，还有许多其他的分类方法，例如：

① 按工艺特点可分为铸钢、渗碳钢、易切削钢等。

② 按质量可以分为普通质量钢、优质钢和高级质量钢。其区别主要在于钢中所含有害杂质（S、P）的多少。

## 三、合金钢的牌号表示方法

### 1. 低合金高强度结构钢的牌号

低合金高强度结构钢的牌号由代表屈服强度的汉语拼音首位字母、规定的最小上屈服强度数值、交货状态代号、质量等级符号（B、C、D、E、F）四部分按顺序组成。例如，Q355ND 表示上屈服强度 $R_{eH} \geq 355MPa$，交货状态为正火（或正火轧制），质量等级为 D 级的低合金高强度结构钢。如果是专用结构钢，一般在低合金高强度结构钢牌号表示方法的基础上再附加钢产品的用途符号，如 Q345HP 表示焊接气瓶用钢、Q345R 表示压力容器用钢、Q390G 表示锅炉用钢、Q420q 表示桥梁用钢等。

### 2. 合金钢（包括部分低合金结构钢）的牌号

我国合金钢的牌号是按照合金钢中碳的质量分数、所含合金元素的种类（元素符号）及其质量分数编制的。一般牌号的首部是表示其碳的平均质量分数的数字，数字含义与优质碳素结构钢是一致的。对于结构钢，数字表示碳的平均质量分数的万分数；对于工具钢，数字表示碳的平均质量分数的千分数。当合金钢中某种合金元素（Me）的平均质量分数 $<1.5\%$ 时，牌号中仅标出合金元素符号，不标明其含量；当 $1.5\% \leq w_{Me} < 2.49\%$ 时，在该元素后面相应地用整数 "2" 表示其平均质量分数；当 $2.49\% \leq w_{Me} < 3.49\%$ 时，在该元素后面相应地用整数 "3" 表示其平均质量分数，以此类推。

（1）合金结构钢的牌号

我国合金结构钢牌号的编写方法为 "两位数字＋合金元素符号＋数字"。前面的 "两位数字" 表示合金结构钢中碳的平均质量分数的万分数；后面的 "数字" 表示所含合金元素平均质量分数的百分数。例如，60Si2Mn 表示 $w_C = 0.60\%$、$w_{Si} = 2\%$、$w_{Mn} < 1.5\%$ 的合金结构钢；40Mn2 表示 $w_C = 0.40\%$、$w_{Mn} = 2\%$ 的合金结构钢。合金结构钢中钒、钛、铝、硼、稀土等合金元素虽然含量很低，但仍然需要在其牌号中标出，如 40MnVB、25MnTiBRE 等。

如果合金结构钢为高级优质钢，则在其牌号后面加 "A"；如果为特级优质钢，则在其牌号后面加 "E"。

（2）合金工具钢的牌号

我国合金工具钢牌号的编写方法大致与合金结构钢相同，但碳的质量分数的表示方法有所不同。当合金工具钢中的 $w_C < 1.0\%$ 时，牌号前的 "数字" 以千分数（一位数）表示其碳的平均质量分数；当合金工具钢中的 $w_C \geq 1\%$ 时，为了避免与合金结构钢混淆，牌号前不标出碳的平均质量分数的数字。例如，9Mn2V 表示 $w_C = 0.9\%$、$w_{Mn} = 2\%$、$w_V < 1.5\%$ 的合金工具钢；CrWMn 表示 $w_C \geq 1.0\%$、$w_{Cr} < 1.5\%$、$w_W < 1.5\%$、$w_{Mn} < 1.5\%$ 的合金工具钢。高速工具钢中 $w_C = 0.7\% \sim 1.5\%$，但在其牌号中不标出碳

的平均质量分数值，如 W18Cr4V 等。

（3）高碳铬轴承钢的牌号

高碳铬轴承钢的牌号前面冠以汉语拼音字母"G"，其后为铬元素符号 Cr，铬的质量分数以千分数表示，其余合金元素与合金结构钢牌号的规定相同，如 GCr15、GCr15SiMn 等。

**3. 钢铁及合金牌号统一数字代号体系**（GB/T 17616—2013）

统一数字代号由固定的 6 个符号组成，如图 5-2 所示。左边第一位用大写的英文字母作为前缀（一般不使用字母"I"和"O"），后接五位阿拉伯数字，如"A×××××"表示合金结构钢，"B×××××"表示轴承钢，"L×××××"表示低合金钢，"S×××××"表示不锈钢和耐热钢，"T×××××"表示工模具钢，"U×××××"表示非合金钢。

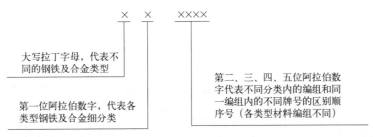

**图 5-2** 统一数字代号的结构形式

第一位阿拉伯数字有 0～9，对于不同类型的钢铁及合金，每一个数字代表的含义各不相同。例如，在合金结构钢中，数字"0"代表 Mn、MnMo 系钢，数字"1"代表 SiMn、SiMnMo 系钢，数字"4"代表 CrNi 系钢；在低合金钢中，数字"0"代表低合金一般结构钢，数字"1"代表低合金专用结构钢；在非合金钢中，数字"1"代表非合金一般结构及工程结构钢，数字"2"代表非合金机械结构钢等。

# 第二节 合金结构钢

## 一、低合金结构钢

按主要性能和使用特性，低合金结构钢分为可焊接的低合金高强度结构钢、易切削结构钢、低合金耐候钢、低合金钢筋钢、铁道用低合金钢、矿用低合金钢、其他低合金钢等。

### 1. 低合金高强度结构钢

低合金高强度结构钢是在低碳钢的基础上加入少量合金元素而形成的钢。其中 $w_C \leqslant 0.2\%$，常加入的合金元素有硅、锰、钛、铌、钒等，其总含量 $w_{ME} < 3\%$。

钢中含碳量低是为了获得良好的塑性、焊接性和冷变形能力。合金元素硅、锰主要溶于铁素体中，起固溶强化的作用；钛、铌、钒等在钢中可形成细小碳化物，起细化晶粒和弥散强化的作用，从而提高钢的强韧性。此外，合金元素能降低钢的共析含碳量，与相同含碳量的碳钢相比，低合金高强度结构钢的组织中珠光体较多，且晶粒细小，故也可提高钢的强度。

低合金高强度结构钢大多在热轧、正火状态下供应，其组织为铁素体加珠光体，使用时一般不再进行热处理。

低合金高强度结构钢的强度高、塑性和韧性好、焊接性和冷成形性良好、耐蚀性较好、韧脆转变温度低、成本低，适于冷成形和焊接。在某些情况下，用这类钢代替碳素结构钢，可大大减轻零件或构件的重量。例如，我国载重汽车的大梁采用 Q345（16Mn）后，使载重比由 1.05 提高到了 1.25；又如，南京长江大桥采用了 Q345，比碳钢可节约钢材 15％以上。Q460 中含有 Mo 和 B，正火后其组织为贝氏体，强度高，焊接性、抗振性和抗低温性好。国家体育场鸟巢的钢结构就是用 Q460（最大厚度达 100mm）"编织"而成的，如图 5-3 所示。

图 5-3 鸟巢

低合金高强度结构钢广泛用于桥梁、车辆、船舶、锅炉、高压容器、输油管以及低温下工作的构件等，最常用的是 Q345。常用低合金高强度结构钢的力学性能和用途见表 5-1。

表 5-1 常用低合金高强度结构钢的力学性能和用途（摘自 GB/T 1591—2018）

| 牌号 | 质量等级 | $R_m$/MPa | $R_{eL}$/MPa, ≥ | $A$/%, ≥ | 冲击试验 | | 用途举例 |
|---|---|---|---|---|---|---|---|
| | | | | | 温度/℃ | $K_{V2}$/J (≥) | |
| Q345 | B | 470～630 | 345 | 20 | 20 | 34 | 大型船舶、铁路车辆、桥梁、管道、锅炉、压力容器、石油储罐、水轮机蜗壳、起重及矿山机械、电站设备、厂房钢架等承受动载荷的各种焊接结构件 |
| | C | | | 21 | 0 | 34 | |
| | D | | | | −20 | 34 | |
| | E | | | | −40 | 34 | |
| Q390 | B | 490～650 | 390 | 20 | 20 | 34 | 中、高压锅炉汽包，中、高压石油化工容器，大型船舶，桥梁，车辆及其他承受较高载荷的大型焊接结构件。承受动载荷的焊接结构件，如水轮机蜗壳 |
| | C | | | | 0 | 34 | |
| | D | | | | −20 | 34 | |
| | E | | | | −40 | 34 | |

续表

| 牌号 | 质量等级 | $R_m$/MPa | $R_{eL}$ /MPa,≥ | $A$/%, ≥ | 冲击试验 温度/℃ | 冲击试验 $K_{V2}$/J (≥) | 用途举例 |
|---|---|---|---|---|---|---|---|
| Q420 | B | 490～650 | 420 | 19 | 20 | 34 | 大型船舶、桥梁、电站设备、起重机械、机车车辆、中压或高压锅炉及容器、大型焊接结构件,例如水立方的工程构件 |
| | C | | | | 0 | 34 | |
| | D | | | | −20 | 34 | |
| | E | | | | −40 | 34 | |
| Q460 | C | 550～720 | 460 | 17 | 0 | 34 | 厂房、一般建筑、高层钢结构建筑及各类工程机械,如矿山和各类工程施工用的钻机、电铲、电动轮翻斗车、矿用汽车、挖掘机、装载机、推土机、各类起重机、煤矿液压支架等机械设备及其他结构件,例如中央电视台新楼的工程构件 |
| | D | | | | −20 | 34 | |
| | E | | | | −40 | 34 | |
| Q500 | C | 610～770 | 500 | 17 | 0 | 55 | |
| | D | | | | −20 | 47 | |
| | E | | | | −40 | 31 | |
| Q550 | C | 670～830 | 550 | 16 | 0 | 55 | |
| | D | | | | −20 | 47 | |
| | E | | | | −40 | 31 | |
| Q620 | C | 710～880 | 620 | 15 | 0 | 55 | |
| | D | | | | −20 | 47 | |
| | E | | | | −40 | 31 | |

注：1. 表中 $R_{eL}$ 为厚度（直径、边长）≤16mm 时的数据，当厚度（直径、边长）为 16～40mm、40～63mm、63～80mm、80～100mm 时，各牌号的 $R_{eL}$ 由≤16mm 时的数据依次递减 10MPa。

2. 表中 $R_m$、$A$ 为厚度（直径、边长）≤40mm 时的数据。

3. 冲击试验取纵向试样，表中为试样厚度（直径、边长）为 12～150mm 时的数据。

4. $K_{V2}$ 表示 V 型铁口试样在 2mm 锤刃下的冲击吸收能量。

### 2. 易切削结构钢

易切削结构钢是指含硫、锰、磷量较高或含微量铅、钙的低碳或中碳结构钢，简称易切钢。

硫在钢中与锰和铁形成硫化锰夹杂物，这类夹杂物能中断基体金属的连续性，在切削时促使断屑形成小而短的卷曲半径，从而易于排除，减小刀具磨损，降低加工表面粗糙度，提高刀具寿命。磷固溶于铁素体中，使铁素体的强度提高，塑性降低，也可改善其切削加工性。但硫、磷的含量不能过高，以防产生热脆和冷脆现象。

铅在室温下不溶于铁素体，呈细小的铅颗粒分布在钢的基体上，既容易断屑，又起润滑作用。但铅的含量不宜过高，以防产生重力偏析。钙在钢中以钙铝硅酸盐夹杂物的形式存在，具有润滑作用，可减轻刀具磨损。

易切削结构钢可经渗碳、淬火或调质、表面淬火等热处理提高其使用性能。所有易切削结构钢的锻造和焊接性能都不好，选用时应注意。易切削结构钢主要用于成批、大量生产时制作对力学性能要求不高的紧固件和小型零件，如图 5-4 所示。常用易切削结构钢的牌号、性能及用途见表 5-2。

图 5-4　紧固件

表 5-2　常用易切削结构钢的牌号、性能及用途（摘自 GB/T 8731—2008）

| 牌号<br>（统一数字代号） | $R_m$<br>/MPa | A<br>/% | Z<br>/% | 硬度<br>/HBW | 用途举例 |
|---|---|---|---|---|---|
| | | ≥ | | ≤ | |
| Y12<br>（U71122） | 390～540 | 22 | 36 | 170 | 双头螺柱、螺钉、螺母等一般标准紧固件 |
| Y12Pb | 390～540 | 22 | 36 | 170 | 同 Y12，但切削加工性提高 |
| Y15<br>（U71152） | 390～540 | 22 | 36 | 170 | 同 Y12，但切削加工性显著提高 |
| Y30 | 510～655 | 15 | 25 | 187 | 强度较高的小件，结构复杂、不易加工的零件，如纺织机、计算机上的零件 |
| Y40Mn<br>（L20409） | 590～735 | 14 | 20 | 207 | 要求强度、硬度较高的零件，如机床丝杠和自行车、缝纫机上的零件 |
| Y45Ca | 600～745 | 12 | 26 | 241 | 同 Y40Mn，齿轮、轴 |

注：表中 Y12、Y15、Y30 为非合金易切削结构钢。

### 3. 低合金高耐候钢

低合金高耐候钢即耐大气腐蚀钢。在钢中加入少量合金元素（如铜、磷、铬、钼、钛、铌、钒等），能在钢表面形成一层致密的保护膜，提高其耐候性能。这类钢的抗大气腐蚀能力优于碳钢。

常用低合金高耐候钢的牌号有 09CuPCrNiA、09CuPCrNiB 和 09CuP 等。09CuPCrNiA 中各符号的含义：09 表示平均含碳量 $w_C = 0.09\%$，$w_{Cu}$、$w_{Cr}$、$w_P$、$w_{Ni}$ 均小于 1.5%，不标出；A 表示质量等级。这类钢主要在铁道车辆、农业机械、起重运输机械、建筑和塔架中用于制作螺栓连接、铆接和焊接结构件。12MnCuCr 为焊接结构用耐候钢，主要用于制造桥梁、建筑等结构体。

除上述钢种外，为适应某些专业的特殊需要，对低合金高强度结构钢的成分、工艺做某些相应的调整，从而派生出很多低合金专业用钢，在锅炉、压力容器、船舶、汽车、桥梁、农机、矿山、自行车、建筑钢筋等行业应用广泛。例如，制造汽车大梁的微合金化钢、车门和挡板用的高塑性高强度钢、轮毂用的低合金双相钢等。

## 二、合金渗碳钢

有些零件，如齿轮、凸轮、活塞销、高压泵连杆、气门座等，不仅表面承受强烈的摩擦与磨损，同时承受较大的冲击载荷，这就要求其表面具有较高的硬度和耐磨性，而心部要有足够的强度和韧性。这时往往选用含碳量较低的"渗碳钢"，通过渗碳增加含碳量和随后的热处理来满足使用要求。如图 5-5 所示的传动齿轮和曲轴为了提高表面的耐磨性均使用了合金渗碳钢。

(a)                    (b)

**图 5-5** 合金渗碳钢的应用举例

渗碳钢的含碳量很低，在 $0.1\% \sim 0.25\%$ 之间，为了提高淬透性，加入 Cr、Mn、Ni、B 等。加入这些元素后也能强化渗碳层和心部组织。此外，还加入微量的 Mo、W、V、Ti 等强碳化物形成元素。这些元素形成的稳定合金碳化物能防止渗碳时晶粒长大，提高渗碳层的硬度及耐磨性。

合金渗碳钢按淬透性高低分为低淬透性钢（如 15Cr、20Cr、15Mn2、20Mn2 等）、中淬透性钢（如 20CrMnTi、12CrNi3A、20CrMn、20MnVB 等）和高淬透性钢（如 12Cr2Ni4A、18Cr2Ni4WA 等）三类。

合金渗碳钢的最终热处理是渗碳＋淬火＋低温回火。热处理后其表面具有高的硬度、耐磨性而心部具有足够的塑性和韧性。

常用合金渗碳钢的牌号、热处理、力学性能和应用见表 5-3。

**表 5-3 常用合金渗碳钢的牌号、热处理、力学性能和应用**

| 类别 | 牌号 | 热处理/℃ | | | 力学性能，≥ | | | 用途 |
|---|---|---|---|---|---|---|---|---|
| | | 渗碳 | 淬火 | 回火 | $R_m$/MPa | $R_{eL}$/MPa | $A$/% | |
| 低淬透性 | 20Cr | 930 | 880<br>水、油 | 200<br>水、空 | 835 | 540 | 10 | 截面不大的变速箱齿轮、活塞、活塞环、联轴器、滑阀、凸轮等 |
| | 20Mn2 | 930 | 850<br>水、油 | 200<br>水、空 | 785 | 590 | 10 | 代替 20Cr 制造渗碳小齿轮、小轴、汽车变速箱操纵杆等 |
| | 20MnV | 930 | 880<br>水、油 | 200<br>水、空 | 785 | 590 | 10 | 活塞销、锅炉、齿轮、高压容器等焊接结构 |
| 中淬透性 | 20CrMn | 930 | 850<br>油 | 200<br>水、空 | 930 | 735 | 10 | 截面不大、中高负荷的轴、齿轮、蜗杆、减速器等 |

续表

| 类别 | 牌号 | 热处理/℃ | | | 力学性能，≥ | | | 用途 |
|------|------|------|------|------|------|------|------|------|
| | | 渗碳 | 淬火 | 回火 | $R_m$/MPa | $R_{eL}$/MPa | $A$/% | |
| 中淬透性 | 20CrMnTi | 930 | 880 | 200 | 1080 | 835 | 10 | 截面尺寸小于30mm的中载或重载、冲击耐磨且高速的齿轮轴、齿轮、十字轴、牙型离合器等 |
| | | | 油 | 水、空 | | | | |
| | 20MnTiB | 930 | 860 | 200 | 1100 | 930 | 10 | 代替20CrMnTi制造汽车、拖拉机上小截面、中等载荷的齿轮 |
| | | | 油 | 水、油 | | | | |
| | 20MnVB | 930 | 900 | 200 | 1175 | 980 | 10 | 可代替20CrMnTi |
| | | | 油 | 水、油 | | | | |
| 高淬透性 | 12Cr2Ni4A | 930 | 880 | 200 | 1175 | 1080 | 10 | 可用于高载荷的大型渗碳件，如齿轮、轴等 |
| | | | 油 | 水、油 | | | | |
| | 18Cr2Ni4WA | 930 | 950 | 200 | 1175 | 835 | 10 | 曲轴、大齿轮、花键轴、蜗轮等 |
| | | | 空 | 水、油 | | | | |

### 三、合金调质钢

合金调质钢用于制造一些受力复杂的、要求具有良好的综合力学性能的重要零件。这类钢的含碳量一般在 $0.25\% \sim 0.5\%$ 之间，常加入少量的 Mn、Si、Cr、Ni、B 等合金元素，主要作用是提高钢的淬透性，并强化铁素体以提高韧性。附加元素有 Ti、V、W、Mo 等碳化物形成元素，能起到细化晶粒和提高回火稳定性的作用。加入合金元素 AL，可以加快钢的渗氮过程及提高渗氮层的硬度、耐磨性等。

合金调质钢的热处理是调质处理，可获得回火索氏体组织，使零件具有良好的综合机械性能。当要求表面层有良好的疲劳强度和耐磨性时，可在调质后再进行表面强化处理，如表面淬火、氮化等。

调质钢零件一般采用 $500 \sim 650℃$ 的高温回火，回火的具体温度则由钢的成分及对性能的要求确定。合金调质钢适用于尺寸较大、负荷较重的零件，如图 5-6 所示。

图 5-6 机床主轴

常用的合金调质钢有 40Cr、40CrNi、40CrB、42CrMo 等。常用合金调质钢的牌号、热处理、力学性能和应用见表 5-4。

表 5-4　常用合金调质钢的牌号、热处理、力学性能和应用

| 类别 | 牌号 | 热处理/℃ | | 力学性能,≥ | | | 用途 |
|---|---|---|---|---|---|---|---|
| | | 淬火 | 回火 | $R_m$/MPa | $R_{eL}$/MPa | $A$/% | |
| 低淬透性 | 40Cr | 850 | 520 | 980 | 785 | 9 | 中速、中载的零件,如机床上的齿轮、花键轴等;调质并高频表面淬火后用于制造要求表面硬度高、耐磨的零件,如主轴、曲轴、连杆螺钉、进气阀等 |
| | | 油 | 水、油 | | | | |
| | 40CrB | 850 | 500 | 980 | 785 | 10 | 主要代替 40Cr,如汽车的车轴、转向轴、花键轴、齿轮、机床主轴等 |
| | | 油 | 水、油 | | | | |
| | 35SiMn | 900 | 570 | 885 | 735 | 15 | 可代替 40Cr 使用,调质状态下的中等负荷、中等转速零件,淬火回火状态下的高负荷、小冲击零件,如汽轮机的主轴和轮毂、叶轮及重要的紧固件 |
| | | 油 | 水、油 | | | | |
| 中淬透性 | 40CrNi | 820 | 500 | 980 | 785 | 10 | 截面尺寸较大的轴、齿轮、连杆、曲轴等 |
| | | 油 | 水、油 | | | | |
| | 42CrMn | 840 | 550 | 980 | 865 | 9 | 在高速及弯曲负荷下工作的轴、连杆等,在高速、高负荷且无强冲击负荷下工作的齿轮轴、离合器等 |
| | | 油 | 水、油 | | | | |
| | 42CrMo | 850 | 560 | 1080 | 930 | 12 | 用于制造强度要求高、断面尺寸较大的重要零件,如轴、连杆、齿轮、发动机气缸、弹簧、石油钻杆接头等 |
| | | 油 | 水、油 | | | | |
| | 38CrMoAlA | 940 | 740 | 980 | 835 | 14 | 镗杆、磨床主轴、精密丝杠、高压阀杆、气缸套等 |
| | | 油 | 水、油 | | | | |
| 高淬透性 | 40CrNiMo | 850 | 600 | 980 | 835 | 12 | 重型机械中高负荷的轴类、大型的汽轮机轴、直升机的旋翼轴、齿轮喷气发动机的蜗轮轴等 |
| | | 油 | 水、油 | | | | |
| | 40CrMnMo | 850 | 600 | 980 | 785 | 10 | 40CrNiMo 的代用钢 |
| | | 油 | 水、油 | | | | |

## 四、合金弹簧钢

弹簧是各种机械和仪表中的重要零件。它主要利用其弹性变形时所储存的能量缓和机械设备的振动和冲击作用。中碳钢（如 55 钢）和高碳钢（如 65 钢、70 钢等）都可以作为弹簧材料,但因其淬透性差、强度低,只能用来制造截面积较小、受力较小的弹簧。而合金弹簧钢则可制造截面积较大、屈服强度较高的重要弹簧,如图 5-7 所示。合金弹簧钢中 $w_C = 0.45\% \sim 0.70\%$,常加入的合金元素有 Mn、Si、Cr、V、Mo、W、B 等。弹簧按加工成形方法分类,可分为冷成形弹簧和热成形弹簧。

### 1. 冷成形弹簧

冷成形弹簧是指弹簧直径小于 10mm 的弹簧,如钟表弹簧、仪表弹簧、阀门弹簧等。

**图 5-7** 蛇形弹簧

这种弹簧采用钢丝或钢带制作，成形前先对钢丝或钢带进行冷拉（或冷轧）或者淬火加中温回火处理，以使钢丝或钢带具有较高的规定塑性延伸强度和屈服强度，然后将其冷卷成形；冷成形后在 250～300℃ 对其进行去应力退火，以消除冷成形时产生的内应力，稳定弹簧尺寸和形状。

**2. 热成形弹簧**

热成形弹簧是指弹簧直径大于 10mm 的弹簧，如汽车板弹簧、火车缓冲弹簧等，多用 60Si2Mn、50CrVA 来制造。这种弹簧热成形后进行淬火加中温回火，以提高弹簧钢的规定塑性延伸强度和疲劳强度。

弹簧的表面质量对其使用寿命影响很大。表面氧化、脱碳、划伤和裂纹等缺陷都会使弹簧的疲劳强度显著下降，应尽量避免。喷丸处理是改善弹簧表面质量的有效方法，它是将直径为 0.3～0.5mm 的铁丸或玻璃珠高速喷射到弹簧表面，使其表面产生塑性变形而形成残余压应力，从而提高弹簧的疲劳寿命。常用合金弹簧钢的牌号、热处理规范、力学性能及用途举例见表 5-5。

**表 5-5　常用合金弹簧钢的牌号、热处理规范、力学性能及用途举例**

| 牌号 | 淬火温度/℃ | 回火温度/℃ | $R_m$/MPa | $R_{eL}$/MPa | $A$/% | $Z$/% | 用途举例 |
|---|---|---|---|---|---|---|---|
| 60Si2Mn | 870,油冷 | 440 | ≥1570 | ≥1375 | ≥5 $(A_{11.3})$ | ≥20 | 制造汽车、拖拉机、机车车辆的减振板簧和螺旋弹簧等 |
| 65Mn | 830,油冷 | 540 | ≥980 | ≥785 | ≥8 $(A_{11.3})$ | ≥30 | 制造冷卷弹簧、阀门弹簧、离合器簧片、制动弹簧等 |
| 50CrVA | 850,油冷 | 500 | ≥1270 | ≥1130 | >10 | ≥40 | 制造高载荷重要的螺旋弹簧、发动机气门弹簧及工作温度低于 400℃ 的重要弹簧等 |

## 五、滚动轴承钢

滚动轴承钢是用来制造各种滚动轴承的内外套圈、滚珠及滚柱等滚动体的专用钢材，如图 5-8 所示。除此之外，这种钢材在量具、模具、低合金刃具等方面也有广泛应用。滚动轴承钢不仅要求具有高而均匀的硬度和耐磨性，高的弹性极限和接触疲劳强度，足够的韧性和淬透性，一定的抗蚀能力，并且对钢的纯度（非金属夹杂物等）、组织均匀性、碳化物的分布情况及脱碳程度等都有严格的要求。

**图 5-8　滚动轴承**

滚动轴承钢的含碳量约为 $0.95\% \sim 1.10\%$，高含碳量是为了保证钢经热处理后具有高的硬度和耐磨性。在滚动轴承钢中加入的合金元素是 Cr、Mn、Si、V、Mo、Re 等，作用是提高淬透性，细化晶粒，提高钢的回火稳定性、韧性并使组织均匀等。

滚动轴承钢的热处理主要为球化退火、淬火和低温回火。球化退火是为了降低硬度，改善切削加工性能，并为淬火做好组织准备。淬火加热温度应严格控制，过高过低均影响质量。淬火后进行低温回火，得到回火马氏体、分布均匀的细粒状碳化物及少量残余奥氏体。回火后滚动轴承钢的硬度为 61～65HRC。

对于精密轴承，淬火后先在 $-80 \sim -60℃$ 进行冷处理，减少残余奥氏体量，消除内应力，以保证尺寸的稳定性；然后再回火和磨削加工，最后进行一次稳定尺寸的低温时效处理，在 120～130℃ 保温 5～10h。常用的滚动轴承钢为 GCr15、GCr15SiMn 等。常用滚动轴承钢的牌号、热处理、力学性能和应用见表 5-6。

**表 5-6　常用滚动轴承钢的牌号、热处理、力学性能和应用**

| 牌号 | 热处理/℃ | | 回火后的硬度/HRC | 应　用 |
| --- | --- | --- | --- | --- |
| | 淬火 | 回火 | | |
| GCr9 | 810～830 | 150～170 | 62～66 | 10～20mm 的滚动体 |
| GCr15 | 825～845 | 150～170 | 62～66 | 壁厚<20mm 的中小型套圈，直径<50mm 的钢球 |
| GCr15SiMn | 820～840 | 150～170 | ≥62 | 壁厚<30mm 的中大型套圈，直径<50～100mm 的钢球 |

# 第三节　合金工具钢

合金工具钢与碳素工具钢相比，具有更高的硬度、耐磨性，更好的淬透性、热硬性和回火稳定性等，因而可以制造刃具、模具、量具和其他工具。

合金工具钢按用途可分为合金刃具钢、合金模具钢和合金量具钢。

## 一、合金刃具钢

合金刃具钢主要用于制造各种刀具（主要指车刀、铣刀、钻头、丝锥等切削刀具），如图 5-9 所示。刃具钢应具有如下性能：高的硬度、耐磨性，好的热硬性。热硬性是指刃部受热升温时，仍能维持高硬度的特征，又称红硬性。

图 5-9　刀具

合金刃具钢分为低合金刃具钢和高速钢。

### 1. 低合金刃具钢

在低合金刃具钢中常加入的合金元素有 Cr、Si、Mn、Mo、V 等，其总量一般不超过 4%，以提高钢的淬透性和回火稳定性，从而提高钢的强度、耐磨性和热硬性。在 230～260℃ 回火后低合金刃具钢的硬度仍保持 60HRC 以上。

低合金刃具钢的热处理为球化退火、淬火和低温回火，其最后的组织为回火马氏体、合金碳化物和少量残余奥氏体。常用的低合金刃具钢有 9SiCr、9Mn2V、CrWMn 等。常用低合金刃具钢的牌号、化学成分、热处理及用途见表 5-7。

表 5-7　常用低合金刃具钢的牌号、化学成分、热处理及用途

| 牌号 | 化学成分(质量分数)/% | | | | 热处理 /℃ | 硬度 /HRC | 用　途 |
|---|---|---|---|---|---|---|---|
| | C | Mn | Si | Cr | | | |
| 9SiCr | 0.85～0.95 | 0.30～0.60 | 1.20～1.60 | 0.95～1.25 | 830～860 油冷 | ≥62 | 冷冲模、绞刀、拉刀、板牙、丝锥、搓丝板等 |
| CrWMn | 0.85～0.95 | 0.80～1.10 | ≤0.4 | 0.90～1.20 | 820～840 油冷 | ≥62 | 要求淬火后变形小的刀具，如长丝锥、长绞刀、量具、形状复杂的冷冲模等 |
| 9Mn2V | 0.75～0.85 | 1.70～2.00 | ≤0.4 | — | 780～810 油冷 | ≥60 | 量具、块规、精密丝杠、丝锥、板牙等 |
| 9Cr2 | 0.85～0.95 | ≤0.4 | ≤0.4 | 1.30～1.70 | 820～850 油冷 | ≥62 | 尺寸较大的绞刀、车刀等刀具 |

### 2. 高速钢

高速钢是一种具有良好的热硬性和耐磨性的高碳合金工具钢。用高速钢制造的刀具，可以进行高速切削，当切削温度高达 600℃ 左右时，其硬度仍无明显下降，能长时间保持

刀口锋利，故高速钢又称锋钢。

高速钢中含有较多的碳（0.7%～1.5%）和大量的合金元素，如钨（W）、钼（Mo）、铬（Cr）、钒（V）等强碳化物形成元素。高的含碳量可保证形成足够量的合金碳化物，并使高速钢具有高的硬度和耐磨性；钨和钼是提高钢的热硬性的主要元素；铬主要提高钢的淬透性；钒能显著提高钢的硬度、耐磨性和热硬性，并能细化晶粒。

高速钢只有通过正确的淬火和回火才能使性能充分发挥出来。高速钢淬火及回火后的组织是含有较多合金元素的回火马氏体、均匀分布的细颗粒状合金碳化物及少量的残余奥氏体，硬度可达 63～66HRC。

高速钢具有好的热硬性、高的耐磨性和足够的强度，故常用于制造切削速度较高的刀具（如车刀、铣刀、钻头等）和形状复杂、载荷较大的成型刀具（如齿轮铣刀、拉刀等）。此外，还可以用于制造冷挤压模具等耐磨零件。

## 二、合金模具钢

### 1. 冷作模具钢

冷作模具钢用于制造在冷态下变形或分离的模具，如冷冲模、冷镦模、冷挤压模、拔丝模等，如图 5-10 所示。这类模具工作时，因坯料冷态下变形抗力大，模具要承受很大的载荷及冲击、摩擦与磨损作用，工作温度一般低于 200～300℃，主要失效形式是磨损、变形和断裂。因此，要求这类模具有高的硬度和耐磨性，足够的强度和韧性。除此之外，大型模具用钢还应具有淬透性好、热处理变形小等性能。冷作模具钢主要有以下三种类型：

**图 5-10　冷冲模**

① 碳素工具钢和低合金工具钢：用于制造尺寸小、形状简单、受力小的模具，如 T8A、9Mn2V、9SiCr、CrWMn 等。

② 耐冲击工具用钢：用于制造剪切钢板或型材用的冷剪刀片、热剪刀片及风动工具、热冲孔工具，如 4CrW2Si、5CrW2Si 等。

③ Cr12 型钢：其成分特点是高碳（$w_C$ = 1.4%～2.3%），目的是获得高硬度和耐磨性。Cr12 型钢中常加入合金元素铬、钼、钨、钒等，以提高耐磨性、淬透性和耐回火性。

Cr12 型钢属莱氏体钢，其网状共晶碳化物需通过反复锻造来改善形态和分布。Cr12 型钢的最终热处理一般为淬火和回火。回火温度较低时，其硬度约为 61～64HRC，耐磨性和韧性较好，适用于重载模具；在较高温度下多次回火时，它会产生二次硬化，硬度可达 60～62HRC，热硬性和耐磨性较高，适用于在 450℃ 左右工作的模具。Cr12 型钢回火后的组织为回火马氏体、颗粒状碳化物和残留奥氏体。

Cr12 型钢常用的牌号为 Cr12MoV、Cr12 等。Cr12MoV 具有很高的硬度（约1820HV）和耐磨性、较高的强度和韧性、小的热处理变形等，主要用于制作截面较大、形状复杂的冷作模具。

常用冷作模具钢的牌号、热处理及用途见表 5-8。

表 5-8　常用冷作模具钢的牌号、热处理及用途

| 牌号 | 统一数字代号 | 淬火温度/℃ | 硬度/HRC，≥ | 用途举例 |
|---|---|---|---|---|
| Cr8Mo2SiV | T21350 | 1020～1040（油冷或空冷） | 60 | 高温回火后可达 63HRC，有利于线切割加工的冲裁模及各种用途冲压模；难加工材料的塑性变形用工具；冷锻、深拉和搓丝用模 |
| 7CrMo2V2Si | T21317 | 1100～1150（油冷或空冷） | 60 | 可用于制造螺栓冷镦切边模、冷镦光冲模、汽车弹簧冲孔模、自行车中轴冷挤压模、硅钢片冲模等 |
| Cr12MoV | T21319 | 980～1030（油冷） | 58 | 截面较大、形状复杂、工作条件繁重的冷作模具及螺纹搓丝板、量具 |
| Cr12Mo1V1 | T21310 | 980～1050（空冷） | 59 | 形状复杂的冲孔凹模、冷挤压模、滚丝轮、搓丝轮、冷剪切刀和精密量具等 |

### 2. 热作模具钢

热作模具钢用来制造使热态固体金属或液体金属在压力下成形的模具，如热锻模、热挤压模、压铸模等，如图 5-11 所示。这种模具在工作时受到强烈摩擦，并承受较高的温度（600℃ 以上）和大的冲击力，另外其模腔受炽热金属和冷却介质的交替反复作用产生热应力，易龟裂（即热疲劳）。因此，要求这种模具在高温下应有较高的强度、韧性、足够的硬度（40～50HRC）和耐磨性，良好的导热性和抗热疲劳性，高的抗氧化性。对于尺寸较大的模具，还要求有好的淬透性，以保证其整体性能均匀，且热处理变形小。热作模具钢主要有以下两种类型：

图 5-11　压铸模

（1）热锻钢

热锻钢是中碳合金钢，$w_C = 0.5\% \sim 0.6\%$，以保证有良好的强度、硬度。加入镍、铬、钼、锰、硅元素等，可提高其淬透性；镍在强化基体的同时，还能提高其韧性；镍与铬、钼一起可提高钢的抗热疲劳性；镍与铬还可提高钢的耐回火性；钼主要是提高其耐回火性和防止第二类回火脆性。

常用的热锻模锻造后应进行退火，以消除锻造应力，降低硬度，利于切削加工。其最终热处理为淬火、高温（或中温）回火，组织为均匀的回火索氏体（或回火屈氏体），具有较高的强韧性和一定的硬度与耐磨性。模尾处回火温度应高些，硬度为 $30 \sim 39$HRC；工作部分（即模面）回火温度较低，硬度为 $34 \sim 48$HRC。

5CrMnMo 和 5CrNiMo 是常用的热锻模钢，它们有较高的强度、耐磨性和韧性，优良的淬透性和良好的抗热疲劳性能，主要用于制作大、中型热锻模。根据我国的资源情况，应尽可能采用 5CrMnMo。

（2）压铸模钢

在静压下使金属变形的热挤压模、压铸模用钢是中碳高合金钢，$w_C = 0.3\% \sim 0.6\%$。加入铬、锰、硅，可提高其淬透性；加入钨、钼、钒能产生二次硬化，提高其耐磨性；钨、铬还能提高其抗热疲劳性能。这类钢淬火后在略高于二次硬化峰值的温度（600℃）回火，组织为回火马氏体、颗粒状碳化物和少量残留奥氏体。其典型牌号是高温下性能较好的 3Cr2W8V 或 4Cr5W2VSi。

常用热作模具钢的牌号、热处理及用途见表 5-9。

表 5-9 常用热作模具钢的牌号、热处理及用途

| 牌号 | 统一数字代号 | 交货状态（退火）硬度/HBW | 淬火、回火温度/℃ | 用途举例 |
|------|------------|----------------------|----------------|---------|
| 5CrMnMo | T20102 | 197～241 | 820～850（油冷）<br>回火 490～640 | 中、小型热锻模（边长≤300～400mm） |
| 5CrNiMo | T20103 | 197～241 | 830～860（油冷）<br>回火 490～660 | 形状复杂、冲击载荷大的大、中型热锻模（边长>400mm） |
| 4Cr5W2VSi | T20520 | ≤229 | 1030～1050（油冷或空冷） | 高速锤用模具与冲头，热挤压模及芯棒，有色金属压铸模 |
| 4Cr5MoSiV | T20501 | ≤235 | 1000℃盐浴或1010℃ | 使用性能和寿命高于 3Cr2W8V 钢。铝合金压铸模、热挤压模、锻模 |

### 3. 塑料模具钢

塑料模具钢是指制造塑料模具用的钢种。因塑料制品的强度、硬度和熔点比钢低，所以塑料模具失效的形式是表面质量下降，不是磨损和开裂。塑料模具钢应具有如下性能：加工性好，易于蚀刻图案、文字和符号，且清晰、美观；表面抛光性能好，热处理性能和焊接性能好；良好的耐磨性，足够的强度和韧性；有些塑料成形时会释放出腐蚀性气体，故要求有一定的耐蚀性。

一般的中、小型且形状不复杂的塑料模具用 T7A、T8A、12CrMo、CrWMn、20Cr、

40Cr、Cr2 等制造。但这些钢难以全面具备上述要求，因此发展了塑料模具钢。常用的塑料模具钢有以下几种：

（1）3Cr2Mo（T22020）

退火状态 $R_{eL}=650MPa$，$A=15\%$，调质后力学性能可提高 $30\%\sim50\%$。这种钢工艺性能优良，镜面抛光性好，表面粗糙度 $Ra$ 值可达 $0.025\mu m$，并且可渗碳、渗硼、氮化和镀铬，耐蚀性和耐磨性好，是目前国内外应用最广的塑料模具钢之一，主要用于制造形状复杂、精密、大型塑料模具和低熔点金属的压铸模。

（2）3Cr2NiMo

是 3Cr2Mo 的改进型，镍的加入提高了其淬透性、强度、韧性和耐蚀性。这种钢镜面抛光性好，表面粗糙度 $Ra$ 值可达 $0.025\sim0.015\mu m$；镀铬性和焊接性良好；加热至 $800\sim825℃$后空冷，硬度可达 $58\sim62HRC$，表面热处理后硬度可达 $1000HV$，耐磨性显著提高。

（3）5NiSCa

属于复合系易切削高韧性预硬钢，其中的钙可改善切削加工性，降低钢中硬质点的硬度，减少对刀具的磨损。这种钢硬度为 $30\sim35HRC$ 时，其切削加工性与 45 钢退火状态相近，硬度为 $45HRC$ 时仍可切削加工，表面粗糙度 $Ra$ 值可达 $0.10\sim0.05\mu m$，易于补焊和蚀刻图案，适于制造高精度、小粗糙度值的塑料模具，例如制造收音机外壳、后盖、齿轮、录音机磁带门仓的模具。

（4）3Cr2MnNiMo（T22024）

适于制作大型、特大型塑料模具及精密塑料模具等。例如制造大型电视机外壳、洗衣机面板的模具等。

此外，4Cr5MoSiV、Cr12MoV、18CrMnTi、12CrN13A、20Cr13（2Cr13）、30Cr13（3Cr13）等也可用于制造塑料模具。

## 三、合金量具钢

量具是测量工件的工具，如游标卡尺、量规、样板等，如图 5-12 所示。它们的工作

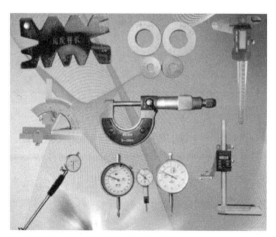

图 5-12　量具

部分要求具有高的硬度、高的耐磨性、高的尺寸稳定性和足够的韧性。制造量具没有专用的钢种，各种工具钢和滚动轴承钢均可用来制造量具。高精度的量具，一般采用微变形的合金工具钢制造，如 CrWMn、GCr15 等。

量具钢经淬火后要在 150～170℃下长时间低温回火，以稳定尺寸。精密量具为了保证使用过程中尺寸的稳定性，所用钢材淬火后要先在 -80～-70℃下进行冷处理，促使残余奥氏体的转变，然后再进行长时间的低温回火。在精磨后或研磨前，量具钢要进行时效处理，进一步消除内应力。

# 第四节　特殊性能钢

所谓特殊性能钢，是指不锈钢、耐热钢、耐磨钢等一些具有特殊化学和物理性能的钢。

## 一、不锈钢

不锈钢是指在空气、水、盐水溶液、酸及其他腐蚀性介质中具有高度化学稳定性的钢，如图 5-13 所示。不锈钢是不锈钢和耐酸钢的统称，能抵抗大气腐蚀的钢称为不锈钢，而在一些化学介质（如酸类）中能抵抗腐蚀的钢称为耐酸钢。不锈钢不一定耐酸，而耐酸钢一般都具有良好的耐蚀性。不锈钢在化工、石油、食品机械和国防工业中应用广泛。

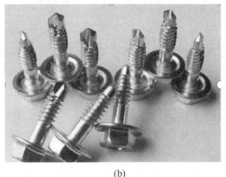

(a)　　　　　　　　　　　　　　(b)

**图 5-13**　不锈钢应用举例

### 1. 金属腐蚀及防护简介

腐蚀是金属制件失效的主要方式之一，其中电化学腐蚀危害巨大，给国民经济造成了巨大损失。电化学腐蚀，就是金属在电解质溶液中产生电化学作用而受到的腐蚀。例如，珠光体组织在硝酸酒精溶液中的腐蚀主要就是电化学腐蚀的结果。珠光体中的两个相——铁素体及渗碳体的电极电位不同，若将它置于硝酸酒精溶液中，铁素体相的电极电位较负，成为阳极而被腐蚀；渗碳体相的电极电位较正，成为阴极而不被腐蚀。这样就使原来已经被抛光的磨面变得凹凸不平，如图 5-14 所示。

腐蚀是不可避免的，但是可以控制和尽可能减缓。因金属的腐蚀大多是电化学腐蚀，

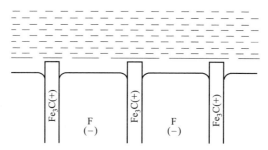

**图 5-14** 片状珠光体电化学腐蚀

我们可以根据电化学腐蚀的机理采取下列防护措施。

① 使金属组织呈现单相，减少形成微电池的条件；

② 提高金属基体的电极电位；

③ 在金属表面形成致密的、牢固的保护膜，使金属与外部介质隔离，提高耐蚀性。

**2. 对不锈钢性能的基本要求**

① 高的耐腐蚀性，以抵抗外界介质的腐蚀，这是对不锈钢性能的主要要求。

② 较高的强度，一定的塑性和韧性，以满足设备制造及制作零件的要求。

③ 良好的焊接性能。不锈钢在化工中多用于焊接件，良好的焊接性能可满足焊后一定的力学性能及耐腐蚀性要求。

**3. 不锈钢的成分特点**

① 含碳量：不锈钢含碳量较低，一般在 0.15% 以下，有的要求≤0.03%。这是因为碳会与铬形成铬的化合物，显著降低钢的耐腐蚀性。耐腐蚀性要求越高，含碳量应越低。只有要求高硬度和耐磨性的不锈钢才能适当地提高含碳量。

② 合金元素：常加入的元素有 Cr、Ni、Ti、Mo、V、Nb 等。

Cr 是决定不锈钢抗腐蚀性能好坏的最主要元素，它溶于钢中能显著提高铁素体的电极电位，当其含量大于 13% 时，铁素体的电极电位由 $-0.56V$ 升高至 $+0.12V$。同时，Cr 在氧化性介质中极易钝化，能在钢表面形成致密的氧化膜（$Cr_2O_3$），防止继续氧化。此外，Cr 是缩小奥氏体区域的元素，当铬含量较高（大于 12.7%）时，能使钢呈单一的铁素体组织。但当 Cr 与碳形成的碳化物偏聚在晶界上时，会使晶界附近的基体严重贫铬，导致晶间腐蚀。

Ni 在不锈钢中与 Cr 配合可获得单相奥氏体组织，并赋予钢良好的耐蚀性、韧性和强度。为了节省贵重的 Ni，可用 Mn、N 代替或部分代替 Ni。

Ti 和 Nb 能优先同碳形成稳定的碳化物，使 Cr 保留在基体中，避免晶间贫铬。此外，Ti 和 Nb 还能改善不锈钢的焊接性能。

**4. 常用不锈钢及其热处理**

常用的不锈钢按化学成分可分为铬不锈钢、铬镍不锈钢和铬锰不锈钢等；按金相组织特点又可分为奥氏体不锈钢、马氏体不锈钢和铁素体不锈钢等。

（1）奥氏体不锈钢

它是应用范围最广的不锈钢，含碳量≤0.15%，含有 18%～20% 的 Cr 和 8%～10% 的 Ni。这种不锈钢习惯上称 18-8 型不锈钢，属于铬镍不锈钢，如 0Cr19Ni9N、1Cr18Ni9

等。这类钢采用固溶处理后（即将钢加热到 1050～1150℃，水冷），可以获得单相奥氏体组织，具有很高的耐蚀性和耐热性，是不锈钢中耐蚀性最好的钢，并具有良好的韧性、塑性、焊接性及抗磁性。因此，这类钢常用来制作耐酸设备，如耐蚀容器及设备衬里、输送管道、耐硝酸的设备零件、抗磁仪表等。

（2）马氏体不锈钢

典型的马氏体不锈钢为 1Cr13、2Cr13、3Cr13、4Cr13 等。这类钢含碳量稍高，淬透性好，油淬或空冷能得到马氏体组织，故称为马氏体不锈钢，属于铬不锈钢。这类钢都要经过淬火、回火后才能使用，具有较高的强度、硬度和耐磨性，是不锈钢中机械性能最好的钢类；缺点是耐蚀性稍低，可焊性差。其主要用于制造弹簧、汽轮机叶片、水压机阀及医疗器械等。马氏体不锈钢锻造后需退火，以降低硬度，改善切削加工性能；在冲压后也需进行退火，以消除硬化，提高塑性，便于进一步加工。

（3）铁素体不锈钢

典型的铁素体不锈钢为 1Cr17。其含碳量<0.12%，含 Cr 量为 16%～18%，属于铬不锈钢。这类钢加热后仍为单相铁素体组织，不能热处理强化，具有良好的高温抗氧化性（700℃以下），特别是耐蚀性较好。但其力学性能不如马氏体不锈钢，塑性不及奥氏体不锈钢，一般用于工作应力不大的化工设备、容器和管道、食品工厂设备、厨具、餐具等。常用的铁素体不锈钢有 00Cr30Mo2。

常用不锈钢的成分、热处理、力学性能及用途见表 5-10。

表 5-10　常用不锈钢的成分、热处理、力学性能及用途

| 类别 | 牌号 | 化学成分（质量分数）/% | | 热处理/℃ | 力学性能 | | | 用　途 |
| --- | --- | --- | --- | --- | --- | --- | --- | --- |
| | | C | Cr | | $R_{eL}$/MPa | A/% | 硬度/HBW | |
| 奥氏体型 | 1Cr18Ni9 | ≤0.15 | 17.0～19 | 固溶处理 1010～1150 快冷 | ≥520 | ≥40 | ≤187 | 硝酸、化工、化肥的工业设备 |
| | 0Cr18Ni9N | ≤0.08 | 18.0～20 | 固溶处理 1010～1150 快冷 | ≥649 | ≥35 | ≤217 | 加入氮，强度提高，塑性基本不降低，可用于硝酸、化工等工业设备结构用强度零件 |
| | 00Cr18Ni10N | ≤0.03 | 17.0～19 | 1010～1150 | ≥549 | ≥40 | ≤217 | 化学、化肥及化纤工业用的耐蚀材料 |
| | 1Cr18Ni9Ti | ≤0.12 | 17.0～19 | 固溶处理 1000～1100 快冷 | ≥539 | ≥40 | ≤187 | 耐酸容器、管道及化工焊接件等 |
| | 0Cr18Ni11Nb | ≤0.08 | 17.0～19 | 固溶处理 920～1150 快冷 | ≥520 | ≥40 | ≤187 | 铬镍钢焊芯、耐酸容器、抗磁仪表、医疗器械等 |
| 铁素体型 | 1Cr17 | ≤0.12 | 16.0～18 | 785～850 空冷或缓冷 | ≥400 | ≥20 | ≤187 | 耐蚀性良好的通用钢种，用于建筑装潢、家用电器等 |
| | 00Cr30Mo2 | ≤0.01 | 28.0～32 | 900～1050 快冷 | ≥450 | ≥22 | ≤187 | 耐蚀性很好，可制造苛性碱及有机酸设备 |

续表

| 类别 | 牌号 | 化学成分（质量分数）/% | | 热处理/℃ | 力学性能 | | | 用　途 |
|---|---|---|---|---|---|---|---|---|
| | | C | Cr | | $R_{eL}$/MPa | $A$/% | 硬度/HBW | |
| 马氏体型 | 1Cr13 | ≤0.15 | 11.5~13.5 | 950~1000 油冷 | ≥539 | ≥25 | ≤187 | 汽轮机叶片、水压机阀、螺栓、螺母等，以及承受冲击的结构零件 |
| | | | | 700~750 回火 | | | | |
| | 2Cr13 | 0.16~0.25 | 12.0~14 | 920~980 油冷 | ≥588 | ≥16 | ≤187 | |
| | | | | 600~750 回火 | | | | |
| | 3Cr13 | 0.26~0.4 | 12.0~14 | 920~980 油冷 | ≥735 | ≥12 | ≤217 | 硬度较高的耐蚀耐磨零件及工具，如热油泵轴、阀门、滚动轴承、量具、刀具 |
| | | | | 600~750 回火 | | | | |
| | 3Cr13Mo | 0.28~0.35 | 12.0~14 | 1020~1075 油冷 | — | — | — | |
| | | | | 200~300 回火 | | | | |

## 二、耐热钢

耐热钢是指在高温下具有高的热化学稳定性和热强性的特殊钢，如图 5-15 所示。

图 5-15　燃气轮机

### 1. 用途及性能要求

在加热炉、锅炉、燃气轮机等高温装置中，许多零件要求具有良好的抗蠕变和抗断裂能力、良好的抗氧化能力、必要的韧性以及优良的加工性能。

（1）抗氧化性

抗氧化性是指金属在高温下的抗氧化能力，是零件在高温下持久工作的基础。金属的氧化取决于金属与氧的化学反应能力；而氧化速度或抗氧化能力在很大程度上取决于金属氧化膜的结构和性能，即氧化膜的化学稳定性、结构的致密性和完整性、与基体的结合能力，以及本身的强度等。

铁与氧可生成一系列氧化物。在 560℃ 以下生成 $Fe_2O_3$ 和 $Fe_3O_4$。它们结构致密、性能良好，对钢有很好的保护作用。在 560℃ 以上形成的氧化物主要是 FeO。由于 FeO 的结构疏松，晶体空位较多，原子扩散容易，钢基体得不到保护，因此氧化很快。所以，提高钢的抗氧化性，主要途径是改善氧化膜的结构，增加致密度，抑制金属的继续氧化。最有效的方法是加入 Cr、Si、Al 等元素，它们能形成致密和稳定的尖晶石类型结构的氧化膜。

（2）热强性

热强性是指钢在高温下的强度。在高温下钢的强度较低，当受一定应力作用时，发生变形量随时间逐渐增大的现象，称为蠕变。显然，在高温下长期工作的零件应该具有高的蠕变强度或持久强度。蠕变极限（强度）是钢在一定温度下，一定时间内产生一定变形量时的应力。持久强度是钢在一定温度下经一定时间引起断裂的应力。金属在高温下强度降低，主要是扩散加快和晶界强度下降的结果。所以提高热强性应从这两方面着手，最重要的办法是合金化。

**2. 成分特点**

耐热钢中不可缺少的合金元素是 Cr、Si、Al，特别是 Cr。它们的加入可提高钢的抗氧化性。另外，Cr 还有利于提高热强性。Mo、W、V、Ti 等元素加入钢中，能形成细小弥散的碳化物，起弥散强化的作用，提高室温和高温强度。碳是扩大 γ 相区的元素，对钢有强化作用。但碳的质量分数较高时，由于碳化物在高温下易聚集，使钢的高温强度显著下降。同时，碳也可使钢的塑性、抗氧化性、焊接性能降低。所以，耐热钢中碳的质量分数一般都不高。

**3. 钢种及加工、热处理特点**

根据热处理特点和组织的不同，耐热钢分为奥氏体型、铁素体型和马氏体型。常用耐热钢的牌号、化学成分、热处理及用途见表 5-11。

表 5-11　常用耐热钢的牌号、化学成分、热处理和用途（摘自 GB/T 1221—2007）

| 类别 | 牌号 | 化学成分 $w/\%$ | | | | | | 热处理 | 应用举例 |
|---|---|---|---|---|---|---|---|---|---|
| | | C | Mn | Si | Ni | Cr | 其他 | | |
| 马氏体型 | 4Cr9Si2 | 0.35～0.5 | ≤0.70 | 2.00～3.00 | ≤0.60 | 8.00～10.00 | | 淬火：1020～1040℃油冷<br>回火：700～780℃油冷 | 具有较高的热强性，制作<650℃的内燃机进气阀或轻载荷发动机排气阀 |
| 铁素体型 | 00Cr12 | ≤0.03 | ≤1.00 | ≤0.75 | — | 11.00～13.00 | — | 退火 | 制作抗高温氧化，且要求焊接的部件，如汽车排气阀净化装置、燃烧室和喷嘴 |
| 奥氏体型 | 1Cr18Ni9Ti | ≤0.02 | ≤2.00 | ≤1.00 | 8.00～11.00 | 17.00～19.00 | Ti0.5～0.8 | 固溶处理：1000～1100℃快冷 | 具有良好的耐热性和耐蚀性，制作加热炉管、燃烧室筒体、退火炉罩等 |

## 三、耐磨钢

耐磨钢通常指的是在冲击载荷下发生冲击硬化的高锰钢，其主要成分为 1.0%～1.4% 的 C、11%～14% 的 Mn，牌号为 ZG100Mn13。这种钢机械加工较困难，基本上铸造成型，生产上常用"水韧处理"，即先将钢加热到临界温度以上，使钢中全部碳化物溶解到奥氏体中去，然后将其迅速淬入水中。这样碳化物来不及从奥氏体中析出，保持了均匀的奥氏体状态，当奥氏体受到强烈磨损和冲击时，就引起了加工硬化，促使表面奥氏体转变成马氏体，使钢具有高的硬度和耐磨性。高锰钢零件在使用过程中，必须有剧烈冲击或较大压力时才能显示出其高的耐磨性，不然高锰钢是不能耐磨的。由于耐磨钢是单一的奥氏体组织，因此它还具有良好的耐蚀性和抗磁性。

耐磨钢常用来制造破碎机齿板、大型球磨机衬板、挖掘机铲齿、坦克和拖拉机履带及铁轨道岔等，如图 5-16 所示。又因为它在受力变形时吸收大量能量，不易被击穿，所以可制造防弹装甲车板、保险箱板等。常用耐磨钢的牌号、化学成分及用途见表 5-12。

**图 5-16** 破碎机齿板

**表 5-12 耐磨钢的牌号、化学成分和用途**（摘自 GB/T 5680—2010）

| 牌号 | 化学成分(质量分数)/% | | | | | | 用途举例 |
|---|---|---|---|---|---|---|---|
| | C | Mn | Si | S,≤ | P,≤ | 其他 | |
| ZG100Mn13 | 0.90~1.05 | 11.00~14.00 | 0.30~0.9 | 0.04 | 0.06 | — | 低冲击耐磨件,如齿板、衬板、铲齿等 |
| ZG120Mn13 | 1.05~1.35 | 11.00~14.00 | 0.30~0.9 | 0.04 | 0.06 | — | |
| ZG120Mn13Cr2 | 1.05~1.35 | 11.00~14.00 | 0.30~0.9 | 0.04 | 0.06 | Cr 1.50~2.50 | 承受强烈冲击载荷的零件,如斗前壁、履带板等 |
| ZG120Mn17Cr2 | 1.05~1.35 | 11.00~14.00 | 0.30~0.9 | 0.04 | 0.06 | Cr 1.50~2.50 | |
| ZG110Mn13Mo1 | 0.75~1.30 | 11.00~14.00 | 0.30~0.9 | 0.04 | 0.06 | Mo 0.90~1.20 | 特殊耐磨件,如磨煤机衬板 |

## 习 题

1. 什么是合金钢？合金元素在钢中有哪些作用？

2. 合金钢是如何分类的？

3. 试述合金元素对合金钢组织性能及热处理的影响。

4. 合金结构钢可分为哪几种？它们的成分、热处理和用途有哪些异同？

5. 合金工具钢按用途可分为哪几类？主要用途是什么？

6. 高速钢的主要成分是什么？它们的作用是什么？

7. 什么是热硬性？

8. 什么是特殊性能钢？常用的特殊性能有哪几种？

9. 不锈钢分哪几类？含碳量对不锈钢的性能有什么影响？

10. 比较各类不锈钢在成分、热处理及用途上的异同。

11. 什么是耐热钢？其耐热性主要包括哪几个方面？主要用途是什么？

12. 耐磨钢主要指的是什么？并说明其主要用途。

13. 说明下列牌号属于哪类钢？它们的含义是什么？并举例说明其用途。

Q345　1Cr18Ni9Ti　4Cr14Ni14W2Mo　3Cr13　9SiCr　GCr15　40CrNi

# 第六章

# 铸铁与铸钢

铸铁是含碳量大于 2.11% 的铁碳合金，并含有较多的硅、锰、硫、磷等元素。由于铸铁价格便宜，具有许多优良的使用性能和工艺性能，并且生产设备和工艺简单，因此应用非常广泛。铸铁可以用来制造各种机器零件，如机床的床身、床头箱，发动机的气缸体、缸套以及机器的底座、机体等（图 6-1）。过去采用非合金钢、低合金钢和合金钢制造的重要零件（如曲轴、连杆、齿轮等），现在已可采用球墨铸铁来制造。虽然铸铁有较多的优点，但因为其强度较低，塑性与韧性较差，所以，铸铁不能通过锻造、轧制、拉丝等方法加工成型。

铸钢是指用于制造钢质铸件的钢材。铸钢主要用于制造形状复杂，需要一定强度、塑性和韧性的零件，例如机车车辆、船舶、重型机械的齿轮等。

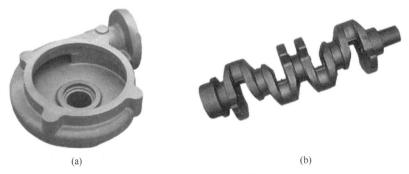

(a)                                                                     (b)

图 6-1　铸铁的应用

## 第一节　铸铁的石墨化及分类

### 一、铸铁的石墨化及其影响因素

#### 1. 铸铁的石墨化

在铁碳合金中，碳可以三种形式存在：一是形成间隙固溶体；二是形成渗碳体（$Fe_3C$）；三是游离态石墨（G）。石墨具有特殊的简单六方晶格（图 6-2），其强度、硬度

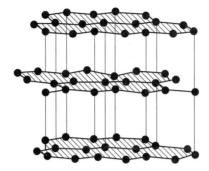

图 6-2　石墨的晶体结构

和塑性都很差。

铸铁中碳原子析出并形成石墨的过程称为石墨化。石墨既可以从液体、奥氏体、铁素体中析出，也可以通过渗碳体分解来获得。灰铸铁和球墨铸铁中的石墨主要是从液体中析出的；可锻铸铁中的石墨则完全由白口铸铁经长时间退火，由渗碳体分解而得到。

**2. 影响铸铁石墨化的因素**

影响铸铁石墨化的主要因素是加热温度、冷却速度及化学成分。

（1）加热温度和冷却速度的影响

在铸铁结晶过程中，在高温慢冷的条件下，由于碳原子能充分扩散，碳以石墨的形式析出。当冷却较快时，由液体中析出的是渗碳体。在低温下，碳原子扩散能力较差，铸铁的石墨化过程往往难以进行。

冷却速度是影响铸铁石墨化过程的工艺因素。如果冷却速度较快，碳原子来不及充分扩散，铸铁中石墨化难以充分进行，则容易产生白口铸铁组织；如果冷却速度缓慢，碳原子有时间充分扩散，有利于铸铁石墨化过程充分进行，则容易获得灰铸铁组织。对于薄壁铸件，由于其在成形过程中冷却速度快，容易产生白口铸铁组织；而对于厚壁铸件，由于其在成形过程中冷却速度较慢，容易获得灰铸铁组织。

因此在生产过程中，铸铁的缓慢冷却，或在高温下长时间保温，均有利于石墨化。

（2）化学成分的影响

C、Si、Al、Cu、Ni、Co 等元素可促进石墨化，其中碳和硅是强烈促进石墨化的元素。铸铁中 C、Si 的含量越高，石墨化越容易进行，越容易得到灰口组织。但它们的含量过高，石墨多而粗大，组织中铁素体量增多，珠光体量减少，力学性能降低。因此，为了保证得到一定数量的石墨，避免形成白口铸铁，灰口铸铁中碳的质量分数一般控制在 2.5%～4.0%，Si 的质量分数控制在 1.0%～3.0%（厚壁件取下限，薄壁件取上限）。

Cr、W、Mo、V、Mn、S 等元素可阻碍石墨化。硫能强烈促进铸铁的白口化，并使其机械性能和铸造性能降低，因此一般都控制在 0.15% 以下。

## 二、铸铁的分类

① 根据碳在铸铁组织中存在形式（断口特性）的不同，可分为以下三种。

a. 灰铸铁。灰铸铁中的碳主要结晶成游离状态的片状石墨，断口为暗灰色。工业上所用的铸铁大多属于此类铸铁。

b. 白口铸铁。简称为白口铁，是完全按照 Fe-Fe$_3$C 相图进行结晶而得到的铸铁。其中的碳全部以渗碳体形式存在，断口呈银白色。由于此类铸铁中存在大量硬而脆的 Fe$_3$C，硬度高、脆性大，很难切削加工，很少直接用来制造机器零件，主要用于炼钢原料或制造可锻铸铁的毛坯。

c. 麻口铸铁。碳部分以游离碳化物形式析出，部分以石墨形式析出的铸铁，断口呈灰白色相间。这种铸铁有较大的脆性，工业上很少用。

石墨化程度不同，所得到的铸铁类型和组织也不同。表 6-1 列出了经不同程度石墨化后所得到的组织和类型。

表 6-1　灰铸铁的牌号及应用

| 名称 | 石墨化程度 | | | 显微组织 |
|---|---|---|---|---|
| | 第一阶段 | 第二阶段 | 第三阶段 | |
| 灰铸铁 | 充分进行 | 充分进行 | 充分进行 | F+G |
| | 充分进行 | 充分进行 | 部分进行 | F+P+G |
| | 充分进行 | 充分进行 | 不进行 | P+G |
| 麻口铸铁 | 部分进行 | 部分进行 | 不进行 | Ld′+P+G |
| 白口铸铁 | 不进行 | 不进行 | 不进行 | Ld′+P+Fe$_3$C |

② 根据铸铁中石墨形态的不同，可分为以下四种。

a. 普通灰铸铁。其显微组织如图 6-3（a）所示，其中碳主要以片状石墨形状存在，断口为暗灰色，简称灰铸铁或灰铁，是目前应用最广的一种铸铁。

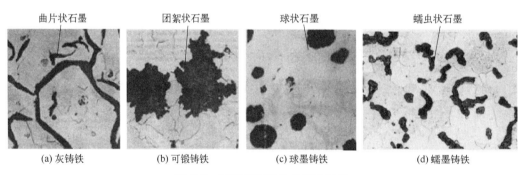

图 6-3　不同类型铸铁的显微组织

b. 可锻铸铁。其显微组织如图 6-3（b）所示，由一定成分的白口铸铁经石墨化退火处理而得到，石墨呈团絮状形式存在。由于此种铸铁具有较灰口铸铁高得多的塑性和韧性，因此习惯上称为可锻铸铁。可锻铸铁实际上并不可锻，可以部分代替碳钢。

c. 球墨铸铁。其显微组织如图 6-3（c）所示，铁水在浇注前经球化处理，石墨呈球状形式存在。其机械性能高，生产工艺比可锻铸铁简单，近年来日益得到广泛的应用。

d. 蠕墨铸铁。其显微组织如图 6-3（d）所示，石墨呈蠕虫状形式存在，介于片状和球状石墨之间。

此外，为了满足一些特殊要求，向铸铁中加入一些合金元素，如 Cr、Cu、Al、B 等，可得到耐蚀、耐热及耐磨等特性的合金铸铁。

综上，铸铁的抗拉强度、塑性和韧性比碳素钢低。另外，由于石墨的存在，铸铁具有了一些碳素钢所没有的性能，如良好的耐磨性、消振性，较低的缺口敏感性以及优良的切削加工性能，液态铸铁流动性好。由于石墨结晶时体积膨胀，因此铸造收缩率低，其铸造性能优于钢。

# 第二节 常用铸铁

## 一、灰铸铁

灰铸铁又称灰铁、灰口铸铁，因断口灰色而得名，是价格便宜，应用最广泛的铸铁材料。其铸铁件约占各类铸铁总产量的80%。灰铸铁的化学成分一般为：C 2.5%～4%，Si 1%～2.5%，Mn 0.5%·-1.4%，S<0.15%，P<0.3%。

### 1. 灰铸铁的牌号

我国灰铸铁的牌号见表6-2。灰铸铁的牌号用"HT＋数字"表示，"HT"表示"灰铁"，"数字"表示最小抗拉强度。如HT150表示灰铸铁，其最小抗拉强度是150MPa。灰铸铁有铁素体、珠光体和铁素体加珠光体三种基体，其组织见图6-4。

表 6-2　铸铁的牌号和力学性能（摘自 GB/T 9439—2010）

| 牌号 | 铸件壁厚/mm | | 最小抗拉强度 $R_m$ (强制性值)(min)/MPa | | 铸件本体预期抗拉强度 $R_m$(min) /MPa |
|---|---|---|---|---|---|
| | > | ≤ | 单铸试棒 | 附铸试棒或试块 | |
| HT100 | 5 | 40 | 100 | — | — |
| HT150 | 5 | 10 | 150 | — | 155 |
| | 10 | 20 | | — | 130 |
| | 20 | 40 | | 120 | 110 |
| | 40 | 80 | | 110 | 95 |
| | 80 | 150 | | 100 | 80 |
| | 150 | 300 | | 90 | — |
| HT200 | 5 | 10 | 200 | — | 205 |
| | 10 | 20 | | — | 180 |
| | 20 | 40 | | 170 | 155 |
| | 40 | 80 | | 150 | 130 |
| | 80 | 150 | | 140 | 115 |
| | 150 | 300 | | 130 | — |
| HT225 | 5 | 10 | 225 | — | 230 |
| | 10 | 20 | | — | 200 |
| | 20 | 40 | | 190 | 170 |
| | 40 | 80 | | 170 | 150 |
| | 80 | 150 | | 155 | 135 |
| | 150 | 300 | | 145 | — |

续表

| 牌号 | 铸件壁厚/mm | | 最小抗拉强度 $R_m$（强制性值）(min)/MPa | | 铸件本体预期抗拉强度 $R_m$(min)/MPa |
| --- | --- | --- | --- | --- | --- |
| | > | ≤ | 单铸试棒 | 附铸试棒或试块 | |
| HT250 | 5 | 10 | 250 | — | 250 |
| | 10 | 20 | | — | 225 |
| | 20 | 40 | | 210 | 195 |
| | 40 | 80 | | 190 | 170 |
| | 80 | 150 | | 170 | 155 |
| | 150 | 300 | | 160 | — |
| HT275 | 10 | 20 | 275 | — | 250 |
| | 20 | 40 | | 230 | 220 |
| | 40 | 80 | | 205 | 190 |
| | 80 | 150 | | 190 | 175 |
| | 150 | 300 | | 175 | — |
| HT300 | 10 | 20 | 300 | — | 270 |
| | 20 | 40 | | 250 | 240 |
| | 40 | 80 | | 220 | 210 |
| | 80 | 150 | | 210 | 195 |
| | 150 | 300 | | 190 | — |
| HT350 | 10 | 20 | 350 | — | 315 |
| | 20 | 40 | | 290 | 280 |
| | 40 | 80 | | 260 | 250 |
| | 80 | 150 | | 230 | 225 |
| | 150 | 300 | | 210 | — |

注：1. 当铸件壁厚超过 300mm 时，其力学性能由供需双方商定。

2. 当某牌号的铁液浇注壁厚均匀、形状简单的铸件时，壁厚变化引起抗拉强度的变化，可从本表查出参考数据，当铸件壁厚不均匀，或有型芯时，此表只能给出不同壁厚处大致的抗拉强度值，铸件的设计应根据关键部位的实测值进行。

3. 表中斜体字数值表示指导值，其余抗拉强度值均为强制性值，铸件本体预期抗拉强度值不作为强制性值。

  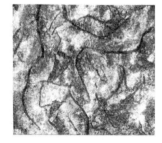

(a) 铁素体灰铸铁　　　　(b) 铁素体 - 珠光体灰铸铁　　　　(c) 珠光体灰铸铁

图 6-4　灰铸铁的显微组织

可以发现，灰铸铁的显微组织就是在钢的基体（如铁素体、铁素体＋珠光体、珠光体等基体）上分布着一些片状石墨。把握住这个特点，就很容易理解钢与灰铸铁在性能上的差异了，也很容易理解和分析灰铸铁所具有的性能。

**2. 灰铸铁的性能**

灰铸铁的性能主要取决于基体组织的性能和石墨的数量、形状、大小和分布情况。从基体组织的强度和硬度来看，珠光体基体最高，铁素体-珠光体基体次之，铁素体基体最低。由于石墨本身的强度、硬度和塑性都很低，因此，灰铸铁中存在的石墨，就相当于在钢的基体上布满了大量的孔洞和裂纹割裂了钢基体组织的连续性，从而减小了钢基体的有效承载面积。另外，在石墨的尖角处易产生应力集中，造成铸件产生裂纹，并使裂纹迅速扩展而产生脆性断裂。这就是灰铸铁的抗拉强度和塑性比同样基体的钢低得多的原因。如果片状石墨越多、越粗大、分布越不均匀，则灰铸铁的强度和塑性就越低。

由于石墨的存在，铸铁具备了某些特殊优异性能，主要有：

① 良好的切削加工性。石墨的存在造成脆性切削，因此铸铁的切削加工性能优异。

② 优良的铸造性。铸铁的铸造性能良好，铸件凝固过程中，石墨的析出会导致系统的体积膨胀，减少了铸件体积的收缩，降低了铸件中的内应力。

③ 良好的耐磨性。石墨有良好的润滑作用，并能储存润滑油，可使铸件有很好的耐磨性能。

④ 良好的减振性。石墨对振动的传递起削弱作用，可使铸铁有很好的抗振性能。因此，灰铸铁广泛用于制造机床床身、主轴箱及各类机器底座等工件（图 6-5）。

图 6-5　灰铸铁机床铸件

⑤ 较低的缺口敏感性。大量石墨的割裂作用，使铸铁对缺口不敏感。

**3. 灰铸铁的孕育处理**

为了细化石墨片，提高灰铸铁的力学性能，灰铸铁生产中常采用孕育处理。经过孕育处理（亦称变质处理）后的灰铸铁叫作孕育铸铁。孕育处理即在灰铸铁液浇注之前，往灰铸铁液中加入少量的孕育剂，如硅铁或硅钙合金，使灰铸铁液内同时生成大量的和均匀分布的石墨晶核，以获得细小均匀的石墨片，并细化基体组织，提高铸铁强度；避免铸件边缘及薄断面处出现白口组织，提高断面组织的均匀性。灰铸铁孕育处理前后的显微组织如图 6-6 所示。

孕育铸铁具有较高的强度和硬度，可用来制造机械性能要求较高的铸件，如气缸、曲轴、凸轮、机床床身等，尤其是截面尺寸变化较大的铸件。

**4. 灰铸铁的热处理**

热处理不能改变石墨形态和分布，对提高灰铸铁整体机械性能作用不大。热处理主要

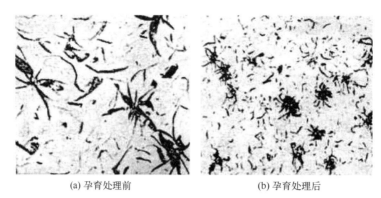

(a) 孕育处理前                  (b) 孕育处理后

图 6-6 灰铸铁孕育处理前后的显微组织

用来消除铸件内应力、改善切削加工性能和提高表面耐磨性等。常用的灰铸铁热处理方法有以下几种。

（1）去应力退火

铸件在冷却过程中，其各个部位由于结构、厚度上的差异，冷却不一致，会产生较大的内应力。一些形状复杂和尺寸稳定性要求较高的重要铸件，如机床床身、柴油机气缸等，为了防止变形和开裂，须进行去应力退火。

（2）表面淬火

有些铸件如机床导轨、缸体内壁等，要求有较高的表面硬度和耐磨性，可进行表面淬火处理，如高频表面淬火、火焰表面淬火和激光加热表面淬火等。淬火后其表面硬度可达 $50\sim55$HRC。例如，机床导轨采用接触电阻加热淬火后，其表面的耐磨性会显著提高，而且导轨变形小。

（3）消除铸件白口，降低硬度的退火

铸件的薄壁处或表层，由于冷却速度快，常出现白口组织，难以切削加工，需要退火降低硬度。常用高温退火（石墨化退火）来降低硬度，退火铸铁的硬度可下降 $20\sim40$HB。

## 二、球墨铸铁

球墨铸铁是 20 世纪 50 年代发展起来的一种新型铸铁。球墨铸铁的石墨呈球状，所以它不仅具有很高的强度，而且有良好的塑性和韧性。因其综合机械性能接近于钢，并且铸造性能好、成本低廉、生产方便，在工业中得到了广泛的应用。目前，球墨铸铁已成功地用于铸造一些受力复杂，强度、韧性、耐磨性要求较高的零件，迅速发展为仅次于灰铸铁、应用十分广泛的铸铁材料。所谓"以铁代钢"，主要指球墨铸铁。

### 1. 球墨铸铁的成分和球化处理

球墨铸铁与灰口铸铁相比，C、Si 含量较高，有利于石墨化。其化学成分一般为：C $3.6\%\sim3.9\%$，Si $2.2\%\sim2.8\%$，Mn $0.6\%\sim0.8\%$，P$<0.1\%$，S$<0.07\%$。

生产球墨铸铁时需要进行球化处理，即向铁水中加入一定量的球化剂和孕育剂，使石墨呈球状析出。国外使用的球化剂主要是金属镁。实践证明，铁水中 Mg 含量 $0.04\%\sim0.08\%$ 时，石墨就能完全球化。纯镁的球化作用很强，球化率高，而且容易获得完整的球形石墨，但加入时会产生强烈的汽化沸腾，造成铁水飞溅，使球化剂吸收率低，铁水温度下降，操作不安全，且易使铸铁件产生夹渣、缩松、皮下气孔等缺陷。我国普遍使用稀土镁球化剂。其不仅操作简单可靠，球化反应比较平稳，而且稀土元素能与氧、氢、硫、氮等杂质发生反应，使铁水净化，从而减少铸件的皮下气孔、夹渣和缩松等缺陷。镁是强烈阻碍石墨化的元素，为了避免白口，并使石墨球细小、分布均匀，一定要加入孕育剂。常用的孕育剂为硅铁和硅钙合金等。

### 2. 球墨铸铁的牌号、组织和性能

球墨铸铁的牌号用"QT＋两组数字"表示。"QT"是"球铁"两字汉语拼音的首字母，前一组数字表示最小抗拉强度，后一组数字表示伸长率。如 QT500-7，表示抗拉强度最低值为 500MPa、伸长率最低值为 7％的球墨铸铁。

常用球墨铸铁的牌号和力学性能见表 6-3。

**表 6-3　常用球墨铸铁的牌号和力学性能**（摘自 GB/T 1348—2019）

| 材料牌号 | 铸件壁厚 $t$ /mm | 屈服强度 $R_{p0.2}$ (min)/MPa | 抗拉强度 $R_{m}$ (min)/MPa | 伸长率 $A$ (min)/％ |
|---|---|---|---|---|
| QT450-18/C | $t \leqslant 30$ | 350 | 440 | 16 |
| | $30 < t \leqslant 60$ | 340 | 420 | 12 |
| | $60 < t \leqslant 200$ | — | 供方提供指导值 | — |
| QT500-14/C | $t \leqslant 30$ | 400 | 480 | 12 |
| | $30 < t \leqslant 60$ | 390 | 460 | 10 |
| | $60 < t \leqslant 200$ | — | 供方提供指导值 | — |
| QT600-10/C | $t \leqslant 30$ | 450 | 580 | 8 |
| | $30 < t \leqslant 60$ | 430 | 560 | 6 |
| | $60 < t \leqslant 200$ | — | 供方提供指导值 | — |

注：若需方要求特定位置的最小力学性能值，由供需双方商定。

由表 6-3 中的数据可知，球墨铸铁的抗拉强度远远超过灰铸铁，而与钢相当。不同基体的球墨铸铁（图 6-7），性能差别很大。珠光体球墨铸铁的抗拉强度与铁素体球墨铸铁的抗拉强度相比高 50％以上，而铁素体球墨铸铁的伸长率是珠光体球墨铸铁的伸长率的 3～5 倍。

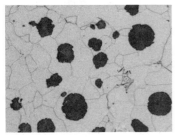 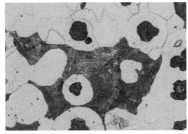 

(a) 铁素体球铁　　　　　　　(b) 铁素体－珠光体球铁　　　　　　　(c) 珠光体球铁

**图 6-7　球墨铸铁的显微组织**

对于承受静载的零件，使用球墨铸铁相比铸钢节省材料，重量更轻。在实际应用中，大多数承受动载的零件是带孔和台肩的，完全可以用球墨铸铁来代替钢制造某些重要零件，如曲轴、连杆（图 6-8）、凸轮轴等。

图 6-8　球墨铸铁连杆

### 3. 球墨铸铁的热处理

球墨铸铁的热处理工艺性能较好，通过热处理改善性能的效果比较明显。中、小铸件可采用油淬，并且较易实现等温淬火工艺。常用的球墨铸铁热处理工艺有退火、正火、调质、等温淬火等。

（1）退火

退火的目的在于获得铁素体基体的球墨铸铁，提高其塑性和韧性，改善其切削加工性能，消除内应力。退火一般分为低温退火和高温退火。

低温退火：将铸件加热至 700～750℃，保温 2～8h，随炉冷却至 600℃后出炉空冷。

高温退火：将铸件加热至 900～950℃，保温 2～4h，随炉冷却至 600℃左右时出炉空冷。

（2）正火

正火的目的是得到珠光体基体的球墨铸铁，并细化组织，提高其强度和耐磨性。正火一般分为高温正火（完全奥氏体化正火）和低温正火（不完全奥氏体化正火）两种。

高温正火：先加热到 880～920℃，保温 3h，然后空冷。

低温正火：先加热到 840～860℃，保温一定时间，然后空冷。

（3）调质

要求综合机械性能较高的球墨铸铁零件，如连杆、曲轴等，可采用调质处理。调质的目的是获得回火索氏体基体的球墨铸铁，使铸件获得较高的综合力学性能。回火索氏体不仅强度高，而且其塑性、韧性比正火得到的珠光体基体好。调质的具体工艺是：先将铸件加热至 800～900℃油淬，然后经 550～600℃保温 2～4h 后对其进行回火，最后出炉空冷。

调质处理一般只适用于小尺寸的铸件，尺寸过大时，内部淬不透，不能保证性能需求。

（4）等温淬火

球墨铸铁经等温淬火后可获得高的强度、硬度和较高的韧性，适用于形状复杂、易变形或易开裂的铸件，如受力复杂的齿轮、曲轴、凸轮轴等。

等温淬火工艺为：先对钢件进行加热，使其奥氏体化并均匀化后快冷到贝氏体转变温度区间（260～400℃），然后放入温度稍高于 $M_s$ 点的硝盐溶式碱浴中等温保持一定时间（一般在浴槽中保温时间为 30～60min），使奥氏体转变为贝氏体，最后取出置于空气中冷却。

## 三、蠕墨铸铁

蠕墨铸铁是 20 世纪 60 年代开发的一种新型高强铸铁材料。蠕墨铸铁是在一定成分的铁水中加入适量的蠕化剂（稀土镁钛合金、稀土镁钙合金、稀土硅铁合金等）而炼成的，其方法与程序和球墨铸铁基本相同。

### 1. 蠕墨铸铁的组织与性能

蠕墨铸铁的石墨形态介于片状与球状之间，如图 6-9 所示。蠕墨铸铁的强度接近于球墨铸铁，并且有一定的韧性、较高的耐磨性；同时，它又有和灰铸铁一样良好的铸造性能和导热性。

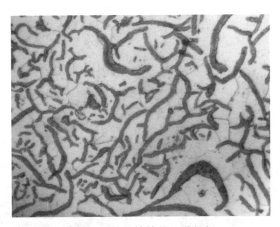

图 6-9　蠕墨铸铁的显微组织

### 2. 蠕墨铸铁的牌号及应用

蠕墨铸铁的牌号用"RuT＋数字"表示。"RuT"表示"蠕铁"，其后的数字表示最小抗拉强度。蠕墨铸铁的牌号、力学性能和主要基体组织见表 6-4。

表 6-4　蠕墨铸铁的牌号、力学性能和主要基体组织（摘自 GB/T 26655—2022）

| 牌号 | 抗拉强度 $R_m$/MPa，≥ | 屈服强度 $R_{p0.2}$/MPa，≥ | 断后伸长率 $A$/%，≥ | 典型的布氏硬度范围 /HBW | 主要基体组织 |
| --- | --- | --- | --- | --- | --- |
| RuT300 | 300 | 210 | 2.0 | 140～210 | 铁素体 |
| RuT350 | 350 | 245 | 1.5 | 160～220 | 铁素体＋珠光体 |
| RuT400 | 400 | 280 | 1.0 | 180～240 | 珠光体＋铁素体 |
| RuT450 | 150 | 315 | 1.0 | 200～250 | 珠光体 |
| RuT500 | 500 | 350 | 0.5 | 220～260 | 珠光体 |

注：布氏硬度（指导值）仅供参考。

由于蠕墨铸铁具有较好的力学性能、导热性和铸造性能，因此，蠕墨铸铁常用于制造受热，要求组织致密、强度较高、形状复杂的大型铸件，如机床的立柱、柴油机的气缸盖、缸套和排气管，钢锭模、液压阀件等。其应用如图 6-10 所示。

## 四、可锻铸铁

可锻铸铁又称马铁、玛钢。可锻铸铁实际上并不可以锻造，它是由白口铸铁通过退火处理得到的一种高强铸铁。它有较高的强度、塑性和冲击韧度，可以部分代替碳钢。

可锻铸铁有铁素体和珠光体两种基体，如图 6-11 所示。表 6-5 中列出了可锻铸铁的牌号和力学性能。黑心可锻铸铁以"KTH"表示，珠光体可锻铸铁以"KTZ"表示，白

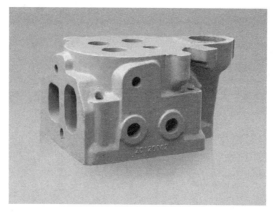

图 6-10　蠕墨铸铁缸盖

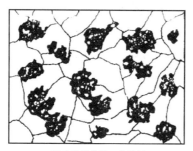

(a) 铁素体基体的可锻铸铁

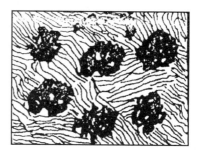

(b) 珠光体基体的可锻铸铁

图 6-11　可锻铸铁的显微组织

心可锻铸铁以"KTB"表示；其后的两组数字表示最小抗拉强度和伸长率。例如，KTH350-10 表示 $R_m$ 最低值为 350MPa、$A$ 最低值为 10% 的黑心可锻铸铁。

表 6-5　可锻铸铁的牌号和力学性能（摘自 GB/T 9440—2010）

| 黑心可锻铸铁和珠光体可锻铸铁的牌号与力学性能 | | | | | |
|---|---|---|---|---|---|
| 牌号 | 试样直径 $d$/mm | 抗拉强度 $R_m$(min)/MPa | 0.2%屈服强度 $R_{p0.2}$(min)/MPa | 伸长率 $A$(min)/% ($L_0=3d$) | 布氏硬度(max) /HBW |
| KTH 275-05 | 12 或 15 | 275 | — | 5 | ≤150 |
| KTH 300-06 | 12 或 15 | 300 | — | 6 | |
| KTH 330-08 | 12 或 15 | 330 | — | 8 | |
| KTH 350-10 | 12 或 15 | 350 | 200 | 10 | |
| KTH 370-12 | 12 或 15 | 370 | — | 12 | |
| KTZ 450-06 | 12 或 15 | 450 | 270 | 6 | 150～200 |
| KTZ 500-05 | 12 或 15 | 500 | 300 | 5 | 165～215 |
| KTZ 550-04 | 12 或 15 | 550 | 340 | 4 | 180～230 |
| KTZ 600-03 | 12 或 15 | 600 | 390 | 3 | 195～245 |
| KTZ 650-02 | 12 或 15 | 650 | 430 | 2 | 210～260 |
| KTZ 700-02 | 12 或 15 | 700 | 530 | 2 | 240～290 |
| KTZ 800-01 | 12 或 15 | 800 | 600 | 1 | 270～320 |

续表

| | | 白心铸铁的牌号与力学性能 | | | |
|---|---|---|---|---|---|
| 牌号 | 试样直径<br>$d$/mm | 抗拉强度<br>$R_m$(min)/MPa | 0.2%屈服强度<br>$R_{p0.2}$(min)/MPa | 伸长率 $A$(min)/%<br>($L_0=3d$) | 布氏硬度(max)<br>/HBW |
| KTB 350-04 | 6 | 270 | — | 10 | 230 |
| | 9 | 310 | — | 5 | |
| | 12 | 350 | — | 4 | |
| | 15 | 360 | — | 3 | |
| KTB 360-12 | 6 | 280 | — | 16 | 200 |
| | 9 | 320 | 170 | 15 | |
| | 12 | 360 | 190 | 12 | |
| | 15 | 370 | 200 | 7 | |
| KTB 400-05 | 6 | 300 | — | 12 | 220 |
| | 9 | 360 | 200 | 8 | |
| | 12 | 400 | 220 | 5 | |
| | 15 | 420 | 230 | 4 | |
| KTB 450-07 | 6 | 330 | — | 12 | 220 |
| | 9 | 400 | 230 | 10 | |
| | 12 | 450 | 260 | 7 | |
| | 15 | 480 | 280 | 4 | |
| KTB 550-04 | 6 | — | — | — | 250 |
| | 9 | 490 | 310 | 5 | |
| | 12 | 550 | 340 | 4 | |
| | 15 | 570 | 350 | 3 | |

　　与球墨铸铁相比，可锻铸铁具有成本低、质量稳定、铁水处理简单等优点，广泛应用于汽车、拖拉机、机械制造及建筑行业，常用来制造形状复杂、承受冲击和振动载荷的薄壁、中小型零件，如汽车拖拉机的后桥外壳、管接头、低压阀门等（图 6-12）。这些零件用铸钢生产时，因铸造性不好，工艺上困难较大；而用灰铸铁时，又存在性能不能满足要求的问题。尤其是对于薄壁件，若采用球墨铸铁易生成白口，需要进行高温退火，采用可锻铸铁更为适宜。

(a)

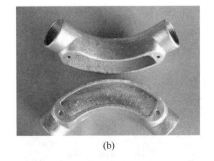

(b)

图 6-12　可锻铸铁管件

# 第三节 合金铸铁

工业上，除了一般机械性能外，常常还要求铸铁具有良好的耐磨性、耐蚀性或耐热性等特殊性能。为此，在铸铁中加入某些合金元素，得到了一些具有较高力学性能或特殊性能的合金铸铁。

## 一、耐磨铸铁

耐磨铸铁是指高硬度、在一定的磨损条件下具有高耐磨性的铸铁。其组织具有均匀的高硬度和耐磨性。铸铁具有良好的耐磨性能，虽然它的力学性能比钢差，脆性较大，容易碎裂，但在相同条件下比钢的成本低。若采取相应的设计和工艺处理，在一定条件下也能满足不同的要求，故较为广泛地用作摩擦副的耐磨材料。尤其是当摩擦副既要求耐磨性高，又要有好的减摩性时，往往采用铸铁比采用钢更为有利。如机床导轨、活塞环、气缸套等零件主要采用耐磨铸铁制造。

在磨粒磨损条件下工作的铸铁，应具有高而均匀的硬度。白口铸铁就属于这类铸铁，但由于白口铸铁脆性较大，不能承受冲击载荷，因此在生产上常采用激冷的办法来获得冷硬铸铁，即用金属型铸造铸件的耐磨表面，其他部位则采用砂型铸造。同时调整铁水的化学成分，采用高碳低硅，这样既可保证白口层的深度，又可保证其心部仍为灰口铸铁组织。用激冷方法制造耐磨铸铁，已广泛应用于轧辊和车轮等的铸造生产中。

在润滑条件下工作的耐磨铸件，要求在软的基体上牢固地嵌有硬的组织成分。当软基体磨损后形成沟槽，可保持油膜。珠光体灰口铸铁基本上能满足这种要求，其组织中铁素体为软基体，渗碳体为硬组分，同时石墨片也起储油和润滑作用。高磷铸铁由于含有高硬度的磷共晶体，具有较高的耐磨性。在此基础上，如果加入 Cr、Mo、W、Cu 等合金元素，可以改善组织性能，提高基体的强度和韧性，从而使铸铁的耐磨性等得到更大的提高。

除了高磷铸铁以外，钒钛耐磨铸铁、铬钼铜耐磨铸铁和硼耐磨铸铁等也都具有优良的耐磨性能。

## 二、耐热铸铁

可以在高温下使用，其抗氧化或抗生长性能符合使用要求的铸铁，称为耐热铸铁。铸铁在反复加热、冷却时产生体积长大的现象称为铸铁的生长。在高温下铸铁产生的体积膨胀是不可逆的，这是由于铸铁内部发生氧化和石墨化引起的。因此，铸铁在高温下损坏的形式主要是在反复加热、冷却过程中发生相变（渗碳体分解）和氧化，从而引起铸铁生长及产生微裂纹。

在高温下工作的铸铁，如炉底板、换热器、热处理炉内的运输链条等（图6-13），必须使用耐热铸铁。为提高耐热性，可向铸铁中加入铝、硅、铬等元素，使铸件表面形成一

层致密的 $Al_2O_3$、$SiO_2$、$Cr_2O_3$ 等氧化膜，保护内层不被氧化。此外，硅、铝可提高相变点，使基体变为单相铁素体，避免铸铁在工作温度下发生固态相变和由此而产生的体积变化及显微裂纹。

常用耐热铸铁的成分和耐热温度见表 6-6。

表 6-6　常用耐热铸铁的成分和耐热温度（摘自 GB/T 9437—2009）

| 耐热铸铁名称 | 化学成分/% | | | | | | | 耐热温度/℃ |
|---|---|---|---|---|---|---|---|---|
| | C | Si | Mn | P | S | Cr | 其他 | |
| 含铬耐热铸铁 RTCr-0.8 | 2.8～3.6 | 1.5～2.5 | <1.0 | <0.3 | <0.12 | 0.5～1.1 | — | 600 |
| 含铬耐热铸铁 RTCr-1.5 | 2.8～3.6 | 1.7～2.7 | <1.0 | <0.3 | <0.12 | 1.2～1.9 | — | 650 |
| 高铬铸铁 | 0.5～1.0 | 0.5～1.3 | 0.5～0.8 | ≤1.0 | ≤0.08 | 26～30 | — | 1000～1100 |
| 高硅耐热铸铁 RTSi-5.5 | 2.2～3.0 | 5.0～6.0 | <1.0 | <0.2 | <0.12 | 0.5～0.9 | — | 850 |
| 高硅耐热球墨铸铁 RQTSi-5.5 | 2.4～3.0 | 5.0～6.0 | <0.7 | >0.1 | >0.03 | — | Mg＋RE >0.06 | 900～950 |
| 高铝铸铁 | 1.2～2.0 | 1.3～2.0 | 0.6～0.8 | <0.2 | <0.03 | Al:20～24 | — | 900～950 |
| 高铝球墨铸铁 | 1.7～2.2 | 1.0～2.0 | 0.4～0.8 | <0.2 | <0.01 | Al:21～24 | — | 1000～1100 |
| 铝硅耐热球铁（其中 Al＋Si 为 8.5%～10.0%） | 2.4～2.9 | 4.4～5.4 | <0.5 | <0.1 | <0.02 | Al:4.0～5.0 | — | 950～1050 |

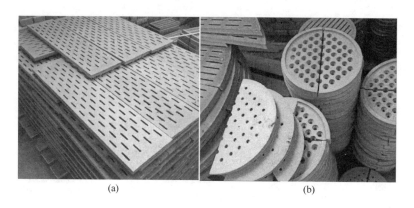

(a)　　　　　　　　　(b)

图 6-13　加热炉铸件（高硅耐热球墨铸铁）

## 三、耐蚀铸铁

如图 6-14 所示，耐蚀铸铁主要用于化工管道、泵、阀门、容器等。耐蚀铸铁是指具有一定耐腐蚀能力的铸铁。加入的合金元素主要有硅、铝、铬、镍、铜等，其作用是在铸件表面形成一层致密的氧化膜，提高基体组织的电极电位，从而提高耐蚀性。常用的耐蚀铸铁有高硅、高硅钼、高铝、高铬等耐蚀铸铁。

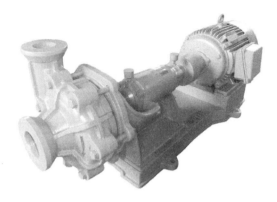

☑硫酸 ☑硝酸 ☑醋酸 ☑草酸 ☑混合酸

图 6-14　高硅耐蚀铸铁泵

# 第四节　铸钢

铸钢是指用于制造钢质铸件的钢材。钢具有良好的强韧性和可靠性。将钢铸造成形，既能保持钢的各种优异性能，又能直接制造成最终形状。当铸件的强度要求较高，采用铸铁不能满足要求时可选用铸钢。铸钢主要用于制造形状复杂，需要一定强度、塑性和韧性的零件，在船舶和车辆、建筑机械、工程机械、电站设备、矿山机械及冶金设备、航空及航天设备、油井及化工设备等方面的应用尤为广泛（图 6-15）。例如，制造机车车辆、船舶、重型机械的齿轮、轴、机座、缸体、外壳、阀体等。

(a)

(b)

图 6-15　铸钢在工业中的应用

铸钢可以依其化学成分分为碳素铸钢和合金铸钢，也可以依其使用特性分为铸造工具钢、铸造特殊钢、工程与结构用铸钢等。

## 一、碳素铸钢

碳素铸钢的牌号、化学成分和力学性能见表 6-7。牌号中"ZG"表示"铸钢"其后的数字表示平均屈服强度和抗拉强度。碳是影响铸钢件性能的主要元素，随着碳的质量分数增大，其屈服强度和抗拉强度均增加；当碳的质量分数超过 0.45％时，其屈服强度增加很少，而塑性、韧性却显著下降。从铸造性能来看，适当地提高碳含量，可降低钢液的熔化温度，增加钢水的流动性，钢中气体和夹杂也能减少。在铸钢的化学成分中，硫、磷应很好地控制，以减少其带来的热裂性与脆性影响。

碳素铸钢与铸铁相比，强度、塑性、韧性较高，但流动性差，收缩率较大。碳素铸钢可用于制造承受大负荷的零部件，比如重型机械中的轧钢机机架、水压机底座等；也可用于制造受力大且承受冲击的零部件，比如铁路车辆上的车轮、车钩、摇枕和侧架等。

表 6-7 **碳素铸钢的牌号、化学成分和力学性能**（摘自 GB/T 11352—2009）

| 牌号 | 化学成分(质量分数/％,≤) | | | | | | | | | | |
|---|---|---|---|---|---|---|---|---|---|---|---|
| | C | Si | Mn | S | P | 残余元素 | | | | | |
| | | | | | | Ni | Cr | Cu | Mo | V | 残余元素总量 |
| ZG 200-400 | 0.20 | 0.60 | 0.80 | 0.035 | 0.035 | 0.40 | 0.35 | 0.40 | 0.20 | 0.05 | 1.00 |
| ZG 230-450 | 0.30 | | | | | | | | | | |
| ZG 270-500 | 0.40 | | 0.90 | | | | | | | | |
| ZG 310-570 | 0.50 | | | | | | | | | | |
| ZG 340-640 | 0.60 | | | | | | | | | | |

| 牌号 | 力学性能,≥ | | | | | |
|---|---|---|---|---|---|---|
| | 屈服强度 $R_{eH}(R_{p0.2})$/MPa | 抗拉强度 $R_m$/MPa | 伸长率 $A_s$/％ | 根据合同选择 | | |
| | | | | 断面收缩率 $Z$/％ | 冲击吸收功 $A_{KV}$/J | 冲击吸收功 $A_{KU}$/J |
| ZG 200-400 | 200 | 400 | 25 | 40 | 30 | 47 |
| ZG 230-450 | 230 | 450 | 22 | 32 | 25 | 35 |
| ZG 270-500 | 270 | 500 | 18 | 25 | 22 | 27 |
| ZG 310-570 | 310 | 570 | 15 | 21 | 15 | 24 |
| ZG 340-640 | 340 | 640 | 10 | 18 | 10 | 16 |

## 二、合金铸钢

为了满足零部件对强度、耐磨、耐热、耐腐蚀等性能的要求，添加合金元素提高铸钢的性能，生成了各类合金铸钢（表 6-8）。合金铸钢可以分为低合金铸钢和高合金铸钢。

表 6-8 **常用合金铸钢的牌号、化学成分、机械性能及应用**（摘自 JB/T 6402—2006）

| 材料牌号 | 化学成分(质量分数)/％ | | | | | | | | |
|---|---|---|---|---|---|---|---|---|---|
| | C | Si | Mn | P | S | Cr | Ni | Mo | Cu |
| ZG20Mn | 0.16～0.22 | 0.60～0.80 | 1.00～1.30 | ≤0.030 | ≤0.030 | — | ≤0.40 | — | — |
| ZG30Mn | 0.27～0.34 | 0.30～0.50 | 1.20～1.50 | ≤0.030 | ≤0.030 | | | | |
| ZG35Mn | 0.30～0.40 | 0.60～0.80 | 1.10～1.40 | ≤0.030 | ≤0.030 | | | | |
| ZG40Mn | 0.35～0.45 | 0.30～0.45 | 1.20～1.50 | ≤0.030 | ≤0.030 | | | | |
| ZG40Mn2 | 0.35～0.45 | 0.20～0.40 | 1.60～1.80 | ≤0.030 | ≤0.030 | | | | |
| ZG45Mn2 | 0.42～0.49 | 0.20～0.40 | 1.60～1.80 | ≤0.030 | ≤0.030 | | | | |

续表

| 化学成分(质量分数)/% | | | | | | | | | |
|---|---|---|---|---|---|---|---|---|---|
| 材料牌号 | C | Si | Mn | P | S | Cr | Ni | Mo | Cu |
| ZG50Mn2 | 0.45~0.55 | 0.20~0.40 | 1.50~1.80 | ≤0.030 | ≤0.030 | — | — | — | — |
| ZG35SiMnMo | 0.32~0.40 | 1.10~1.40 | 1.10~1.40 | ≤0.030 | ≤0.030 | — | — | 0.20~0.30 | ≤0.30 |
| ZG35CrMnSi | 0.30~0.40 | 0.50~0.75 | 0.90~1.20 | ≤0.030 | ≤0.030 | 0.50~0.80 | — | — | — |
| ZG20MnMo | 0.17~0.23 | 0.20~0.40 | 1.10~1.40 | ≤0.030 | ≤0.030 | — | — | 0.20~0.35 | ≤0.30 |
| ZG30Cr1MnMo | 0.25~0.35 | 0.17~0.45 | 0.90~1.20 | ≤0.030 | ≤0.030 | 0.90~1.20 | — | 0.20~0.30 | — |
| ZG55CrMnMo | 0.50~0.60 | 0.25~0.60 | 1.20~1.60 | ≤0.030 | ≤0.030 | 0.60~0.90 | — | 0.20~0.30 | ≤0.30 |

| 力学性能,≥ | | | | | | | | | | |
|---|---|---|---|---|---|---|---|---|---|---|
| 材料牌号 | 热处理状态 | $R_{cH}$/MPa | $R_m$/MPa | $A$/% | $Z$/% | $A_{KU}$/J | $A_{KV}$/J | $A_{KDVM}$/J | 硬度/HB | 备注 |
| ZG20Mn | 正火+回火 | 285 | 495 | 18 | 30 | 39 | — | | 145 | 焊接及流动性良好,作水压机缸、叶片、喷嘴体、阀、弯头等 |
| | 调质 | 300 | 500~650 | 24 | | | 45 | | 150~190 | |
| ZG30Mn | 正火+回火 | 300 | 558 | 18 | 30 | | | | 163 | |
| ZG35Mn | 正火+回火 | 345 | 570 | 12 | 20 | 24 | | | | 用于承受摩擦的零件 |
| | 调质 | 415 | 640 | 12 | 25 | 27 | | 27 | 200~240 | |
| ZG40Mn | 正火+回火 | 295 | 640 | 12 | 30 | | | | 163 | 用于承受摩擦和冲击的零件,如齿轮等 |
| ZG40Mn2 | 正火+回火 | 395 | 590 | 20 | 40 | 30 | | | 179 | 用于承受摩擦的零件,如齿轮等 |
| | 调质 | 685 | 835 | 13 | 45 | 35 | | 35 | 269~302 | |
| ZG45Mn2 | 正火+回火 | 392 | 637 | 15 | 30 | | | | 179 | 用于模块、齿轮等 |
| ZG50Mn2 | 正火+回火 | 445 | 785 | 18 | 37 | | | | | 用于高强度零件,如齿轮、齿轮缘等 |
| ZG35SiMnMo | 正火+回火 | 395 | 640 | 12 | 20 | 24 | | | | 用于承受负荷较大的零件 |
| | 调质 | 490 | 690 | 12 | 25 | 27 | | 27 | | |
| ZG35CrMnSi | 正火+回火 | 345 | 690 | 14 | 30 | | | | 217 | 用于承受冲击、摩擦的零件,如齿轮、滚轮等 |
| ZG20MnMo | 正火+回火 | 295 | 490 | 16 | | 39 | | | 156 | 用于受压容器,如泵壳等 |
| ZG30Cr1MnMo | 正火+回火 | 392 | 686 | 15 | 30 | | | | | 用于拉坯和立柱 |
| ZG55CrMnMo | 正火+回火 | 不规定 | 不规定 | — | — | | | | | 有一定的红硬性,用于锻模等 |

## 1. 低合金铸钢

低合金铸钢中的合金元素质量分数总量小于5%,主要加入的元素有硅、铬、锰。硅在铁素体中能起到固溶强化作用;锰在钢中能固溶于铁素体、奥氏体,并形成合金渗碳体,对钢有较大的强化作用;铬能提高淬透性、耐磨性。

## 2. 高合金铸钢

高合金铸钢是指合金元素总含量在10%以上,从而具有高耐磨性、耐热性、耐蚀性等特殊使用性能的合金铸钢。

### 三、铸钢在工程中的应用实例

① 轧钢机机架是轧钢机组的重要结构件，要求有较高的强度和塑性以及较好的铸造性能、焊接性能和加工性能。轧钢机机架常选用碳素铸钢 ZG270-450 制造加工，其热处理工艺为先 880～900℃ 正火或退火，再 620～680℃ 回火。

② 吊车是常用的机械设备，其所用的齿轮有开式小齿轮、大齿轮、过渡齿轮三种不同尺寸，一般均采用低合金铸钢件。如小齿轮常采用 ZG35Mn。由于齿轮的齿面要求有较高的强度和耐磨性能，其热处理工艺采用调质加表面淬火。

 习 题

1. 什么是铸铁？什么是铸钢？

2. 什么是铸铁的石墨化？影响石墨化的因素有哪些？

3. 铸铁有哪些分类方法？分别能分成哪几种？

4. 灰铸铁、可锻铸铁、球墨铸铁和蠕墨铸铁中，石墨的形态有何区别？

5. 灰铸铁的主要性能特点是什么？

6. 什么是孕育处理？其目的是什么？

7. 灰铸铁的热处理方法有哪几种？各自的目的是什么？

8. 球墨铸铁的性能优势是什么？

9. 什么是球化处理？常用的球化剂有哪些？

10. 什么是蠕墨铸铁？有哪些应用？

11. 可锻铸铁能否锻造？它是如何获得的？

12. 什么是合金铸铁？有哪些常见类型？

13. 铸钢按照化学成分可分成哪几种？

14. 试述本章学习了哪些类型的铸铁、铸钢，并举例说明。

15. 牌号释义： HT150、 QT450-10、 RuT420、 KTB350-04、 RQTSi-5.5、 ZG230-450。

# 第七章

# 有色金属

在工程材料的世界里，钢铁材料是使用最广泛的，但有色金属材料也有着不可或缺的作用。工业生产中通常将铁及其合金称为黑色金属，把其他非铁金属及其合金称为有色金属。有色金属种类较多，虽在产量和用量上不如钢铁，但因具有钢铁所没有的一些特殊性能，已经成为国民经济、日常生活及国防工业、科学技术发展必不可少的基础材料和重要的战略物资。如图7-1所示为生活中常见的铜和铝合金。

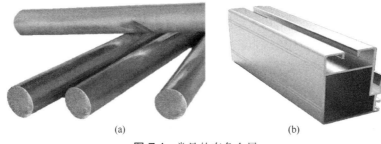

(a)                                        (b)

图 7-1   常见的有色金属

随着石油化工以及航海工业的发展，许多设备的零部件需要在腐蚀介质中工作，要求材料具备优良的耐腐蚀性能；航空航天工业的发展也要求密度小、强度高的材料出现。这些都为有色金属的应用提供了广阔的平台。铜、钛及其合金具有良好的抗腐蚀性能，特别是钛及其合金不论是在化学介质中，还是在海水、淡水中都具有良好的耐蚀性。同时，钛合金还具有强度高、耐热性好的特点，在航空航天领域也得到了广泛的应用。

## 第一节   铝及铝合金

近百年来铝工业发展很快，铝及其合金是我国优先发展的重要有色金属。铝在自然界储量丰富，是地壳中储量最多的一种金属元素，约占地表总重量的8.2%，约为全部金属元素的1/3，在金属材料中，其产量仅次于钢铁，号称有色金属材料之首。铝及其合金主要应用于航空及交通运输、电导体、容器、建筑及民用五金领域，如图7-2所示。

铝及铝合金的牌号采用四位字符体系牌号命名方法。四位字符体系牌号的第一位、

图 7-2  纯铝和铝合金制零件

第三位和第四位为阿拉伯数字，第二位为英文大写字母（C、I、L、N、O、P、Q、Z字母除外）。牌号的第一位数字表示铝及铝合金的组别，其表示方法见表 7-1。除改型合金外，铝合金组别按主要合金元素来确定。主要合金元素指极限含量算术平均值为最大的合金元素。当有一个以上的合金元素极限含量算术平均值同为最大时，按照 Cu、Mn、Si、Mg、$Mg_2Si$、Zn、其他元素的顺序来确定合金组别。牌号的第二位字母表示原始纯铝或铝合金的改型情况，最后两位数字用以标识同一组中不同的铝合金或表示铝的纯度。

表 7-1  铝及铝合金的牌号表示方法（GB/T 16474—2011）

| 组　别 | 牌号系列 | 组　别 | 牌号系列 |
|---|---|---|---|
| 纯铝（Al 含量不小于 99.00%） | 1××× | 以镁、硅为主要合金元素并以 $Mg_2Si$ 相为强化相的铝合金 | 6××× |
| 以铜为主要合金元素的铝合金 | 2××× | | |
| 以锰为主要合金元素的铝合金 | 3××× | 以锌为主要合金元素的铝合金 | 7××× |
| 以硅为主要合金元素的铝合金 | 4××× | 以其他合金元素为主要元素的铝合金 | 8××× |
| 以镁为主要合金元素的铝合金 | 5××× | 备用合金组 | 9××× |

## 一、纯铝

铝是银白色的轻金属，在工业上是仅次于钢铁的一种重要金属材料。工业上使用的纯铝，纯度为 98%～99.9%。纯铝的密度比较小，仅为 $2.72g/cm^3$，其熔点为 660℃。其导电、导热性能好，化学性质很活泼，在空气和水中有较好的耐蚀性，但不能耐酸、碱、盐的腐蚀。纯铝具有面心立方晶格，无同素异构转变，塑性好、强度低，易加工变形，冷变形加工后强度可提高，但塑性下降。

纯铝按纯度分为纯铝（99%＜Al＜99.85%）、高纯铝（Al≥99.85%）。

工业纯铝的强度很低，抗拉强度仅为 50MPa，虽可通过冷作硬化方式强化，但也不能直接作为用于制作结构零件的材料。工业纯铝经常代替贵重的铜合金制作导线，另外，可配制各种铝合金以及制作要求质轻、导热或耐大气腐蚀但强度要求不高的器具。工业纯铝中或多或少存在有杂质（如 Fe、Si 等），所含杂质的数量越多，其导电性、导热性、抗大气腐蚀性以及塑性就越低。部分纯铝的牌号、性能特点及用途，见表 7-2。

表 7-2 部分纯铝的牌号、性能特点及用途

| 类别 | 牌号 | 性能特点 | 用途 |
|---|---|---|---|
| 工业纯铝 | 1060<br>1050A<br>1035 | 塑性高、焊接性好、强度低、切削性差，使用温度最高不超过150℃，但最低可达 −273℃；耐腐蚀性好，能耐浓硝酸、乙酸、碳酸氢铵、尿素等的腐蚀，但不耐碱及盐水的腐蚀 | 可用于制作储罐、塔、热交换器、防止污染及深冷设备。如 1060、1050A 在化工中用得较多，如浓硝酸储槽（常压，40℃，98％硝酸）、常压常温下的冰醋酸及精甲醇储槽、冷凝水冷却器等；1035 主要应用在防污染设备上 |
| 工业高纯铝 | 1A85<br>1A90 | 性能接近纯铝 | 主要用于生产各种电解电容器用箔材、抗酸容器等，在化工中用于制作耐腐蚀性要求高的浓硝酸设备，如漂白塔等 |

## 二、铝合金

纯铝的强度和硬度很低，不适宜作为工程结构材料使用。如果在纯铝中加入适量的合金元素，如 Si、Cu、Mg、Mn 等，制成铝合金，可提高强度并保持纯铝的特性。若再经过冷加工或热处理，其抗拉强度可达 500MPa 以上，可制造一些承受一定载荷的零件。

根据铝合金的成分及生产工艺特点，可将铝合金分为变形铝合金和铸造铝合金两类。

铝合金一般具有图 7-3 类的相变图。成分低于 $D$ 的铝合金，加热时能形成单相固溶体（$\alpha$）组织，塑性较好，适于变形加工，称为变形铝合金。成分高于 $D$ 的铝合金，由于冷却时有共晶反应发生，流动性较好，适于铸造生产，称为铸造铝合金。变形铝合金中成分低于 $F$ 的合金，在固相区加热或冷却时不发生相变，因此不能通过热处理进行强化，称为不可热处理强化的铝合金；成分位于 $F \sim D$ 之间的合金，称为可热处理强化的铝合金。

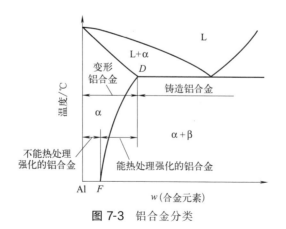

图 7-3 铝合金分类

铝合金的时效热处理包括两个阶段：固溶处理和时效。先将成分位于 $F \sim D$ 之间的合金加热到 $\alpha$ 相区，经过保温获得单相 $\alpha$ 固溶体，然后迅速水冷，在室温得到过饱和的 $\alpha$ 固溶体，这个过程叫固溶处理。固溶处理后得到的组织是不稳定的，在室温下放置或低温加热时，会逐渐分解析出第二相，使合金强度和硬度明显升高，这个过程叫作时效或时效强化。第二相析出过程会因温度高低而出现不同的阶段，形成的过渡析出相弥散分布，对

位错运动的阻碍作用加强，这种强化机制称为沉淀强化。

在室温下进行的时效称自然时效；在加热条件下进行的时效称人工时效。

### 1. 变形铝合金

变形铝合金加热时能形成单相固溶体组织，塑性较好，适于进行锻造、轧制等压力加工，也被称为可压力加工铝合金。变形铝合金按照其主要性能和用途可分为防锈铝合金、硬铝合金、超硬铝合金及锻造铝合金等。变形铝合金加工状态的表示方法见表 7-3。

**表 7-3　变形铝合金加工状态的表示方法**

| 代号 | 加工状态 | 代号 | 加工状态 |
|---|---|---|---|
| O | 退火态 | T4 | 固溶处理,自然时效 |
| H | 加工硬化态 | T5 | 由热加工温度冷却,人工时效 |
| W | 固溶处理态 | T6 | 固溶处理,人工时效 |
| T | 时效硬化态 | T7 | 固溶处理,过时效稳定化 |
| T1 | 由热加工温度冷却,自然时效 | T8 | 固溶处理,冷加工,人工时效 |
| T2 | 由热加工温度冷却,冷加工,自然时效 | T9 | 固溶处理,人工时效,冷加工 |
| T3 | 固溶处理,冷加工,自然时效 | T10 | 由热加工温度冷却,冷加工,人工时效 |

（1）防锈铝合金

防锈铝合金中主要的合金元素是锰和镁（即 Al-Mn 和 Al-Mg 两个系列）。该类合金强度比纯铝高，有良好的耐蚀性能与低温性能，易于加工成形和焊接，且可实现冷作硬化，但切削加工性能较差。这类合金不能进行热处理强化，强度比较低，多用于制作各类储槽、塔器、热交换器、各种低压容器等。

（2）硬铝合金

硬铝合金中主要的合金元素是铝、铜、镁（即 Al-Cu-Mg 系）。硬铝合金属于铝铜系发展出来的合金，又称杜拉金。这类合金经加热、保温后能获得单相固溶体，再迅速水冷至室温可得到过饱和的固溶体，但淬火后的强度和硬度并不立即升高，且塑性较好；在室温放置一段时间后，其强度和硬度显著提高，塑性明显降低。硬铝合金的共同点是强度高，在退火及淬火状态塑性好，焊接性能良好，可在冷态下进行压力加工。多数硬铝合金都在淬火与自然时效状态下使用。由于硬铝合金中有强化相析出，其耐蚀性较差。硬铝合金在变形铝合金中应用最为广泛，常用来制造各种半成品和薄板、型材、管子、线材、锻件、冲压件、飞机上的螺旋桨片、铆钉及其他零件。

（3）超硬铝合金

超硬铝合金中的主要元素是铝、锌、镁、铜（即 Al-Zn-Mg-Cu 系）。其属于 Al-Cu-Mg 系基础上加入锌而形成的合金，其经时效处理后的强度、硬度比硬铝合金还高，故称超硬铝合金。它是目前强度最高的一类铝合金，切削性能良好。由于铜的加入，使其焊接后的力学性能和抗应力腐蚀的性能变得很差，超硬铝合金应避免焊接。

（4）锻造铝合金

锻造铝合金中的主要元素是铝、锌、镁、硅（Al-Mg-Si-Cu 和 Al-Mg-Si-Ni 系），其机械性能和硬铝合金相近。这类合金属于耐热铝合金，在较高的温度下（约 250～300℃）仍具有令人满意的强度和热加工性能，主要用作高温零件，如活塞、气缸盖等。

### 2. 铸造铝合金

铸造铝合金具有低熔点共晶组织，流动性好，适于铸造，但不适于压力加工。铸造铝合金一般用于制作质轻、耐蚀、形状复杂及有一定机械性能的零件，如图7-4所示。按组成的元素不同，铸造铝合金可分为四类，即铝硅系铝合金、铝铜系铝合金、铝镁系铝合金及铝锌系铝合金。

图 7-4　使用铸造铝合金制作的零件

铸造铝合金种类很多，其中铝硅合金具有良好的铸造性能、足够的强度，而且密度小，使用最广泛，约占铸造铝合金总产量的 50％以上。Si 含量为 10％～13％的 Al-Si 系合金是最典型的铝硅合金，属于共晶成分，通常称为"硅铝合金"。

铸造铝合金的牌号由"铸"字的汉语拼音字首"Z"＋Al＋其他主要元素符号及百分含量来表示，如 ZAlSi12 表示 Si 含量为 12％的铸造 Al-Si 系合金。而合金的代号用"铸铝"的汉语拼音字首"ZL"加 3 位数字表示，第 1 位数字表示合金类别，第 2、3 位则表示合金的顺序号。例如，ZL102 表示 2 号 Al-Si 系铸造铝合金。

# 第二节　铜及铜合金

铜是人类最早使用的金属，铜的使用在历史上不仅大大地促进了生产力的发展，还带来了辉煌的青铜器文化。随着科技的发展，人们发现了越来越多的新材料，但铜始终具有重要的地位。在金属材料中，铜及铜合金的应用仅次于钢铁；在有色金属材料中，铜的产量仅次于铝。铜及铜合金习惯上分为纯铜、黄铜、青铜和白铜，广泛用于电气、电子、仪表、机械、化工等几乎所有的工业和民用部门。

## 一、纯铜

纯铜的颜色为玫瑰红，其表面形成氧化膜后外观呈紫红色，故又称紫铜。因纯铜是用电解法获得的，还被称为电解铜。纯铜的密度为 $8.96g/cm^3$，熔点为 1083℃，在固态时具有面心立方晶格，无同素异构转变，无磁性。

### 1. 纯铜的性能

纯铜具有优良的导电性和导热性，其导电性仅次于银，导热性在银和金之间；良好的塑性，可冷热压力加工，能加工成极薄的箔和极细的丝（包括高纯、单晶、高导电性能的丝），易于连接；较高的抗蚀性，能耐大气、海水、酸类等的腐蚀。纯铜的抗拉强度较低，不宜做结构材料；铸造性能差，熔化时易吸收一氧化碳和二氧化硫等气体，形成气孔。经冷变形后，其强度和硬度可提高，但伸长率下降。纯铜主要用于配置铜合金，制作导电、导热材料及耐腐蚀器件等。

工业纯铜中常有 $0.1\%\sim0.5\%$ 的杂质（铝、铋、氧、硫、磷等），使得其导电能力降低。另外，铅、铋等杂质能与铜形成熔点很低的共晶体，当工业纯铜进行热加工时（温度为 $820\sim860℃$），共晶体熔化，破坏晶界的结合，造成其脆性破裂，称为热脆。硫、氧也能与铜形成共晶体，均为脆性化合物，冷加工时易产生破裂，称为冷脆。工业生产中应尽力避免热脆和冷脆的发生。

### 2. 纯铜的牌号及应用

工业纯铜（又称紫铜或红铜）的纯度为 $99.90\%\sim99.50\%$，其代号用"铜"字的汉语拼音字首"T"加顺序号表示（共有 T1、T2、T3、T4 四个牌号，序号越大，纯度越低），主要用于制作电线、电缆、导热材料及配置合金，见表7-4。如图7-5所示是使用纯铜制作的空调用铜管。

除工业纯铜外，纯铜还有一类无氧铜，其含氧量极低，不大于 $0.003\%$。无氧铜材的牌号用"TU"加序号表示，如 TUI、TU2，主要用来制作电真空器件及高导电性铜线。这种导线能抵抗氢的作用，不发生氢脆现象。

**表 7-4　工业纯铜的牌号、化学成分与用途**

| 牌号 | 铜的质量分数 /% | 杂质的质量分数/% | | 杂质总含量 /% | 主要用途 |
| --- | --- | --- | --- | --- | --- |
| | | Bi | Pb | | |
| T1 | 99.95 | 0.001 | 0.003 | 0.05 | 电线、电缆，配制高纯度合金 |
| T2 | 99.90 | 0.001 | 0.005 | 0.1 | 电线、电缆、雷管、储藏器等 |
| T3 | 99.70 | 0.002 | 0.01 | 0.3 | 铜材、电气开关、垫圈等 |
| T4 | 99.50 | 0.003 | 0.05 | 0.5 | 钉、油管等 |

**图 7-5　空调用紫铜管**

## 二、铜合金

纯铜的强度低，不宜做结构材料。为改善其力学性能，可在纯铜中加入合金元素制成铜合金。由于合金元素的固溶强化及第二相强化作用，使得铜合金既提高了强度，又保持了纯铜的特性，且仍具有较好的导电、导热耐蚀、抗磁等特殊性能，因此在工业中得到了广泛的应用。如图7-6所示为铜合金制作的铜套。铜合金一般仍具有足够高的力学性能。

按照化学成分不同，铜合金可分为黄铜（铜锌合金）、青铜（铜锡合金）和白铜（铜镍合金），应用较广的为青铜和黄铜。

### 1. 黄铜

黄铜是以锌为主加元素的铜合金。黄铜具有良好的力学性能，其工艺性能和耐蚀性都较好，易于加工成形。按照化学成分，其可分为普通黄铜和特殊黄铜（或复杂黄铜）；按生产方法，其可分为压力加工黄铜和铸造黄铜。

（1）普通黄铜

普通黄铜一般是铜和锌的二元合金。图 7-7 是普通黄铜的组织和性能与含锌量的关系图。

由图 7-7 可知，当 Zn＜32％时，是锌溶入铜中，此时形成的是单相 α 固溶体；随锌含量增加，强度和塑性都升高，此时适宜进行冷、热压力加工；当 32％＜Zn＜45％时，由于产生的 β′ 相在室温下硬而脆（但在 456℃ 以上时，却有良好的塑性），因此其强度仍旧继续升高，但是塑性急剧下降，此时便不能进行冷压力加工，在 456℃ 以上时可进行热压力加工；当 Zn＞45％时，全部为单相 β′，普通黄铜的强度和塑性都急剧下降，工业上一般无使用价值。

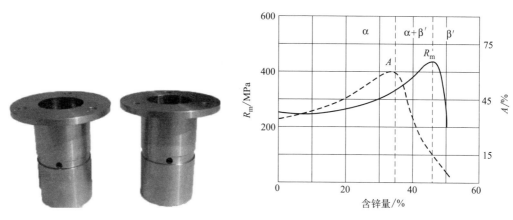

图 7-6　铜合金制铜套　　　　　　图 7-7　含锌量与黄铜组织和性能的关系

普通黄铜还具有较好的耐蚀性和铸造性能。但锌含量超过 7％（特别是 20％）的普通黄铜，经冷压力加工后，由于残余应力的存在，在潮湿的大气中，特别是含有氨的气氛中，易产生应力腐蚀，导致开裂。所以，冷压力加工后的普通黄铜应进行低温去应力退火。焊接时黄铜中的合金元素如锌易蒸发，故焊接黄铜常用气焊。

压力加工黄铜的牌号用"H＋数字"表示。字母"H"是"黄"字的汉语拼音字首，数字代表铜的百分含量，如 H68 表示平均含铜量为 68％左右，其余为锌的压力加工普通黄铜。常见的压力加工黄铜见表 7-5。铸造普通黄铜的牌号用"ZCuZn＋数字"表示。

常用的单相黄铜有 H68，具有较高的强度，冷、热变形能力，较好的耐蚀性，可用于制造形状复杂、耐蚀的零件，如弹壳、冷凝器等。H62 是常用的双相黄铜，具有较高的强度，可进行热变形加工，广泛用于制作热轧、热压零件或由棒材经机加工制造各种零件，如销钉、螺母等。ZCuZn38 是常用的铸造普通黄铜，其铸造性能好，组织致密，主要用于一般的结构件和耐蚀零件，如法兰、阀座、支架等。一般情况下，冷变形加工用单相黄铜，热变形加工用双相黄铜。

表 7-5　常见压力加工普通黄铜的牌号、化学成分、力学性能及用途

| 牌号 | 化学成分/% | | 板材力学性能 | | | | 用途 |
|---|---|---|---|---|---|---|---|
| | Cu | Zn | 加工状态 | $R_m$/MPa | $A$/% | 硬度/HV | |
| H96 | 95.0～97.0 | 余量 | M | ≥215 | ≥30 | — | 冷凝管、热交换器、散热器及导电零件、空调器、冷冻机部件、计算机接插件、引线框架 |
| | | | Y | ≥320 | ≥3 | | |
| H80 | 79.0～81.0 | 余量 | M | ≥265 | ≥50 | — | 薄壁管、装饰品 |
| | | | Y | ≥390 | ≥3 | | |
| H70 | 68.5～71.5 | 余量 | M | ≥290 | ≥40 | ≤90 | 弹壳、机械及电气零件 |
| | | | Y | 410～540 | ≥10 | 120～160 | |
| H68 | 67.0～70.0 | 余量 | M | ≥290 | ≥40 | ≤90 | 形状复杂的深冲零件，散热器外壳 |
| | | | Y | 410～540 | ≥10 | 120～160 | |
| H62 | 60.5～63.5 | 余量 | M | ≥290 | ≥35 | ≤95 | 机械、电气零件，铆钉、螺帽、垫圈、散热器及焊接件、冲压件 |
| | | | Y | 410～630 | ≥10 | 125～165 | |
| H59 | 57.0～60.0 | 余量 | M | ≥290 | ≥10 | — | 机械、电气零件，铆钉、螺帽、垫圈、散热器及焊接件、冲压件 |
| | | | Y | ≥410 | ≥5 | ≥130 | |

注：M 表示退火状态；Y 表示变形加工冷作硬化状态。

（2）特殊黄铜

为了改善普通黄铜的某些性能（如耐腐蚀性、强度、硬度和切削性等），常在普通黄铜中加入少量其他合金元素，如 Al、Mn、Sn、Si、Pb 等；加入的合金元素可形成固溶体，因固溶强化作用提高合金强度及改善耐腐蚀性。这种黄铜称为特殊黄铜（复杂黄铜），根据主要添加元素命名为铅黄铜、锡黄铜、铝黄铜、硅黄铜等。

① 铅黄铜。铅可改善切削加工性能，提高耐磨性，对强度影响不大，略微降低塑性。压力加工铅黄铜主要用于要求良好切削性能及耐磨性能的零件（如钟表零件等），铸造铅黄铜可制作轴瓦和衬套。

② 锡黄铜。锡可显著提高黄铜在海洋大气和海水中的抗蚀性，并使其强度有所提高。压力加工锡黄铜广泛用于制造海船零件。

③ 铝黄铜。铝能提高黄铜的强度和硬度（但使塑性降低），改善其在大气中的抗蚀性。铝黄铜可制作海船零件及其他机器的耐蚀零件。铝黄铜中加入适量的镍、锰、铁后，还可得到高强度、高耐蚀性的复杂黄铜，用于制造大型蜗杆、海船用螺旋桨等重要零件。

④ 硅黄铜。硅能显著提高黄铜的机械性能、耐磨性和耐蚀性。硅黄铜具有良好的铸造性能，并能进行焊接和切削加工，主要用于制造船舶及化工机械零件。

特殊黄铜的牌号用"H＋主加元素符号（除锌外）＋铜的质量分数＋主加元素质量分数＋其他元素质量分数"表示。如 HPb59-1 表示含 Cu 59%、Pb 1%，其余为 Zn 的铅黄铜。

特殊黄铜的强度、耐蚀性比普通黄铜好，铸造性能得到了改善，主要用于船舶及化工零件，如冷凝管、齿轮、螺旋桨、轴承、衬套及阀体等。常见的压力加工特殊黄铜见表7-6。表7-7为常见铸造普通黄铜和铸造特殊黄铜的牌号、化学成分及用途。

表7-6　常见压力加工特殊黄铜的牌号、化学成分及用途

| 组别 | 牌号 | 化学成分/% | | | 用　途 |
|---|---|---|---|---|---|
| | | Cu | 其他 | Zn | |
| 铅黄铜 | HPb59-1 | 57.0～60.0 | Pb:0.8～1.9<br>Ni:1.0 | 余量 | 钟表零件、汽车、拖拉机及一般机器零件 |
| | HPb60-2 | 58.0～61.0 | Pb:1.5～2.5 | 余量 | 一般机器结构零件 |
| 锡黄铜 | HSn62-1 | 61.0～63.0 | Sn:0.7～1.1<br>Ni:0.5 | 余量 | 汽车、拖拉机弹性套管船舶零件 |
| 铝黄铜 | HAl67-2.5 | 66.0～68.0 | Al:2.0～3.0<br>Ni:0.5 | 余量 | 海船耐蚀零件 |
| | HAl60-1-1 | 58.0～61.0 | Al:0.70～1.5<br>Ni:0.5<br>Fe:0.70～1.5 | 余量 | 气缸套、齿轮、蜗轮、轴及耐蚀零件 |
| | HAl66-6-3-2 | 64.00～68.0 | Mn:1.5～2.5<br>Al:6.0～7.0<br>Ni:0.5<br>Fe:2.0～4.0 | 余量 | 船舶、电机、化工机械等常温下工作的高强度耐蚀零件 |
| 硅黄铜 | HSi80-3 | 79.0～81.0 | Si:2.5～4.0<br>Ni:0.5<br>Fe:0.6 | 余量 | 耐磨锡青铜的代用材料,常用于制造船舶及化工机械零件 |
| 锰黄铜 | HMn58-2 | 57.0～60.0 | Mn:1.0～2.0<br>Fe:1.0<br>Ni:0.5 | 余量 | 船舶零件及轴承等耐磨零件 |
| 镍黄铜 | HNi65-5 | 64.0～67.0 | Ni:5.0～6.5 | 余量 | 船舶用冷凝管、电机零件 |

注：变形加工冷作硬化状态。

表7-7　常见铸造黄铜的牌号、化学成分及用途

| 组别 | 牌号 | 化学成分 s/% | | | | | | | 用途 |
|---|---|---|---|---|---|---|---|---|---|
| | | Cu | Al | Si | Mn | Pb | Fe | Zn | |
| 普通黄铜 | ZCuZn38 | 60.0～63.0 | — | — | — | — | — | 余量 | 散热器 |
| 铝黄铜 | ZCuZn31Al2 | 66.0～68.0 | 2.0～3.0 | — | — | ≤1.0 | ≤0.8 | 余量 | 海运机械及其他机械耐蚀零件 |
| 硅黄铜 | ZHSi80-3 | 79.0～81.0 | — | 2.5～4.5 | — | ≤0.5 | ≤0.6 | 余量 | 船舶零件、内燃机散热器本体 |
| 锰黄铜 | ZCuZn40Mn3Fe1 | 53.0～58.0 | — | — | 3～4 | ≤0.5 | 0.5～1.5 | 余量 | 螺旋桨等海船零件 |
| | ZCuZn38Mn2Pb2 | 57.0～60.0 | — | — | 1.5～2.5 | 1.5～2.5 | ≤0.8 | 余量 | 轴承、衬套等耐磨零件 |

### 2. 青铜

青铜原指铜与锡的合金。随着材料科学的发展，越来越多的铜合金被划入青铜的范

围，现在是指除黄铜（主加元素锌）和白铜（主加元素镍）之外的铜合金。按其化学成分，青铜分为锡青铜、铝青铜、铍青铜、硅青铜、铅青铜等。

加工青铜的牌号用"Q＋主加元素符号及质量分数＋其他元素的质量分数"表示。例如，QAl7 表示含铝量为 7%，其余为铜的铝青铜；ZQSn10-1 表示含锡量为 10%，其他合金元素含量为 1%，余量为铜的铸造锡青铜；QSn6.5-0.4 表示含 Sn 量为 6.5%，其他合金元素（P）含量为 0.4%，余量为 Cu 的锡青铜。铸造产品则在代号前加"Z"如 ZCuSn10Zn2 表示含 Sn10%、Zn2% 左右，余量为铜的铸造锡青铜。表 7-8 为青铜的类型及性能特点。表 7-9 为部分常用青铜的牌号、性能及应用。

表 7-8 青铜的类型及性能特点

| 类型 | 性能特点 |
| --- | --- |
| 锡青铜 | 锡青铜是指以锡为主要加入元素的铜合金。锡青铜的主要特点是有良好的耐磨性,具有很高的耐蚀性能(但耐酸性差),以及足够的抗拉强度和一定的塑性,致密程度较低。其力学性能与含锡量有关,含锡量小于 5%～6% 的锡青铜适于冷压力加工;含锡量大于 5%～7% 的锡青铜适于热压力加工;含锡量大于 10% 的锡青铜只适于铸造,其铸造流动性差,但体积收缩率小,适合铸造形状复杂、尺寸精度要求高的零件 |
| 铝青铜 | 铝青铜是以铝为主要合金元素的铜基合金。实际应用的铝青铜含铝量一般在 5%～11% 之间,含铝量为 10% 时强度最高。其机械强度、硬度、耐磨性能比黄铜和锡青铜高,耐蚀性也比黄铜和锡青铜好,冲击时不发生火花。因其收缩率比锡青铜大,铸造比锡青铜困难,钎焊困难,在过热蒸汽中稳定性差,多用于制造耐磨零件,如轴套、轴承、蜗杆及重要齿轮、船舶的重要结构材料 |
| 铍青铜 | 加工铍青铜的铍含量为 0.2%～2.0%,铸造铍青铜的铍含量可高达 2.5%。铍青铜能热处理强化,800℃ 固溶处理时,形成单一的固溶体,具有优异的塑性,可以冲制成形状复杂的零部件。锡青铜的强度和弹性居铜合金之首,兼有耐疲劳、耐腐蚀、耐磨、无磁、受冲击不起火花等良好的综合性能,可用于制作弹性元件,其铸件则多用于塑料模具、冶金铸造时的结晶器 |
| 硅青铜 | 硅青铜有高的弹性,常用于制造在腐蚀介质中工作的弹簧。含镍的硅青铜具有高强度及高耐磨、耐蚀性 |
| 铅青铜 | 铅青铜具有高的耐磨性和很好的导电性,在高速、高压下工作时,有很高的疲劳极限,广泛用于制造高载荷轴瓦 |

表 7-9 部分常用青铜的牌号、性能及应用

| 类别 | 牌号或代号 | 特 性 | 应 用 |
| --- | --- | --- | --- |
| 锡青铜 | QSn4-3 | 有高的弹性、耐磨性和抗磁性,冷热态加工性能良好,切削性、焊接性好,在大气、淡水、海水中耐蚀性好 | 用于制作化工设备的耐磨、耐蚀零件,弹簧及各种弹性元件、抗磁元件 |
| | QSn4-4-2.5 | 有高的减摩性,易切削加工,焊接性良好,在大气、淡水、海水中耐蚀性好,热加工时有热脆现象,QSn4-4-4 热强性好 | 用于制造承受摩擦的零件,如轴套、衬套、轴承等 |
| | QSn7-0.2 | 强度高,弹性、耐磨性好,焊接性能好,可切削加工,在大气、淡水、海水中耐蚀,可热加工 | 用于制作中等载荷、中等滑动速度下承受摩擦的零件,如轴承、轴套、蜗轮等耐磨零件 |
| 铝青铜 | QAl9-2 | 有高的强度,热态、冷态下压力加工性能良好,不易钎焊,在大气、淡水、海水中耐蚀性好 | 用于制作高强度耐蚀零件,以及 250℃ 下蒸汽中工作的管件及零件 |
| | QAl11-6-6 | 有高的强度,高温力学性能良好,耐蚀性、减摩性好,可热处理强化,可切削加工,可热态下压力加工,不易钎焊 | 用于制作高强度耐磨零件和高温条件下工作的零件,如轴衬、轴套、法兰盘、齿轮及其他重要的耐蚀耐磨零件 |

| 类别 | 牌号或代号 | 特　性 | 应　用 |
|---|---|---|---|
| 铍青铜 | QBe-2 | 综合性能优良,热处理后具有高的强度、硬度、弹性、耐磨性、耐热性及疲劳极限,同时还具有良好导电性、导热性和耐寒性,无磁性,易焊接,耐蚀性良好 | 用于制造重要的弹簧与弹性元件,耐磨零件及在高温、高速、高压下工作的轴承 |
| 硅青铜 | QSi1-3 | 强度高,耐磨性极好,经热处理后强度、硬度可大幅度提高,切削性、焊接性、耐蚀性好 | 用于制造工作温度低于300℃、工作条件较差或腐蚀介质中工作的零件 |
| | QSi3-1 | 强度高,弹性、塑性、耐磨性均好,可在冷热态下压力加工,可与不同合金良好焊接,对大气、淡水、海水、氯化物及强碱耐蚀,不能热处理强化 | 用于制造腐蚀介质中工作的弹性元件,以及蜗轮、蜗杆、轴套和焊接结构 |

### 3. 白铜

白铜是以镍为主加元素的铜合金,其呈银白色,有一定金属光泽。镍含量越高,其颜色越白,故名白铜。铜和镍之间彼此可以无限固溶,从而形成连续固溶体,即不论彼此的比例多少,均为 $\alpha$-单相合金。按用途其可分结构用白铜和电工用白铜。白铜的牌号表示方法同黄铜,如 B19 表示含镍量为 $18.0\% \sim 20.0\%$,余量为铜的铜镍合金。常见白铜的牌号、化学成分及用途见表 7-10。

**表 7-10　部分加工白铜的牌号、化学成分及用途**

| 组别 | 牌号 | 化学成分/% | | | | 用途 |
|---|---|---|---|---|---|---|
| | | Ni(+Co) | Mn | Zn | Cu | |
| 普通白铜 | B19 | 18.0～20.0 | 0.5 | 3 | 余量 | 船舶仪器零件、化工机械零件 |
| | B5 | 4.4～5.0 | — | — | 余量 | |
| 锌白铜 | BZnl5-20 | 13.5～16.5 | 0.3 | 余量 | 62.0～65.0 | 潮湿条件下和强腐蚀介质中工作的仪表零件 |
| 锰白铜 | BMn3-12 | 2.0～3.5 | 11.5～13.5 | — | 余量 | 弹簧热电偶丝 |
| | BMn40-1.5 | 39.0～41.0 | 1.0～2.0 | — | 余量 | |

# 第三节　钛及钛合金

钛是一种新型的金属,人类开发利用的历史也不过百年之久。钛矿矿床多为金属共生矿,且以金属氧化物的形式存在,其在地壳中的含量却比常见的铜、镍、锡、铝、锌都要高。

目前,世界上能进行钛工业化生产的国家只有美国、日本、俄罗斯、中国等少数国家。近年来钛的世界年总产量出现明显的增长,2021 年钛产量已达到 770 万吨。我国钛铁矿储量 2 亿吨,占全球储量的 28%,排名全球第一,但矿产品位偏低,其钙镁等其他金属杂质含量高($\geqslant 2\%$),钛矿资源分选难度大,回收率低,生产成本高,资源综合利用率太低。由于钛的重大战略价值和在国民经济中的地位,钛将成为继铁、铝之后崛起的"第三金属"。钛的应用主要有两大部分：一方面，钛的密度小、比强度高，在航空航天机械中得到了应用；另一方面，钛具有优异的耐蚀性能，大量用于化工过程设备。钛的相对密度不大，相比钢约轻43%，但钛的强度相比纯铝几乎高3倍。这种高的强度和不大的相对密度相结合，使得钛在技术上拥有极重要的战略地位和战略价值。同时，钛的耐腐蚀性近乎或超过不锈钢。耐蚀性钛合金主要用于各种强腐蚀环境的反应器、塔器、高压釜、换热器、泵、阀、离心机、分离机、管道、管件、电解槽等。图7-8为钛材料和钛合金叶轮。

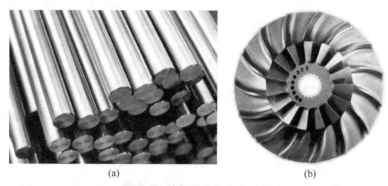

(a)             (b)

**图 7-8** 钛材料和钛合金叶轮

## 一、纯钛

钛为银白色金属，其密度为 $4.506g/cm^3$，熔点为 $1668℃$。钛具有同素异构转变：在 $883℃$ 以下为密排六方晶格，称为 α 型钛，在 $883℃$ 以上为体心立方晶格，称为 β 型钛；在 $883℃$ 时发生同素异构转变，称为 α+β 型钛。

根据生产方法不同，纯钛分为两种：碘法钛（化学纯钛）和工业纯钛。纯钛的力学性能受杂质元素及其含量的影响很大。高纯钛（TAD）纯度高，杂质元素及其含量少，塑性很好，但强度太低，一般不作为结构材料。化工设备常用的工业纯钛（TA1～TA3）杂质含量比碘法钛高，这些元素与钛形成间隙或置换固溶体，但过量时形成脆性化合物，所以当钛的纯度降低时，强度升高，塑性则大大降低。因此为保证材料的塑性和韧性，在工业纯钛中一定要控制杂质元素的含量。

钛和氧有较大的亲和力，很容易与氧结合，在表面形成一层附着力强的氧化膜。其稳定性高于铝和不锈钢的氧化膜，故钛的抗氧化能力比铬镍奥氏体不锈钢更优良。

工业纯钛主要用于工作温度350℃以下，受力不大，但要求塑性好的冲压件和耐蚀结构零件。例如，飞机的骨架、蒙皮、发动机附件；化工上的热交换器、蒸馏塔、冷却器、叶轮、离子泵、压缩机气阀等。TA1、TA2 由于有良好的低温韧性及低温强度，可用作－253℃以下低温结构材料。

## 二、钛合金

为了提高纯钛的某些性能，往往在纯钛中加入合金元素进行强化，制成钛合金。加入的合金元素主要有 Al、Sn、V、Cr、Mo、Fe、Si 等。合金元素的加入可在一定程度上提高钛合金的强度、耐热性、耐蚀性能。

### 1. 钛合金的常见类型

钛合金中由于含有各种元素，因而具有不同的性能特点。工业上常将钛合金按组织状态分为 α 型钛、β 型钛、α＋β 型钛三种。

（1）α 型钛合金

α 型钛合金是 α 相固溶体形成的单相合金，不论是在一般温度下，还是在较高的实际应用温度下，都是 α 相，因此其组织稳定，耐磨性能要高于纯钛，抗氧化能力强。α 型钛合金常用的牌号有 TA4、TA5、TA6、TA7。退火属于热处理的一种，但退火的目的主要是降低金属材料的硬度，提高塑性，以利于切削加工或压力加工，减少残余应力，提高组织和成分的均匀化，或为后道热处理作好组织准备等。此类合金可以进行退火，但不能通过退火热处理达到强化的目的。其室温强度低于 β 型和 α＋β 型钛合金（但高于工业纯钛），而在高温（500～600℃）下的强度和蠕变强度却是三类钛合金中最高的，且组织稳定，抗氧化性和焊接性能好，耐蚀性和可切削加工性能也较好，但塑性低（热塑性仍然良好），压力加工性能差。

TA7 使用最广，它在退火状态下具有中等强度和足够的塑性、焊接性，可在 500℃ 以下使用；当其间隙杂质元素（氧、氢、氮等）含量极低时，在超低温下还具有良好的韧性和综合力学性能，是优良的超低温合金之一。它常用于 500℃ 以下长期工作的结构件和各种模锻件，短时使用可到 900℃。

（2）β 型钛合金

β 型钛合金是 β 相固溶体组成的单相合金，未经热处理就具有较高的强度，淬火、时效后合金得到进一步强化。但其热稳定性较差，不宜在高温下使用。β 型钛合金常用的牌号为 TB2。这类钛合金的主要合金元素是钼、铬、钒等 β 相稳定化元素，在正火或淬火时很容易将高温 β 相保留到室温，获得较稳定的 β 相组织，故称 β 型钛合金。

β 型钛合金有热力学稳定型和亚稳定型两种。作为结构材料使用的是亚稳定 β 型钛合金，它可以固溶处理，塑性良好，易于加工成形，可热处理强化，但密度较大，弹性模量低，耐热性较低，冶炼工艺复杂，焊接性能较差，组织不够稳定，合金性能易出现波动。稳定 β 型钛合金具有强度较高的优点，抗拉强度较高，但加工性能较差，故其应用不如 α 型及 α＋β 型钛合金广泛。

其可用于 350℃ 以下工作的零件，主要用于制造各种整体热处理（固溶、时效）的板材冲压件和焊接件，如压气机叶片、轮盘、轴类等重载荷旋转件以及飞机的结构件等。

（3）α＋β 型钛合金

α＋β 型钛合金是双相合金，具有良好的综合性能，良好的韧性、塑性和高温变形性能，组织稳定性好能较好地进行热压力加工，且能进行淬火、时效使合金强化。热处理后其强度相比退火状态约提高 50%～100%。α＋β 型钛合金高温强度高，可在 400～500℃ 的温度下长期工作，其热稳定性稍次于 α 型钛合金。

α＋β 型钛合金常用的牌号有 TC6、TC9、TC10。这类合金在室温呈 α＋β 型两相组织，因而得名 α＋β 型钛合金。其综合力学性能好，TC1、TC2、TC7 不能进行热处理，其他可热处理强化，可切削加工，压力加工性良好，有较高的耐热性和良好的低温性能。工业钛合金中，α＋β 型占主导地位。

#### 2. 钛及钛合金的热处理

（1）退火

① 去除应力退火。目的是消除工业纯钛和钛合金零件机加工或焊接后的内应力。退火温度一般为 450～650℃，保温 1～4h，空冷。

② 再结晶退火。目的是消除加工硬化。纯钛一般采用 550～690℃ 的温度，钛合金用 750～800℃ 的温度，保温 1～3h，空冷。

（2）淬火和时效

目的是提高钛合金的强度和硬度。

α 型钛合金和含 β 稳定化元素较少的 α+β 型钛合金，自 β 相区淬火时，发生无扩散型的马氏体转变即合金中原有的 β 型钛合金转变为 α′ 型钛合金。α′ 型钛合金是指 β 型钛合金稳定化元素（如铜、铬、钒）在 α 型钛合金中的过饱和固溶体，是一种马氏体组织，具有密排六方晶格，其硬度较低，塑性好，是一种不平衡组织，加热人工时效时分解成 α 相和 β 相的混合物，强度和硬度有所提高。

β 型钛合金和 β 稳定化元素较多的 α+β 型钛合金淬火时，β 相转为介稳定的 β 相（相当于固溶处理），加热时效后，介稳定 β 相析出弥散的 α 相使合金的强度和硬度提高。

α 型钛合金一般不进行淬火和时效处理，β 型钛合金和 α+β 型钛合金可进行淬火时效处理，提高强度和硬度。

钛合金的淬火温度一般选在 α+β 两相区的上部范围，淬火后部分 α 相保留下来，细小的 β 相转变为介稳定 β 相或 α′ 相或两种均有（取决于 β 稳定化元素的含量），经时效后获得好的综合机械性能。假若加热到 β 单相区，β 晶粒极易长大，则热处理后的韧性很低。一般淬火温度为 760～950℃，保温 50～60min，水中冷却。

钛合金的时效温度一般在 450～550℃ 之间，时间为几小时至几十小时。

钛合金热处理加热时应防止污染和氧化，并严防过热。β 晶粒长大后，无法用热处理方法挽救。

# 第四节　滑动轴承合金

轴承可定义为一种在其中有另外一种元件（例如轴颈或杆）旋转或滑动的机械零件。轴承主要的作用是支撑轴，并使轴长期正常运行。依据轴承工作时摩擦的形式，它们又分为滚动轴承与滑动轴承。滑动轴承是指支承轴颈和其他转动或摆动零件的支承件。滑动轴承中自身具有自润滑性的轴承称为含油轴承或自润滑轴承。在生产装置中除了大量采用滚动轴承外，在许多场合仍采用滑动轴承。因为滑动轴承与滚动轴承相比，具有承压面积大、工作平稳无噪声以及检修方便等优点。

滑动轴承一般由轴承体和轴瓦组成，与轴直接接触的是轴瓦。为了提高轴瓦的强度和耐磨性，往往在钢质轴瓦的内侧浇铸或轧制一层薄而均匀的、耐磨的合金，如图 7-9 所示。这种用于制造滑动轴承内衬的耐磨合金称为轴承合金，按其主要化学成分可分为铅基、锡基、铝基和铜基等几种。当机器不运转时，轴停放在轴承上，对轴承施以压力。当轴高速旋转运动时，轴对轴承施以周期性交变载荷，有时还伴有冲击。滑动轴承的基本作用就是将轴准确定位，并在载荷作用下支撑轴颈而不破坏。当滑动轴承工作时，轴和轴承不可避免地会产生摩擦。为此，常注入润滑油，使轴颈和轴承之间有一层润滑油膜相隔，以便进行理想的液体摩擦。

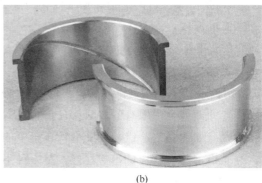

(a)　　　　　　　　　　　　　　　　　(b)

图 7-9　轴瓦及轴承合金

实际上，在低速和重载荷的情况下，润滑并不良好，这时处于边界润滑状态。边界润滑意味着金属和金属直接接触的可能性存在，它会使磨损增加。当机器在启动、停车、空转和载荷变动时，也常出现边界润滑或半干摩擦甚至干摩擦状态。只有轴的转动速度逐渐增大，当润滑油膜建立起来之后，摩擦系数才逐渐下降，最后达到最小值。如果轴的转动速度进一步增大，摩擦系数又重新增大。因此，滑动轴承工作时，在轴与轴瓦之间必然造成摩擦，并承受轴颈传递的周期性交变载荷。滑动轴承工作所承受的载荷有静载荷和动载荷，有的轴承还要承受一定的冲击载荷。

## 一、轴承合金的性能要求及组织特征

轴是机器上的重要零件，制作工艺复杂，价格贵，装拆比较困难。在轴与轴承相对摩擦运转时，应当使轴的磨损程度减至最小，以保证机器的正常运行。因此，轴承合金的性能应满足下列要求：

① 足够的抗压强度，以承受轴颈较大的压力；

② 高的耐磨性，低的摩擦系数，以减少轴颈的磨损；

③ 足够的塑性和韧性，较高的疲劳强度，以承受轴颈的交变载荷，并抵抗冲击和振动；

④ 良好的导热性及耐蚀性，以利于热量的散失和抵抗润滑油的腐蚀；

⑤ 较小的膨胀系数，防止因摩擦升温而发生咬合；

⑥ 良好的磨合性，使其与轴颈能很快地紧密配合；

⑦ 制造容易，价格适当。

为了满足上述要求，轴承合金的理想组织应是软相和硬相相互结合，即在软基体上分布硬质点（一般为化合物）或在硬基体上分布软质点，如图 7-10 所示。

常用的轴承合金有锡基轴承合金、铅基轴承合金、铝基轴承合金与铜基轴承合金等。前两者均以锑作为主加元素，呈白色，故又称为白合金，按发明人的名字还可称为巴氏合金（Babbitt alloy）。

下面介绍几种常用轴承合金的特点。

### 1. 锡基轴承合金

锡基轴承合金是以锡为基，加入锑（Sb）、铜（Cu）等元素而形成的合金，是一种软基体硬质点类型的轴承合金。

锡基轴承合金的牌号表示方法是以"Z"（即"铸"的汉语拼音字首）作为开头，其后面由基体金属元素及主要合金元素的化学符号组成。另外，主要合金元素后面跟有表示其百分含量的数字。如 ZSnSb12Pb10Cu4 表示锡基轴承合金，基本元素为 Sn，Sb 的平均含量为 12%，Pb 的平均含量为 10%，Cu 的平均含量为 4%。

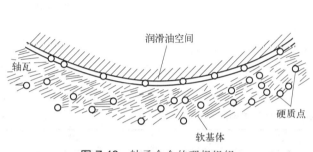

图 7-10  轴承合金的理想组织

图 7-11  ZSnSb11Cu6 的显微组织

最常用的锡基轴承合金是 ZSnSb11Cu6，其显微组织如图 7-11 所示。图中暗色基体为 α 相固溶体，作为软基体；白色针状及粒状的是 $Cu_6Sn_5$ 化合物，白色方块为 SnSb 化合物，作为硬质点。这种轴承合金具有适中的硬度、低的摩擦系数和膨胀系数、较好的塑性和韧性、优良的导热性和耐蚀性等优点，常用于重要的轴承。由于锡是稀缺的贵重金属，条件允许的情况下，常采用铅基轴承合金代替锡基轴承合金。常用锡基轴承合金的牌号、特点及应用见表 7-11。

表 7-11  锡基轴承合金的牌号、特点及应用

| 合金牌号 | 主要特点 | 应用 |
| --- | --- | --- |
| ZSn12Pb10Cu4 | 含锡量最低的锡基轴承合金，因含铅，其浇铸性、热强性较差，特点是性软而韧、耐压、硬度较高 | 适用于常温、中温环境中中速、中载的发动机主轴承 |
| ZSnSb11Cu6 | 含锡较低，铜、锑含量较高，这种合金具有较高的抗压强度，一定的冲击韧性及硬度，可塑性好，其导热性、耐蚀性、流动性优良，膨胀系数较巴氏合金小，缺点是工作温度不能高于110℃，且疲劳强度较低 | 适于制造重载、高速且工作温度低于110℃的重要轴承，如高速机床主轴的轴承和轴瓦及压缩机电动机的主轴承 |
| ZSnSb8Cu4 | 韧性较好，强度、硬度略低 | 适于制造工作温度在110℃以下的大型机器轴承及轴衬、高速高载的汽车薄壁双金属轴承 |
| ZSnSb4Cu4 | 其韧性很好，是巴氏合金中最高的，强度、硬度相比 ZSnSb11Cu6 略低，其他性能与之相近 | 用于制造重载高速的、要求韧性大而薄壁的轴承，如涡轮机、蒸汽机、航空及发动机的高速轴承及轴衬 |

### 2. 铅基轴承合金

铅基轴承合金以 Pb、Sb 为基，它也是一种软基体硬质点类型的轴承合金。ZPbSb16Sn16Cu2 是典型的铅基轴承合金，这种合金的软基体是锑溶入铅形成的固溶体（即 α 相固溶体）和以化合物 SnSb 为基的含铅固溶体（即 β 相固溶体）所组成的共晶体（即 α+β 共晶体），硬质点是白色方块状的 SbSn 及白色针状的 $Cu_3Sn$ 化合物。与锡基轴承合金 ZSnSb11Cu6 相比，其硬度与冲击韧性较低，摩擦系数较大，但价格较便宜，在可能的情况下，应尽量用其代替锡基轴承合金。铅基轴承合金主要用于无显著冲击载荷及中、低载荷的机器轴承，如电动机、破碎机、压缩机及真空泵等，轴承温度不能超过 120℃。

锡基、铅基轴承合金由于熔点低，也称低熔点轴承合金。它们的硬度较低，生产中常将其浇铸在钢或铸铁轴瓦上，形成几毫米厚而均匀的一层内衬，这样既可使轴瓦承受较高的压力，又节省了轴承合金。

铅基轴承合金的牌号表示方法与锡基轴承合金相同。如 ZPbSb16Sn16Cu2，其中 Sb 和 Sn 的含量为 16％，Cu 的含量为 2％，其余为铅。常见铅基轴承合金的牌号、特点及应用见表 7-12。

表 7-12　常见铅基轴承合金的牌号、特点及应用

| 合金牌号 | 主 要 特 点 | 应　　用 |
|---|---|---|
| ZPbSb16Sn16Cu2 | 这种合金与铸造锡基合金 ZSnSb11Cu 相比，摩擦系数大，抗压强度高，硬度相同，耐磨性及使用寿命相近，且价格低，但其缺点是冲击韧性低，因此不宜在冲击情况下工作，在静载荷下工作较好 | 适用于无显著冲击载荷、重载高速的轴承，如汽车的曲柄轴承和压缩机的轴承 |
| ZPbSb15Sn5Cu3Cd2 | 性能与 ZPbSb16Sn16Cu2 相近，是其良好的代用材料 | 替代 ZPbSb16Sn16Cu2 制造汽车发动机轴承，抽水机、球磨机和金属切削机床齿轮箱的轴承 |
| ZPbSb15Sn10 | 这种合金与 PbSb16Sn16Cu2 相比，冲击韧性高，摩擦系数大，但有良好的磨合性和可塑性，且经退火处理后，其减摩性、塑性、韧性及强度均显著提高 | 可用于制造中等压力、中等转速和冲击载荷的轴承，也可制造高温轴承，如汽车发动机连杆轴承 |
| PbSb15Sn5 | 与 ZSnSb11Cu6 相比，耐压强度相同，塑性及导热性较差，不宜在高温高压及冲击载荷下工作，但在工作温度不超过 80～100℃ 和低冲击载荷的条件下，其性能较好 | 可用来制造低速、低压、低冲击条件下工作的轴承，如空压机、发动机轴承及中功率电动机、水泵等的轴承 |

## 二、铜基轴承合金

铜基轴承合金有铅青铜、锡青铜和锑青铜等，其常用的牌号有 ZCuPb30、ZCuSn10P1。铜和铅在固态时互不溶解，显微组织为 Cu+Pb，Cu 为硬基体，粒状 Pb 为软质点。它是锡基巴氏合金的代用品。与巴氏合金相比，铜基轴承合金具有高的疲劳强度和承载能力，优良的耐磨性、导热性和低的摩擦系数，因此可作为承受高载荷、高速度及高温下工作的轴承。常见铜基轴承合金的牌号、化学成分及用途见表 7-13。

表 7-13 常见铜基轴承合金的牌号、化学成分及用途

| 组别 | 牌号 | 化学成分/% | | | | 用 途 |
|---|---|---|---|---|---|---|
| | | Pb | Sn | 其他 | Cu | |
| 铅青铜 | ZCuPb30 | 27.0~33.0 | ≤1.0 | — | 余量 | 高速高压下工作的航空发动机、高压柴油机轴承 |
| | ZCuPb20Sn5 | 18.0~23.0 | 4.0~6.0 | — | 余量 | 高压力轴承,轧钢机轴承,机床、抽水机轴承 |
| | ZCuPbl5Sn8 | 13.0~17.0 | 7.0~9.0 | — | 余量 | 冷轧机轴承,内燃机双金属轴瓦 |
| 锡青铜 | ZCuSn10P1 | | 9.0~11.5 | P:0.5~1.0 | 余量 | 高速高载荷柴油机轴承 |
| | ZCuSn5Pb5Zn5 | 4.0~6.0 | 4.0~6.0 | Zn:4.0~6.0 | 余量 | 中速高载轴承 |

### 三、铝基轴承合金

铝基轴承合金是以铝为基体加入锑、锡等合金元素所组成的合金。目前采用的铝基轴承合金有铝锑镁轴承合金和高锡铝基轴承合金。这类合金并不直接浇铸成型,而是采用铝基轴承合金带与低碳钢带(08 钢)一起轧成双金属带料,然后制成轴承。

铝锑镁轴承合金以铝为基,含锑 3.5%~4.5%和镁 0.3%~0.7%。在其组织中,软基体为共晶组织(Al+SbAl),硬质点为金属化合物 SbAl。由于镁的加入可使针状的 SbAl 改变为片状,从而改善了合金的塑性和韧性,提高了屈服强度。目前,这种合金已大量应用在低速柴油机等的轴承上。

高锡铝基轴承合金以铝为基,含锡 20%和铜 1%。它的组织实际上是较硬的 Al 基体上弥散分布着较软的球状锡质点。另外铜溶入铝中可进一步强化基体,使轴承合金具有高的抗疲劳强度,良好的耐热性、耐磨性和抗蚀性,承载能力较强,具有巴氏合金的抗咬合能力。使用时其制成由钢-铝-铝锡合金三层组成的钢薄壁轴瓦。因此它不仅能完全适应高速发动机的正常运转,而且还具有生产工艺简单的特点。这种合金已在汽车、拖拉机、内燃机车上推广使用。

# 第五节 其他有色金属及含油轴承

### 一、镍及镍合金

镍的相对密度为 $8.9g/m^3$,熔点高达 1453℃,在空气中有很好的热稳定性,在 600℃以上时才氧化。镍是用途广泛又较贵重的金属。它具有面心立方晶格结构,组织稳定,无同素异构转变。镍能与很多金属形成固溶体,不仅具有较高的强度和塑性,优良的耐蚀性,还有良好的延展性和可锻性,可制成薄板和管材。

纯镍中常存在的杂质有铁、钴、铜、硅、碳、硫和氧。其中铁、钴、铜、硅的量如控

制在规定的值以下，可在镍中形成固溶体，对镍的性能无危害作用。镍中的有害杂质是铅、碳、硫、磷和氧。

纯镍在化工装备中主要用于制碱工业的高温设备及与烧碱溶液接触的设备，如碱液蒸发器。电解镍主要用于制作电镀槽中的阳极。

在化工装备中应用的镍合金主要有镍基耐蚀合金、抗氧化镍基合金、热强性镍基高温合金。镍基耐蚀合金是以镍为基（Ni≥50%），加入铜、铬、钼、钨等元素而成的，主要有 Ni-Cu、Ni-Cr、Ni-Mo、Ni-Cr-Mo、Ni-Cr-Mo-Cu 型。抗氧化镍基合金中主要含有抗腐蚀的合金元素铬，有时也含有少量的强化元素，如钨、钼、钛、铝等。

在过程装备中，镍基耐蚀合金主要用于条件苛刻的腐蚀环境。常见镍基耐蚀合金的应用见表 7-14。

表 7-14 部分常见镍基耐蚀合金的牌号及应用

| 合金类型 | 化学成分(国内牌号) | 应 用 |
|---|---|---|
| Ni-Cu 合金 | Ni68Cu28Fe<br>(NiCu-28-1.5-1.8)<br>(蒙乃尔合金) | 应用量较大,主要用于化学、石油化学工业及海洋开发,如制造各种换热设备、锅炉给水换热器,石油和化工用管线、容器、塔、槽、反应釜、弹性部件及泵、阀、轴等 |
| Ni-Cr 合金 | Cr15Ni75Fe<br>(0Cr15Ni75Fe) | 广泛用于化学工业,如制造换热器、蒸馏塔、脂肪酸处理用冷凝器等设备;也用于热处理工业,制造各种结构件,是用于轻水堆核电厂的重要结构材料 |
| | Cr23Ni63Fe14Al<br>(0Cr23Ni63Fe14Al) | 主要用于化学工业、航空航天及动力工业,如加热设备;退火、渗碳、氮化等热处理设备,如各种工业炉辐射管、火焰屏蔽、燃气喷嘴、电阻加热元件;化学冷凝管、硝酸生产的设备部件 |
| | Cr30Ni60Fe10<br>(0Cr30Ni60Fe10) | 用于制造耐硝酸、硝酸+氢氟酸腐蚀的设备,如容器、管道等 |
| Ni-Mo 合金 | Mo28Ni65Fe5<br>(0Mo28Ni65Fe5) | 主要用于制作耐盐酸腐蚀设备,也用于制造耐湿氯化氢气体、磷酸、硫酸腐蚀的容器及其衬里、管道、塔、槽、泵、阀等 |

## 二、锌及锌合金

纯锌为浅灰色，有良好的力学性能和耐蚀性能，但其强度较低，蠕变极限低，不宜自然时效处理。纯锌主要用作电镀极板、印刷用锌板及制造各种合金。在纯锌中加入铜、铝等元素可形成锌合金。锌合金分为两大类：一是铸造锌合金，又分为重力铸造 Zn-Al 合金、压铸 Zn-Al 合金、压铸 Zn-Cu-Ti 抗蠕变合金；二是加工锌合金，主要有 Zn-Al 超塑合金、Zn-Cu-Ti 抗蠕变合金等。

锌合金具有熔点低、流动性好及耐磨性良好等特点，其力学性能与黄铜相近，价格低，常作为黄铜、铅青铜及低锡巴氏合金的代用材料，在拖拉机、汽车、机械制造、印刷制版及电池阴极等工业中应用广泛。锌合金的缺点是抗蠕变性能和耐蚀性能差。Cu 和杂质的交互作用能提高锌-铝合金的耐蚀性能，如 Zn-27Al-2Cu-0.04Mg 合金的耐蚀性能较好。Zn-Ti 系合金是一种新型的弥散强化型合金，显著提高了锌合金的蠕变强度和尺寸稳定性。Zn-Cu-Ti 合金具有良好的室温性能和高温性能，在 150～300℃ 的条件下基本不软化，蠕变强度高。此种合金可制成各种产品，也可代替黄铜做冲压件，广泛地应用于汽车、电机、仪表和日用五金等工业部门。

### 三、含油轴承

利用材质的多孔特性或润滑油的亲和特性，在轴瓦安装使用前，使润滑油浸润轴瓦材料，这样轴承工作期间可以不加或较长时间不加润滑油。这种轴承称为含油轴承。

含油轴承在非运转状态时，润滑油充满其空隙；当轴旋转时，因轴与含油轴承之间的摩擦发热，轴瓦热膨胀使空隙减小，于是，润滑油溢出，进入轴承间隙；当轴停止转动后，轴瓦冷却，空隙恢复，润滑油又被吸回空隙。因此，含油轴承润滑油的消耗量非常少，可在不从外部供给润滑油的情况下长期运转使用，非常适合供油困难与需要避免润滑油污染的场合。

含油轴承虽然有可能形成完整油膜，但绝大多数场合，这种轴承处于不完整油膜的混合摩擦状态。我国生产的含油轴承主要有铁-石墨含油轴承和青铜-石墨含油轴承。粉末冶金是制取金属粉末，并用金属粉末（或金属与非金属粉末的混合物）作为原料，经混料、压制（成形）、烧结并根据需要再进行辅助加工和后续处理（如浸渍、焰浸、蒸汽处理、热处理、化学热处理和电镀等）制成材料和制品的一种加工工艺方法。采用粉末冶金技术可以制造铁基或铜基合金的含油轴承。

### 四、硬质合金

硬质合金是由作为主要组元的一种或几种难熔金属碳化物和金属黏结剂组成的烧结料。难熔金属碳化物主要以碳化钨（WC）、碳化钛（TiC）、碳化钽（TaC）、碳化铌（NbC）等的粉末为主要成分，金属黏结剂主要以钴（Co）粉末为主，两者混合均匀后，放入压模中压制成形，最后经高温（1400～1500℃左右）烧结便可形成硬质合金材料。

硬质合金的硬度高（最高可达92HRA），高于高速工具钢（63～70HRC）；热硬性高，在800～1000℃时，其硬度可保持60HRC以上，远高于高速工具钢（500～650℃）；耐磨性好，比高速工具钢要高15～20倍。由于这些特点，硬质合金刀具的切削速度要比高速工具钢快4～10倍，刀具寿命可提高5～8倍。这是因为组成硬质合金的主要成分WC、TiC、TaC和NbC都具有很高的硬度、耐磨性和热稳定性。

硬质合金的抗压强度高，高于高速工具钢，可达6000MPa，但抗弯强度低，只有高速工具钢的1/3～1/2左右；冲击吸收能量较低，仅为1.6～4.8J，约为淬火钢的30%～50%；线膨胀系数小，导热性差。此外，硬质合金还具有耐蚀、抗氧化和热膨胀系数比钢小等特点。

使用硬质合金可以大幅度地提高工具和零件的使用寿命，降低使用消耗，提高生产率和产品质量。但由于硬质合金中含有大量的W、Co、Ti、Ni、Mo、Ta、Nb等贵重金属，价格较贵，应节约使用。

硬质合金主要用于制造切削刀具、冷作模具、量具及耐磨零件等。由于硬质合金的导热性很差，在室温下几乎没有塑性，因此，在磨削和焊接时，急热和急冷都会形成很大的热应力，甚至产生表面裂纹。硬质合金一般不能用切削方法进行加工，可采用特种加工（如电火花加工、线切割等）或专门的砂轮磨削。通常硬质合金刀片是采用钎焊、黏结或机械装夹方法固定在刀杆或模具体上使用的。另外，在采矿、采煤、石油和地质钻探等行业中也使用硬质合金制造凿岩用的钎头和钻头等。

# 习 题

1. 试述铜的性能特点，并举例说明其牌号及用途。

2. 何谓黄铜？何谓青铜？

3. 什么是特殊黄铜？加入其他合金元素对其性能有何影响？

4. 简述工业纯铝的性能特点。

5. 钛及钛合金的主要性能特点是什么？

6. 镍及镍合金的主要性能特点是什么？

7. 锌及锌合金的主要性能特点是什么？

8. 轴承合金的性能要求及组织特征有哪些？

9. 常用的轴承合金有哪几种？

# 第八章

# 其他工程材料

　　长期以来，金属材料（尤其是钢铁材料）在机械工程中占据着主要地位。近几十年来，随着工业生产和科学技术的进步，其他工程材料在产品数量和品种方面都取得了快速增长，并越来越多地应用在各类工程结构中，已经成为机械工程制造中不可缺少的重要组成部分。其他工程材料指高分子材料、陶瓷材料和复合材料。其他工程材料具有的一些优异性能是金属材料所不及的，在各个领域得到了广泛的应用。塑料具有质轻、绝缘、耐磨、隔热、美观、耐腐蚀、易成形等特点，在生活用品中随处可见，如图 8-1（a）所示；橡胶具有高弹性、吸振、耐磨、绝缘等特点，在汽车减震技术中广泛应用，如图 8-1（b）所示。各类工程材料正逐渐改变着人们的生活、生产方式。

(a) 生活用塑料制品

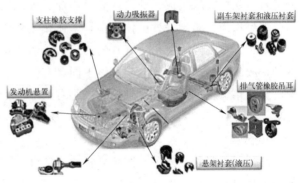

(b) 汽车减震用橡胶

图 8-1　其他工程材料的应用

# 第一节　高分子材料

## 一、概述

### 1. 基本概念

高分子化合物是指相对分子质量足够高（相对分子质量一般在 5000 以上）的化合物。

高分子材料即是由相对分子质量较高的化合物构成的材料，包括塑料、橡胶、纤维、胶黏剂等。高分子材料分为有机高分子材料和无机高分子材料两类。其中有机高分子材料是由相对分子质量大于 $10^4$，并以碳、氢元素为主的有机高分子化合物（又称为高聚物）组成的。一般来说，有机高分子化合物具有较好的强度、弹性和塑性。本节主要介绍有机高分子材料。表 8-1 列举了一些物质的相对分子质量。

表 8-1　一些物质的相对分子质量

| 分类 | 低分子物质 | | | | | 高分子物质 | | | |
| --- | --- | --- | --- | --- | --- | --- | --- | --- | --- |
| 名称 | 水 | 氧气 | 铁 | 乙烯 | 葡萄糖 | 天然高分子材料 | | 人工合成高分子材料 | |
| | $H_2O$ | $O_2$ | Fe | $CH_2=CH_2$ | $C_6H_{12}O_6$ | 天然橡胶 | 淀粉 | 聚乙烯 | 聚氯乙烯 |
| 相对分子质量 | 18 | 32 | 56 | 28 | 180 | 2万～50万 | >20万 | 1万～10万 | 2万～16万 |

### 2. 有机高分子化合物的合成

有机高分子化合物的分子量虽很大，但其化学组成并不复杂，通常由一种或几种简单的低分子化合物聚合而成，这个过程称为聚合反应。例如，高分子化合物聚乙烯是由低分子化合物乙烯（单体）聚合而成的。单体聚合为有机高分子化合物（或高聚物）的基本方法有两种，一种是加聚反应，另一种是缩聚反应。

加聚反应是指由一种或多种单体相互加成，或由环状化合物开环相互结合成聚合物的反应。加聚反应过程中没有副产物生成，因此，生成的聚合物与其单体具有相同的化学成分，分子量是单体分子量的整数倍。加聚反应是高分子材料合成的基础，约有 80% 的高分子材料是由加聚反应得到的，如聚乙烯、聚乙炔、聚丙烯腈、聚丙烯酸等。

缩聚反应是指由一种单体或多种单体相互缩合生成聚合物，同时析出其他低分子化合物（如水、氨、醇、卤化物等）的反应。单体的官能团之间发生反应脱去小分子而形成聚合物，故生成物的化学成分与单体不同，有低分子副产物，缩聚物的分子量不是单体分子量的整数倍。由缩聚反应得到的高聚物有酚醛树脂（电木）、脲醛树脂（电玉）、聚对苯二甲酸乙二酯（涤纶）、聚乙烯醇缩甲醛（维尼纶）等。

### 3. 分类

高分子材料种类繁多，按照材料的来源分为天然高分子材料（如天然橡胶）、半合成高分子材料（改性天然高分子材料）和合成高分子材料（如塑料）。工程上通常根据机械性能和使用状态将其分为工程塑料、合成纤维、合成橡胶、胶黏剂四大类。

## 二、工程塑料

塑料是以天然或合成树脂为主要成分，加入适量的添加剂，在一定的温度和压力下塑制成形的有机高分子材料。塑料之所以在工程上得到广泛应用，除了原料来源充沛、价格低廉以外，更主要的原因是它具有金属和其他材料所不能比拟的物理、化学及力学性能。如质轻（密度是钢铁的 1/7～1/4、铝的 1/2）、比强度高、耐化学腐蚀性好、耐磨、消声吸振性良好、电绝缘性能优异等。塑料在过程装备中可以作为结构材料、耐蚀衬里材料、绝缘材料等，可以制作多种型材，如管、板、棒、膜，还可以制作各类制品，如泵、阀、塔、槽、机械零部件，如图 8-2 所示。

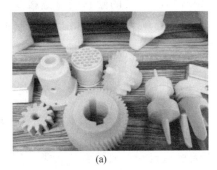

(a)                          (b)

**图 8-2** 塑料制品应用举例

塑料的不足之处是强度、硬度较低，耐热性较差（多数塑料只能在 100℃ 以下长期工作），热膨胀系数大（约为金属的 10 倍），导热性很差（约为金属的 1/600～1/500），且易产牛蠕变、老化，易燃烧等。

### 1. 塑料的分类

塑料有多种分类方法，通常根据从事研究和工程的不同需要而采用不同的分类方法。

① 按塑料的成型工艺性能（受热时的特征）可分为热塑性塑料和热固性塑料两大类。

热塑性塑料是以热塑性树脂为主体成分（如聚乙烯、聚丙烯、聚氯乙烯、聚苯乙烯、ABS 等）。其特点是受热软化，可以流动成型，冷却定型后又变硬，成为具有一定强度的制品。它的变化只是一种物理变化，化学结构基本不变。热塑性塑料加工成型简便，具有较高的力学性能，废品可回收再利用，对塑料制品再生利用有重要意义。但热塑性塑料的耐热性和刚性较差。

热固性塑料是以热固性树脂为主体成分（包括酚醛塑料、氨基塑料、环氧塑料、有机硅塑料等）。其特点是初加热时软化，可塑制成形，冷凝固化后成为坚硬的制品；若再加热，则不软化，强热下发生分解破坏，也不溶于溶剂中，不能再成形。这类塑料具有抗蠕变性强、抗压性好、耐热性较高等优点，但成形工艺复杂、生产率低，脆性大、韧性差，废品不可回收利用。

② 按应用领域可分为通用塑料、工程塑料和特种塑料三类。

通用塑料是指产量大、成本低、用途广泛的塑料，主要包括六大品种：聚乙烯、聚氯乙烯、聚苯乙烯、聚丙烯、酚醛塑料和氨基塑料。它们的产量占塑料总产量的 75％ 以上，构成了塑料工业的主体，用于社会生活的各个方面。

工程塑料是指力学性能优异、耐热、耐磨、尺寸稳定性良好、能经受较宽的温度变化和较苛刻的环境条件的塑料。常见的工程塑料有聚酰胺、聚碳酸酯、聚甲醛、ABS 等，在工业上以塑代钢、以塑代木已成为发展趋势。

特种塑料又称特种工程塑料，是指综合性能更高，能在较高温度下工作的各种塑料（如聚苯硫醚、聚砜、聚酰亚胺、聚芳酯等）。此类塑料的工作温度可达 100～200℃，主要用于高科技领域。

### 2. 塑料的组成

塑料是以有机合成树脂为主体，加入各种添加剂制成的。合成树脂在塑料中的含量约

占 $40\%\sim100\%$，决定了塑料的性能。完全由单组分树脂制成的塑料制品是极少的（聚四氟乙烯是典型的加工时不加任何添加剂的单组分塑料），绝大多数塑料制品在制造过程中都需添加各种各样的添加剂。

添加剂种类很多，主要的添加剂及其作用简介如下：

（1）填料

填料是塑料工业中添加量最大的一种助剂，一般占总量的 $40\%\sim70\%$（质量分数）。填料的主要功能是提高树脂的利用率，降低成本；同时改善塑料基体的某些性能，使塑料达到所要求的性能。填料种类繁多，主要可分为无机填料和有机填料两大类。用木粉、棉麻、人造丝、碳纤维等有机材料作填料，可提高塑料的机械强度；用金属粉、氧化铝、滑石粉、石英砂、石灰石、石墨、煤粉等无机物作填料，可使塑料具有较高的耐热性、耐蚀性、耐磨性、导热性等。

（2）增塑剂

增塑剂是塑料工业中一种重要的助剂，一般增塑剂的加入量为 $5\%\sim20\%$。增塑剂可以提高树脂的可塑性与柔软性，降低其刚性和脆性。增塑剂一般为沸点较高的液体，少数为低熔点固体，工业上使用增塑剂的高分子材料最主要是聚氯乙烯。根据化学结构，增塑剂可分为苯二甲酸酯类、磷酸酯类、多元醇类、含氯类等。

（3）稳定剂（防老化剂）

稳定剂是用来防止塑料在加工和使用过程中，在热、力、氧、光等作用下过早老化，延长塑料制品的使用寿命加入的一些物质。一般只需要加入少量（千分之几）的稳定剂即可以延长其使用寿命。稳定剂种类很多，主要包括热稳定剂（如铅盐类、环氧化油）、抗氧化剂（主要有取代酚类和芳胺类）、光稳定剂（如邻羟基二甲苯酮类、炭黑）等。

（4）润滑剂

加入润滑剂是为了改善塑料熔体的加工流动性，防止塑料在成型过程中黏附在模具或其他设备上。润滑剂的用量一般为 $0.5\%\sim1.5\%$。常用的润滑剂有脂肪醇、硬脂酸及其金属盐类等。

（5）阻燃剂

许多高分子材料都具有易燃性，这就限制了它们的应用。因此，在很多领域要求在树脂基体中加入阻燃剂以提高塑料的耐燃性，制成不燃性或自熄性的塑料制品。常用的阻燃剂有磷酸酯、三氧化二锑等。

（6）固化剂

固化剂是专用于热固性树脂固化，使树脂由线型分子结构转变为体型交联结构的助剂。常用作固化剂的物质有胺类、酸酐类、酰胺类、咪唑类等。

除上述添加剂外，塑料制品中常用的添加剂还有着色剂、发泡剂、抗静电剂、稀释剂、成核剂、光降解剂、防霉剂、防雾剂等。但并非每一种塑料都要加入所有的添加剂，而是根据塑料品种及使用要求选择所需的添加剂。

### 3. 常用工程塑料的特性和应用

常用工程塑料的主要特性见表 8-2，其应用实例见图 8-3。

表 8-2 常用工程塑料的主要特性及应用

| 名称及代号 | 主 要 特 性 | 应 用 |
|---|---|---|
| 聚乙烯(PE) | 耐化学腐蚀、绝缘性好;力学性能不高。高压 PE 柔软,低压 PE 较硬 | 高压 PE:薄膜、电缆护套;低压 PE:化工管道、涂层、绝缘件 |
| 聚丙烯(PP) | 质轻,耐化学腐蚀;高频绝缘性良好,不受湿度影响;耐热性较高;不耐磨 | 一般结构件,如叶轮、汽车零件;化工容器、管道;电绝缘件,如蓄电池匣 |
| 聚氯乙烯(PVC) | 耐蚀、绝缘性好;耐燃性好、气密性好;硬质 PVC 的耐候性、耐老化性、耐冲击性和耐磨性以及强度均较好;热稳定性较差 | 耐腐蚀件,如化工管道、通风管、泵、风机;绝缘件,如插头、开关、电缆绝缘层;密封件等。软 PVC 用于薄膜、人造革 |
| 聚酰胺(尼龙)(PA) | 强度及韧性较高,且耐磨、耐疲劳、耐油、耐水、耐腐蚀;耐热性不高;吸水性和成型收缩率较大 | 轴承、齿轮、凸轮、滚子、泵叶轮、风扇叶轮、高压密封圈、阀座、输油管、储油容器等 |
| 聚甲醛(POM) | 硬度、强度、刚度、冲击韧度、耐疲劳性、抗蠕变性等均较高;摩擦系数低、耐磨;吸水性小、耐蚀;尺寸稳定性好 | 轴承、齿轮、凸轮、阀门、风扇、泵叶轮、球头碗;汽车仪表板、外壳、罩、盖、箱体;化工容器、配电盘等 |
| 聚苯乙烯(PS) | 耐蚀性、绝缘件、透明性好,吸水性小,耐酸、碱等介质,强度较高,易成型;耐热性、耐磨性差,易燃、易脆裂 | 装饰品、照明器材、绝缘件、仪表外壳、光学仪器零件、耐油的零件、玩具、日用器皿、食品盒、杯盘 |
| 丙烯腈(A)-丁二烯(B)-苯乙烯(S)共聚物(ABS) | 兼具三种组元的性能,弹性和韧性、强度高,刚性、耐蚀性、耐磨性、耐油性、绝缘性、成型加工性好;但耐高温与耐低温性较差,长期使用易起层 | 电视机、电冰箱等电气设备外壳,方向盘、手柄、仪表盘及化工容器、管道等制品 |
| 聚碳酸酯(PC) | 韧性、强度高,尺寸稳定性、抗蠕变性、透明性好,无毒,吸水性小,有"透明金属"之称;耐疲劳极限低,化学稳定性较差 | 轴承、齿轮、凸轮、涡轮,电气仪表零件,大型灯罩,防护玻璃,飞机挡风罩,高级绝缘材料等。波音 747 飞机上约有 2500 个零件用此材料制作 |
| 聚四氟乙烯(PTFE) | 耐高低温,耐蚀性、电绝缘性优异,摩擦系数极小,力学性能和加工性能较差,俗称"塑料王" | 热交换器、化工零件、绝缘材料 |

(a) PP风机叶轮　　(b) PVC离心风机　　(c) 高压尼龙气管

(d) POM轴承　　　(e) 聚四氟乙烯热交换器

图 8-3 常见工程塑料的应用

**【知识链接】塑料制品上的三角图标**

生活中，我们经常在一些塑料制品上看到如图 8-4 所示的三角形图标，那么它们都表示什么含义呢？

图 8-4　塑料制品上的图标

"1 号" PET：矿泉水瓶、碳酸饮料瓶。

PET 是聚对苯二甲酸乙二醇酯，常温下安全无毒，温度高于 70℃ 会释放有毒物质，故只适合装暖饮或冷饮。因此，生活中应注意不要将矿泉水瓶置于汽车挡风玻璃下，饮料瓶等不要再用来作为水杯或者储物容器盛装其他高温物品，以免引发健康问题。

"2 号" HDPE：清洁用品、沐浴产品、药品等的瓶子。

HDPE 是高密度聚乙烯，可在小心清洗后重复使用。但这些容器通常不好清洗，残留原有的清洁用品等会变成细菌的温床，因此最好不要循环使用。

"3 号" PVC：餐桌隔热垫、下水管道。

PVC 是聚氯乙烯，其耐热、耐光、耐候性能极差，高温时容易产生有害物质。因此，生活中我们不要去买聚氯乙烯制成的碗筷、勺子等食用类制品，其他制品也尽量不要在高温、高热或者阳光下暴晒。

"4 号" PE：保鲜膜、塑料膜等。

PE 是低密度聚乙烯，在常温下安全无毒，但其耐热性不强，高温下也会分解出来有毒物质。这些有毒物质随食物进入人体后，可能引起乳癌、新生儿先天缺陷等疾病。因此，一定不要将食物连同保鲜膜一起放入微波炉。

"5 号" PP：微波炉餐盒、密封盒。

PP 是聚丙烯，其熔点可达 167℃，是唯一一种可以安全地在微波炉中使用的塑料盒。因造价成本高，其盖子一般不使用专用 PP，放入微波炉时，需先把盖子取下。

"6 号" PS：碗装泡面盒、快餐盒。

PS 是聚苯乙烯，既耐热又抗寒，但不能放入微波炉中，以免因温度过高而释放出有害物质；并且不能盛装强酸（如橙汁）、强碱性物质，因为会分解出对人体不好的聚苯乙烯，容易致癌。因此，应尽量避免用快餐盒打包滚烫的食物。

"7 号" OTHER（其他类）：水壶、水杯、奶瓶。

主要是 PC，多用于婴儿奶瓶制造中，因为含有双酚 A 而备受争议。理论上只要在制作 PC 的过程中，双酚 A 百分百转化成塑料结构，便表示制品完全没有双酚 A，更谈不上释出。但是，若有少量双酚 A 没有转化成 PC 的塑料结构，则可能会释出并进入食物或饮品中。因此，为安全起见，在使用此类塑料容器时应格外注意。

## 三、合成橡胶

橡胶是一种具有高弹性的有机高分子材料。橡胶的性能特点是具有独特的高弹性和良好的耐磨性、隔音性及阻尼性，因此在过程装备中广泛用于密封、防腐蚀、防渗漏、减振、耐磨、绝缘以及安全防护等方面，如图 8-5 所示。但大部分橡胶不耐酸、碱、油及有机溶剂，在使用中应注意。

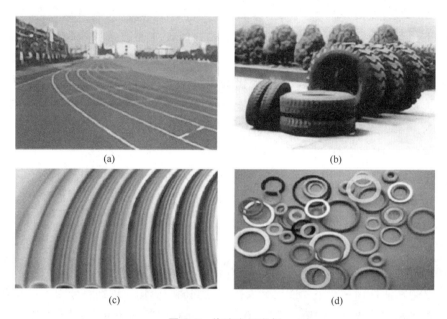

(a)　(b)　(c)　(d)

**图 8-5**　橡胶应用举例

### 1. 橡胶的分类

① 按照原料来源可分为天然橡胶和合成橡胶两大类。

天然橡胶主要来源于三叶橡胶树。这种橡胶树的表皮被割开时，就会流出乳白色的汁液，称为胶乳；胶乳经凝聚、洗涤、成型、干燥，即得到天然橡胶。天然橡胶的主要化学成分是聚异戊二烯。天然橡胶弹性大，机械强度高，抗撕裂、抗折，耐磨、耐寒、耐腐蚀性较好，电绝缘性优良，加工性能好，易与其他材料黏合；但是其耐氧及臭氧性差，容易老化，耐油、耐溶剂性不好，抵抗酸碱腐蚀的能力弱，耐热性不高。

合成橡胶是由人工合成方法制得的，具有类似天然橡胶性能的高分子化合物。采用不同的原料（单体）可以合成不同种类的橡胶。合成橡胶品种繁多，产量比天然橡胶高好几倍。

② 按用途又分为通用橡胶和特种橡胶两类。

性能与天然橡胶相同或相近，物理性能和加工性能较好，能广泛应用于轮胎和其他一般橡胶制品（运输带、胶管、垫片、密封圈、电线电缆等）的橡胶称为通用橡胶。通用橡胶有丁苯橡胶（SBR）、顺丁橡胶（BR）、丁基橡胶（IIR）、氯丁橡胶（CR）等。

具有特殊性能，如耐热、耐寒、耐化学腐蚀、耐油、耐溶剂、耐辐射等，并用于制造特定条件下使用的橡胶制品的橡胶称为特种橡胶。随着特种橡胶综合性能的改善、制造成本的降低以及应用范围的扩大，有些特种橡胶品种也开始作为通用橡胶使用，如氯丁橡胶、丁基橡胶等。特种橡胶有聚氨酯橡胶（UR）、乙丙橡胶（含二元乙丙橡胶 EPM 和三元乙丙橡胶 EPDM）、丁腈橡胶（NBR）、氟橡胶（FPM）、硅橡胶等。

### 2. 橡胶的组成

橡胶制品是以生胶为基础，与多种化合物（配合剂）经恰当配合，采用精心设计的生产工艺制成的多组分复合材料。生胶是指未加配合剂的天然或合成橡胶的总称，是橡胶制品的主要成分，决定了橡胶制品的性能。但是纯粹的橡胶原料没有太大实用价值，橡胶只有经过硫化，达到适度交联才能表现出优异的高弹性。通常的橡胶配合剂包括：使橡胶分子链发生交联反应的硫化剂和硫化促进剂；提高制品力学强度的补强和填充剂；保护橡胶制品，防止老化，延长使用寿命的防老化剂；提高橡胶加工性能的增塑剂。

（1）硫化剂和硫化促进剂

硫化是橡胶制品生产过程中最重要的环节之一，生胶大分子只有经过硫化、交联，才会获得优异的高弹性、高强度，成为有实际使用价值的材料。由于硫磺资源丰富、价廉易得，硫化橡胶性能优异，目前生产中多采用硫磺作为硫化剂。

硫化促进剂的主要作用是加快硫化速度，缩短硫化时间并降低硫化温度，简称促进剂。使用促进剂可减少硫化剂用量，并可提高硫化橡胶的物理、力学性能。但是大部分的促进剂都必须在活性剂存在下才能充分发挥促进效能。硫化促进剂可分为无机和有机两大类。无机促进剂有氧化镁、氧化铅等；有机促进剂有硫醇基苯并噻唑（商品名为促进剂M）、二硫代二苯并噻唑（商品名为促进剂 DM）。最常用的硫化活性剂（助促进剂）由氧化锌和硬脂酸组成。

（2）补强与填充剂

补强是橡胶工业的专有名词，指提高橡胶的拉伸强度、撕裂强度及耐磨耗性能。补强剂与填充剂并无明显界限。补强在橡胶制品加工中十分重要，许多生胶，特别是非自补强性合成橡胶，如果不通过填充炭黑、白炭黑等予以补强，便没有实用价值。橡胶制品中常用的填充剂有碳酸钙、陶土、滑石粉、硅铝炭黑等。

（3）防老化剂

橡胶在长期储存和加工、使用过程中，受各种因素的影响易老化，因此需要加入防老化剂延长橡胶制品的使用寿命。主要靠加入石蜡、蜜蜡或其他比橡胶更易氧化的物质，在橡胶表面形成稳定的氧化膜，抵抗氧的侵蚀。

（4）增塑剂

橡胶增塑剂通常是一类相对分子质量较低的化合物。增塑剂可使生胶和各种粉末状配合剂均匀混合，从而改善混炼工艺，提高橡胶的可塑性、流动性、黏着性。另外，还能改善硫化橡胶的某些物理、力学性能，如降低硫化橡胶的硬度和定伸应力，赋予其较高的弹性和较低的生热，提高耐寒性，降低成本等。常用的增塑剂主要有硬脂酸、精制蜡和凡士林等。

### 3. 橡胶的应用

工业上常用合成橡胶的特点及应用见表 8-3。

表 8-3 常用合成橡胶的特点及应用

| 类别 | 名称及代号 | 优 点 | 缺 点 | 应 用 |
|------|-----------|------|------|------|
| 通用橡胶 | 丁苯橡胶(SBR) | 耐磨性突出,耐老化和耐热性超过天然橡胶,其他性能与天然橡胶接近 | 弹性和加工性能较天然橡胶差,特别是自黏性差 | 轮胎、胶板、胶管、胶鞋及其他通用制品 |
| | 顺丁橡胶(BR) | 弹性和耐磨性突出,耐寒性较好,易与金属黏合 | 加工性差,自黏性和抗撕裂性差 | 轮胎、耐寒胶带、橡胶弹簧、减振器、电绝缘制品 |
| | 丁基橡胶(IIR) | 耐老化性及气密性、耐热性优于一般通用橡胶,吸振和阻尼特性良好,耐酸碱、耐一般无机介质及动植物油脂,电绝缘性亦佳 | 加工性能差,不耐石油产品 | 内胎、水胎、气球、电线电缆绝缘层、化工设备衬里及防震制品、胶管、耐热运输带、耐热耐老化胶布制品 |
| | 氯丁橡胶(CR) | 抗氧、臭氧及耐候性优良,不易燃,着火后能自熄,耐油、耐溶剂及耐酸碱性,气密性等亦较好 | 耐寒性较差,相对成本高,电绝缘性不好,难加工 | 耐油、耐化学腐蚀的胶管胶带和化工设备衬里,耐燃的地下采矿用制品以及汽车门窗嵌条、密封圈等 |
| 特种橡胶 | 聚氨酯橡胶(UR) | 坚韧,耐磨性优于其他橡胶,强度高,耐油性优良,其他如耐臭氧、氧及日光老化、气密性等均很好 | 耐热、耐水、耐腐蚀性能差,高温性能差,动态生热大 | 轮胎及耐油、耐苯零件,垫圈、减振制品及其他要求耐磨、高强度的零件 |
| | 乙丙橡胶(含二元乙丙橡胶 EPM 和三元乙丙橡胶 EPDM) | 耐化学稳定性很好(仅不耐浓硝酸),耐臭氧及耐候性优异,电绝缘性突出,耐热可达150℃ | 硫化缓慢,黏着性差,不耐芳烃和石油产品 | 化工设备的一般防腐衬里、电线电缆绝缘层、蒸汽胶管、耐热运输带等 |
| | 丁腈橡胶(NBR) | 耐油性突出,耐溶剂、耐热、耐老化、耐磨性均超过一般通用橡胶,气密性、耐水性良好 | 耐寒性、耐臭氧性、加工性均较差 | 输油管、耐油密封垫圈、耐热及减震零件、汽车配件 |
| | 氟橡胶(FPM) | 耐高温达200℃以上,耐介质腐蚀性高于其他橡胶(不怕酸碱,耐油性是橡胶中最好的),抗辐射及高真空性优良,机械强度、电绝缘性、耐老化性能也都很好,是性能全佳的特种合成橡胶 | 加工性差,价格贵 | 化工设备衬里、垫圈、高级密封件、高真空橡胶件 |
| | 硅橡胶 | 耐高温、耐低温性突出,耐臭氧、耐老化、电绝缘、耐水性优良,无味无毒 | 强度低、不耐油 | 各种管接头,高温使用的垫圈、衬垫、密封件,耐高温的电线、电缆包皮 |

## 四、合成纤维

纤维是指长度和本身直径之比大于 100 的均匀条状或丝状高分子材料。纤维分为两大类:一类是天然纤维,即自然界存在的和生成的具有纺织价值的纤维,是纺织工业的重要材料来源,如图 8-6 所示。按照来源分为植物纤维(如棉、麻)、动物纤维(羊毛、蚕丝)和矿物纤维(如石棉)。另一类是化学纤维,包括人造纤维和合成纤维,如图 8-7 所示。人造纤维是以天然高分子材料为原料,经过化学处理和机械加工制成的,如"人造丝"

"人造棉"等；合成纤维是以合成高分子材料为原料制成的，如涤纶、锦纶等。

### 1. 合成纤维的分类

与天然纤维相比，合成纤维具优良的物理、化学性能和机械性能，如强度高、密度小、弹性高、耐磨性好、吸水性低、保暖性好、耐酸碱性好、不会发霉或虫蛀等。合成纤维品种繁多，大规模生产的有 40 多种。

(a)　　　　　　　　　　　　　　　　(b)

图 8-6　天然纤维（棉花、蚕丝）示例

(a)　　　　　　　　　　　　　　　　(b)

图 8-7　化学纤维示例

① 按主链结构一般可分为碳链合成纤维和杂链合成纤维两类。碳链合成纤维是由大分子主链上全由碳原子构成的聚合物制得的纤维，如聚丙烯纤维（丙纶）、聚丙烯腈纤维（腈纶）、聚乙烯醇缩甲醛纤维（维尼纶）。杂链合成纤维则是由大分子主链上除含有碳原子外还含有氧、氮、硫等杂原子的聚合物制得的纤维，如聚酰胺纤维（锦纶）、聚对苯二甲酸乙二酯纤维（涤纶）等。

② 具有特殊使用性能的合成纤维也有按应用功能进行分类的，如高温耐腐蚀纤维（如聚四氟乙烯纤维）、耐高温纤维（如聚间苯二甲酰间苯二胺纤维、聚苯并咪唑纤维等）、高强度纤维（如聚对苯二甲酰对苯二胺纤维、聚对苯甲酰胺纤维等）、高模量纤维（如碳纤维、石墨纤维等）、耐辐射纤维（如聚酰亚胺纤维等）以及抗燃纤维、高分子光导纤维、离子交换纤维、吸油纤维等。

### 2. 常用合成纤维

（1）涤纶

涤纶的学名为聚酯纤维，俗称"的确良"。涤纶在合成纤维中发展最快，产量居于首位。涤纶弹性好，强度高，耐热、耐腐蚀、耐光性很好，吸湿性很差，其织物易洗快干，保形性好，是理想的纺织材料，可纯纺或混纺制作各种服装及针织品，具有"洗可穿"的特点。在工业上，涤纶可制作电绝缘材料（图 8-8）、运输带、绳索、渔网、轮胎帘子线、人造血管等。

（2）锦纶

锦纶的学名为聚酰胺纤维，俗称"尼龙"。锦纶是世界上最早投入工业化生产的合成纤维品种，其耐磨性居纺织纤维之冠，强度高、弹性优良。在日用品方面，锦纶可以纯纺或混纺各种衣料和针织品；在工业中，锦纶可以用作轮胎帘子线、降落伞、绳索、渔网和工业滤布，如图 8-9 所示。

图 8-8　涤纶电工胶布

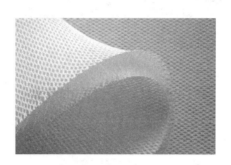

图 8-9　锦纶工业滤布

（3）腈纶

腈纶的学名为聚丙烯腈纤维。腈纶外观呈白色，手感柔软、弹性好，有"合成羊毛"之称。腈纶的耐光性与耐候性居第一位，染色性较好，色彩鲜艳，故较多地用于针织面料和毛衫。腈纶多为民用，制作各类服装衣物。在工业中，腈纶主要制成帆布、过滤材料、保温材料、包装用布、医疗材料等。

（4）丙纶

丙纶的学名为聚丙烯纤维，质地特别轻，密度仅为 $0.91g/cm^3$，是常见化学纤维中最轻的纤维。丙纶强度高，强伸性、弹性、耐磨性均较高，化学稳定性好。丙纶纤维具有"芯吸"作用，即其本身不吸湿，但水汽可通过毛细效应传递，具有良好的导湿性。丙纶的主要用途是制作地毯、装饰布、家具布。工业中，丙纶常用于制作各种绳缆、条带、渔网、吸油毡、包装材料和工业用布。丙纶纤维无纺布还可用于制作卫生制品、医用手术帽、床上用品等。

（5）维纶

维纶的学名为聚乙烯醇缩甲醛纤维，其吸湿性是合成纤维中最好的，性质最接近于棉，号称"合成棉花"，常用于制作外衣、汗衫、棉毛衫裤、运动衫以及工作服。工业中，维纶不仅可制作帆布、缆绳、渔网、包装材料、过滤材料，还可以作为塑料、水泥、陶瓷的增强材料。

## 五、胶黏剂

胶黏剂是借助黏附作用使材料相互结合在一起的物质，如图 8-10 所示。胶接是利用胶黏剂以表面黏合的方法将两个物体连接起来的工艺，胶黏剂与被粘物在胶接表面借助黏附作用形成了"面连接"。这种连接不削弱结构强度和整体刚度，具有密封、减振、绝缘、防腐和阻止裂纹扩散的作用，且连接范围广、整体质量轻、表面光滑。常用胶黏剂的特性和应用见表 8-4。

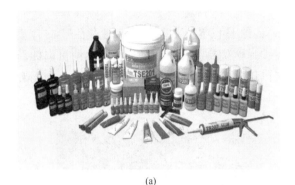
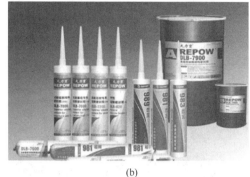

(a)            (b)

图 8-10　胶黏剂示例

**表 8-4　部分胶黏剂的特性和应用**

| 名　　称 | 特　　性 | 应　　用 |
|---|---|---|
| 环氧树脂胶黏剂 | 黏合性好，胶黏强度高，收缩率小，尺寸稳定，电性能优良，耐化学介质，配制容易，工艺简单，胶接范围广，具有密封、绝缘、防漏、紧固、防腐、装饰等多种功用 | 广泛用于航空、航天、军工、机械、造船、电器、化工、医疗等领域 |
| 呋喃树脂胶黏剂 | 耐腐蚀性好，耐热性高，耐强酸强碱，耐水，脆性较大 | 用于胶接木材、陶瓷、玻璃、金属、橡胶、石墨等材料 |
| 厌氧胶 | 渗透性好，室温固化，使用方便，收缩率小，密封性小，耐冲击振动；耐酸、碱、盐、水等介质；不挥发，无污染与毒害 | 适用于机械螺栓紧固、管路耐压密封、铸件浸渗堵漏、圆柱零件胶接等 |
| 有机硅树脂胶黏剂 | 耐高温，耐低温性，耐水性、电绝缘性、耐老化性、耐腐蚀性好；强度较低 | 用于胶接金属、陶瓷、玻璃、玻璃钢等，可用于高温场合 |
| 聚丙烯酸酯乳液 | 胶接性强，耐水性、耐候性好 | 可用于胶接塑料、金属、木材、皮革、纸张、陶瓷及织物等 |

# 第二节　陶瓷材料

陶瓷材料是无机非金属材料的统称，是用天然的或人工合成的粉状化合物，通过成形和高温烧结而制成的多晶体固体材料。陶瓷材料硬度高，耐高温，对水和其他化学介质有良好的抗腐蚀性以及具有特殊的光学和电学性能，早已得到了广泛的应用。早在原始社会，人类就已经把黏土制成陶罐，作为盛装食物和水的容器。在整个人类历史时期，以至于今天，陶瓷仍然在人民生活中占有相当的比例。

## 一、概述

传统上的"陶瓷"是陶器和瓷器的总称。一般来说，传统的陶瓷是指以天然材料为主要原料，成形后在高温窑炉中烧制的产品。由于硅酸盐是陶瓷的重要组成部分，因此陶瓷材料也称为硅酸盐材料。随着无机非金属材料的发展，陶瓷材料不仅包括陶瓷、玻璃、水泥和耐火材料在内（硅酸盐材料）的整个无机物非金属材料，还包括新型无机非金属材料，如氧化物、氮化物、碳化物等特种陶瓷材料。

### 1. 陶瓷的分类

陶瓷按性能可分为普通陶瓷和特种陶瓷两大类。

普通陶瓷是利用黏土、长石和石英等天然原料，经过粉碎、成型和烧结而成的。

特种陶瓷是以人工化合物为原料（如氧化物、氮化物、碳化物、硅化物、硼化物及氟化物等）制成的陶瓷。它具有独特的力学、物理、化学、电学、磁学、光学等性能，又称为新型陶瓷、先进陶瓷等。特种陶瓷按性能和用途可分为结构陶瓷和功能陶瓷两大类。结构陶瓷具有优良的力学、热学和化学性能，可作为工程结构材料使用；功能陶瓷则是指具有声、光、热、电、磁、生物等特性或具有相互转化功能，能够实现某种使用功能的陶瓷。按化学成分又可分为氧化物陶瓷、氮化物陶瓷、碳化物陶瓷及硼化物陶瓷等。

### 2. 陶瓷的结构

陶瓷的性能与其组织结构有密切的关系。金属晶体是以金属键相结合而构成的，高聚物是以共价键相结合而构成的，而陶瓷则是由天然或人工合成的原料经高温烧结成型的致密固体材料。陶瓷的组织结构比金属复杂得多，其内部存在着晶体相、玻璃相和气相，如图 8-11 所示。这三种相的相对数量、形状和分布对陶瓷的性能有很大影响。

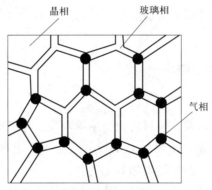

**图 8-11** 陶瓷的显微组织

（1）晶体相（晶相）

大多数陶瓷是由离子键构成的离子晶体（如 $MgO$、$CaO$、$Al_2O_3$ 等），此外构成的晶体还有共价键（如 $Si_3N_4$、$SiC$、$BN$ 等）。它们是陶瓷的主要组成相，而且这两种晶体都存在。离子键的结合能较高，正负离子以静电作用结合，结合得比较牢固，因此，陶瓷具有硬度高、熔点高、质脆、耐磨等特性。与金属晶体类似，陶瓷一般也是多晶体，也存在晶粒和晶界，细化晶粒同样能提高陶瓷的强度并影响其他性能。

（2）玻璃相

玻璃相是一种非晶态物质，它是陶瓷高温烧结时各组成物和杂质通过一系列物理化学作用产生的液相冷却后形成的。玻璃相熔点较低，热稳定性较差，其主要作用是把分散的晶相黏结在一起。此外，玻璃相的存在还可以降低烧结温度，抑制晶粒长大，填充气孔空隙。但是，玻璃相数量过多会降低陶瓷的耐热性和绝缘性。因此，玻璃相的体积分数一般控制在 $20\%\sim40\%$ 范围内。

（3）气相

陶瓷中存在的气孔称为气相。气相常以孤立的状态分布在玻璃相、晶界、晶粒内。气相会引起应力集中，降低陶瓷的强度和抗电击穿能力，因此，应尽量减少气相的数量和尺寸，并使气相均匀分布。一般气相应控制为陶瓷体积的 5%～10%。但在保温陶瓷和化工用过滤多孔陶瓷中，气相的体积分数可达 60%。

### 3. 陶瓷的性能

陶瓷的性能受许多因素的影响，范围变化很大，但还是存在一些共同的特性。

（1）力学性能

与金属相比，陶瓷硬度高、耐磨性好，具有良好的切削性能；弹性模量高，刚度大，机械加工精度高。因陶瓷的内部结构复杂、不均匀，几乎无塑性变形，其抗拉强度远低于理论值，但抗压强度高。另外，陶瓷不能经受冲击载荷，抗急冷性能较差，易碎裂。

（2）物理性能

陶瓷材料密度低，对降低零部件自重有重要意义；熔点高（一般在 2000℃以上），其高温强度和高温蠕变抗力优于金属。随着气孔率增大，陶瓷的热胀系数减小，热导率降低。多孔或泡沫陶瓷是良好的隔热材料。一些陶瓷还具有特殊的声学、光学、电学、磁学等性能，用作各种功能材料。

（3）化学性能

陶瓷化学稳定性高，在高温下不易氧化，并对酸、碱、盐具有良好的抗腐蚀能力，因此在化工工业中广泛应用。

## 二、普通陶瓷与特种陶瓷

### 1. 普通陶瓷

普通陶瓷主要包括日用陶瓷、建筑陶瓷、绝缘陶瓷、化工陶瓷、多孔陶瓷等。其性能特点是质地坚硬，不氧化生锈，耐腐蚀，不导电，能耐一定高温，加工成型性好，成本低。但普通陶瓷强度较低，高温性能不如其他陶瓷。

化工陶瓷有很强的化学稳定性，除了氢氟酸、氟硅酸及热或浓的碱液外，几乎能耐硝酸、硫酸、盐酸、王水、盐溶液、有机溶剂等大多数介质的腐蚀。其最大的缺点是抗拉强度低、性脆、热导率小、热膨胀系数大，不耐热冲击与机械碰撞。因此，化工陶瓷不宜制作压力较大、温度波动较大、尺寸太大的设备。在过程装备中，化工陶瓷主要用于制造接触强腐蚀介质的塔、容器、反应釜、过滤器、泵、风机、管道及衬里砖、板等，如图 8-12 所示。

### 2. 特种陶瓷

目前，特种陶瓷的研究与开发主要集中在高比强度、高温高强度结构材料和具有特殊功能的材料三方面。其中工程结构上使用的陶瓷称为工程陶瓷。在化工设备上应用较多的工程陶瓷主要有氧化铝陶瓷、氮化硅陶、塞隆陶瓷和碳化硅陶瓷等。

（1）氧化铝（$Al_2O_3$）陶瓷

其强度比普通陶瓷高 3～6 倍，并具有硬度高、抗化学腐蚀能力和电绝缘性能好、耐高温（熔点为 2050℃，使用时最高温度可达 1980℃）的特性，但脆性大、抗冲击性差，

(a) 陶瓷容器管道　　　　　　　　　　(b) 陶瓷风机

(c) 耐酸陶瓷砂浆泵　　　　　　　　(d) 陶瓷铠装耐磨弯头

**图 8-12**　化工陶瓷的应用举例

不宜承受环境温度的剧烈变化。

其适用于制作耐磨、抗蚀、绝缘和耐高温材料，如高速切削刀具、化工用泵零件、高温炉的炉管/炉衬、熔融金属液的坩埚、热交换器、高温高速轴承等。

（2）氮化硅（$Si_3N_4$）陶瓷

其特性是机械性能好，强度大、硬度高、摩擦系数小，并具有自润滑性；化学稳定性好，拥有优异的电绝缘性；抗热振性好，在结构陶瓷中是最好的；高温蠕变小，特别是加入适量的 SiC 后，其抗高温蠕变性显著提高。

经反应烧结而成的氮化硅陶瓷，常用于制造耐磨、耐蚀、耐高温、绝缘的零件，如耐蚀水泵密封环、电磁泵管道、阀门、热电偶套以及高温轴承。热压烧结而成的氮化硅陶瓷，可用于制作燃气轮机转子叶片、转子发动机刮片和切削加工用刀片等。

（3）赛隆陶瓷

赛隆陶瓷一般指氮化硅（$Si_3N_4$）和氧化铝（$Al_2O_3$）的固溶体。赛隆陶瓷具有许多优良性能，如常温和高温强度很大、常温和高温化学稳定性优异、硬度高、耐磨性好、热膨胀系数小、抗热冲击性好、抗氧化性强、密度不大等。

由于赛隆陶瓷具有这么多的优异性能，其应用范围很大，具有广泛的应用前景。除了在机械工业领域应用外，如发动机部件、轴承及密封圈等耐磨部件、切削刀具和有色金属冶炼成型材料，赛隆陶瓷还用于军事、航空航天、生物等领域。

（4）碳化硅（SiC）陶瓷

其主要特性为热稳定性、高温强度高，硬度高、耐磨性好，导热性能优良，化学稳定性和抗氧化性能好，导电性能优良，并且具有耐磨、耐蚀、抗蠕变性能好的特点。

其适用于制作要求高温强度高、热传导能力高、耐磨耐蚀性优良以及高温下导电性良好的电热元器件，如火箭尾喷管的喷嘴、炉管、高温下的热交换器、各种泵的密封圈等。

# 第三节 复合材料

复合材料是由两种或两种以上物理和化学性质不同的材料经人工合成的多相固体材料。各种组成材料在性能上能互相取长补短，产生协同效应，使复合材料的综合性能优于原组成材料，从而满足各种不同的要求。

复合材料是多相体系，组成的相一般可分为两类：一类是起黏结作用的基体材料，它在复合材料中是相对连续的相；另一类是起提高材料性能作用的增强体材料，它在复合材料中是相对分散的相。即复合材料＝基体材料＋增强体材料。

## 一、概述

### 1. 复合材料的分类

复合材料的种类很多，目前尚无统一的分类方法，通常可根据以下三种方法进行分类。

① 按基体材料分类：按基体材料的不同，复合材料可分为树脂基（如塑料基、橡胶基等）复合材料、金属基（如铝基、铜基、钛基等）复合材料、陶瓷基复合材料和水泥基复合材料等。

② 按增强相的种类和形态分类：按增强相的种类和形态不同，复合材料可分为纤维增强复合材料、颗粒增强复合材料以及叠层复合材料等。

③ 按复合材料的性能分类：按性能不同，复合材料可分为结构复合材料和功能复合材料。结构复合材料指主要利用其力学性能的复合材料，如树脂基、金属基、水泥基和碳/碳基复合材料都属于结构复合材料；功能复合材料是指具有某些物理性能（如声、光、热、电、磁等）的复合材料。

### 2. 复合材料的增强机制

（1）纤维增强复合材料的增强机制

增强相中增强效果最明显、应用最广泛的是纤维。这是因为相同的材质，纤维的抗拉强度远远高于块体材料。但是纤维也有自身短板，如本身不能成型，必须和基体结合才能形成具有一定形状和功能的复合材料；径向的性能较差。因此，增强相需要"保护"。纤维主要有玻璃纤维、碳纤维、有机纤维、金属纤维、陶瓷纤维等。

纤维增强复合材料的增强机制为：第一，纤维本身的强度和弹性模量应远高于基体。在高分子基复合材料中，纤维增强相起到有效阻止基体分子链运动的作用；在金属基复合材料中，纤维增强相的作用是阻止位错的运动。第二，基体应对纤维相有润湿性。纤维的表面受到基体的保护，不易受损伤，也不易在承载的过程中产生裂纹，从而增大了材料的承载能力；当材料受到较大应力时，纤维可能会发生断裂，但基体能阻止裂纹扩展，并改变裂纹扩展方向，从而提高了材料的强度和韧性。第三，纤维相与基体之间的结合强度应适当。基体对纤维的黏结作用、基体与纤维之间的摩擦力，使得材料的断裂强度大大提高。结合力过小，受载时容易沿纤维和基体间产生裂纹；结合力过高，会使复合材料失去韧性而发生危险的脆性断裂。除了以上机制外，还有其他增强机制：纤维的排列方向要与构件的受力方向一致，纤维相与基体的热膨胀系数不能相差太大，纤维与基体不发生降低结合强度的化学反应；纤维相必须有合理的体积分数、尺寸和分布等。

（2）颗粒增强复合材料的增强机制

为了适应不同的性能要求，就应该选用不同的颗粒作为增强相。增强颗粒高度弥散地分布在基体中，基体承受载荷时，其作用是阻碍导致基体塑性变形的位错运动（金属基体）或分子链运动（高分子基体），从而提高材料的强度。增强的效果与颗粒的体积分数、分布、尺寸等密切相关。

颗粒增强复合材料的增强机制为：第一，颗粒应该均匀、弥散地分布在基体中，从而起到阻碍导致塑性变形的分子链或位错运动。第二，颗粒大小应适当。颗粒过大，其本身容易断裂，同时引起应力集中，从而导致材料的强度降低；颗粒过小，位错极易绕过颗粒，起不到强化的效果。一般颗粒直径选择在几微米到几十微米之间。第三，颗粒的体积分数应大于 20%，否则将达不到最佳强化效果。第四，颗粒与基体之间应有一定的结合强度。

### 3. 复合材料的性能特点

由于人们对复合材料进行了优化组合，使其保留并发挥了组成材料的优点，因此复合材料具有许多优异的性能。

（1）高的比强度和比模量

复合材料的比强度和比模量比金属材料高得多。例如碳纤维与环氧树脂复合的材料，其比强度比钢高约 8 倍，比模量比钢高约 3 倍。这对在保证零部件使用性能前提下降低自重有重要意义。

（2）抗疲劳性能好

由于纤维自身的疲劳抗力很高、基体材料的塑性较好，因此纤维增强复合材料中纤维同基体间的界面能够有效地阻止疲劳裂纹的扩展，所以它的疲劳强度较高。例如，碳纤维增强聚酯树脂复合材料的疲劳强度相当于其抗拉强度的 70%～80%，而金属材料的疲劳强度一般只有其抗拉强度的 40%～50%。

（3）良好的耐高温性能

例如，玻璃纤维增强耐热酚醛树脂的使用温度可达 200～300℃。以碳纤维和碳化硅纤维增强的铝基复合材料，在 500℃时仍能保持足够的强度和模量，而单纯铝合金此时的弹性模量几乎为零。碳化硅纤维与陶瓷复合，使用温度可达 1500℃，比超合金涡轮叶片的使用温度（1100℃）高得多。

（4）断裂安全性好

由于复合材料中含有大量纵横交错的纤维，即使少数纤维断裂，载荷也会很快重新分配到其他未断的纤维上，裂纹的扩展常常要经过曲折和复杂的路径，因此复合材料零部件不会在短时间发生突然破坏，具有良好的破断安全性。

（5）减振性能好

由于复合材料的自振频率很好，在一般条件下不易发生共振。另外，由于复合材料中大量的纤维、基体界面有吸振的作用，因此振动在复合材料中的衰减很快。例如对相同尺寸和相同形状的轻合金梁与碳纤维复合材料的梁同时起振，前者需要 9s 才能停止振动，而复合材料的梁只需要 2.5s 就静止了。

除上述特性外，复合材料的减摩性、耐磨性、耐蚀性以及工艺性能也较好。存在的主要问题是，复合材料为各向异性材料，其横向抗拉强度和层间剪切强度不高，伸长率较低，抗冲击性能差，制造成本较高。

### 4. 复合材料的主要应用领域

① 航空航天领域：由于复合材料热稳定性好，比强度、比刚度高，可用于制造飞机机翼和前机身、卫星天线及其支撑结构、太阳能电池翼和外壳、大型运载火箭的壳体、发动机壳体、航天飞机结构件等。

② 汽车工业：由于复合材料具有特殊的振动阻尼特性，可减振和降低噪声，抗疲劳性能好，损伤后易修理，便于整体成形，故可用于制造汽车车身、受力构件、传动轴、发动机架及其内部构件。

③ 化工、纺织和机械制造领域：有良好耐蚀性的碳纤维与树脂基体复合而成的材料，可用于制造化工设备、纺织机、造纸机、复印机、高速机床、精密仪器等。

④ 医学领域：碳纤维复合材料具有优异的力学性能和不吸收 X 射线的特性，可用于制造医用 X 光机和矫形支架等。碳纤维复合材料还具有生物组织相容性和血液相容性，生物环境下稳定性好，也用作生物医学材料。

此外，复合材料还用于制造体育运动器材和用作建筑材料等。

## 二、常用复合材料

### 1. 树脂基复合材料——玻璃钢

在树脂基复合材料中，最主要的一类是纤维增强树脂基复合材料。纤维增强树脂常见的增强材料主要包括玻璃纤维、碳纤维、碳化硅纤维、硼纤维及有机纤维等。在众多纤维增强树脂基复合材料中，玻璃纤维增强树脂是应用最广泛的一类。以合成树脂为黏结剂，玻璃纤维及其制品作增强材料而制成的复合材料，称为玻璃纤维增强塑料（FRP）。因其比强度高，可以和钢铁相比，故又称玻璃钢。

（1）玻璃钢的分类

玻璃钢根据树脂的特点可分为热固性玻璃钢和热塑性玻璃钢。常用的热固性玻璃钢有环氧玻璃钢、酚醛玻璃钢和聚酯玻璃钢。

（2）玻璃钢的性能特点及应用

玻璃钢的突出特点是相对密度小，比强度高；对大气、水和一般浓度的酸、碱、盐等介质有良好的化学稳定性；热导率低，电绝缘性能好；加工成型简单。

在化工生产过程中，经常会产生各种强腐蚀性物质，所以要求化工生产过程中的相关设备应有良好的耐腐蚀性能，以保证这些设备在不同介质、不同温度和不同压力等条件下能正常工作或延长其使用寿命。用玻璃钢制造的各种罐、管道、泵、阀门、储槽等，在某些条件下比不锈钢、铅、铜、橡胶等材料更为理想，如图 8-13 所示。

玻璃钢在制造输送各种能源（水、石油、天然气等）的管道时，与金属管道相比，具有综合成本低、重量轻、耐蚀等特点。玻璃钢在交通运输方面也有广泛应用，如飞机零部

(a) 玻璃钢污水管道

(b) 玻璃钢罐

(c) 玻璃钢冷却塔

(d) 玻璃钢蝶阀

**图 8-13** 玻璃钢的应用举例

件、汽车车身及配件、船体等。玻璃钢可以制造电动机罩、发电机罩、皮带轮防护罩等简单机械制品；风机叶片、齿轮、轴承、法兰等较为复杂的结构件也都可以采用玻璃钢制造，这样可以简化加工工艺与相应的设备，降低成本，节约金属材料。

除了热固性玻璃钢外，热塑性玻璃钢的应用也越来越广，如玻璃纤维增强聚丙烯塑料可用来制造小口径的化工管道、隔膜阀、球阀、截止阀、离心泵、液压泵等。

**2. 金属基复合材料（MMC）**

金属基复合材料是以金属或合金为基体，与一种或几种金属或非金属增强相人工结合成的复合材料。

金属基复合材料的种类较多，可以分为颗粒增强金属基复合材料、纤维增强金属基复合材料、金属-金属层复合材料和金属-高分子层复合材料。

① 颗粒增强金属基复合材料：颗粒增强通常是为了提高刚性和耐磨性，减小热膨胀系数。一般使用价格较低的碳化物、氧化物和氮化物颗粒作为增强相，基体采用铝、镁、钛的合金。与纤维强化比较，颗粒强化工艺的优点是铸造或挤压等二次加工容易。

② 纤维增强金属基复合材料：纤维增强常常是为了提高刚性和强度。一般使用高模量和高强度的碳化硅、氧化铝、硼和碳纤维作为增强相，基体是具有较好韧性和低屈服强度的铝合金、钛合金和镍合金等。如飞机及航天器的部件、发动机的活塞环和连杆等，均大量使用了纤维增强金属基复合材料。

③ 金属-金属层复合材料：制备方法有镀覆、冷压、热压和爆炸复合等，可以制备兼具多种性能的型材。此类材料可制造各类化工压力容器、防腐设备、食品机械、医药机械、公路护栏、轻工等制品。

④ 金属-高分子复合材料：常见的有两种积层复合板：一种是金属表面涂敷高分子材料，例如涂层钢板，目的是防大气腐蚀和美化外观。另一种是夹层钢板，即在两层金属板中夹入一层高分子树脂，综合利用钢板的强度、加工性、低价格和高分子树脂的特点，达到轻量化、隔热、隔声以及减震的目的。另外，还有以钢为基体、多孔性青铜为中间层、聚四氟乙烯为表面层的复合材料用于制造高温（270℃）、低温（－195℃）和高应力（140MPa）工况的无油润滑轴承等。

**3. 陶瓷基复合材料**

陶瓷的塑性、韧性差，对裂纹、气孔和夹杂物等细微的缺陷很敏感，易发生脆性断裂，因此在关键性部位难以应用。而陶瓷基复合材料发展的首要目标就是改善陶瓷的韧性，提高其强度及弹性模量。由于高温增强材料出现得较晚，制备工艺较为复杂，导致陶瓷基复合材料的发展速度较慢。另外，由于受到价格较高和材料品种较少的制约，陶瓷基复合材料在过程装备中的应用数量还非常有限。

陶瓷基复合材料因具有高强度、高模量、低密度、耐高温和良好的韧性等优良特性，已在高速切削工具和内燃机部件上得到应用。如 SiC 增韧的细颗粒 $Al_2O_3$ 陶瓷复合材料已成功用于制造切削刀具，这种耐高温、稳定性好、强度高、抗热振，切削速度比常用的 WC-Co 硬质合金刀具快了一倍。另外，陶瓷基复合材料作为高温结构材料和耐磨耐蚀材料也有广阔的应用前景，如航空燃气涡轮发动机的热端部件、大功率内燃机的增压涡轮、固体发动机燃烧室与喷管部件以及完全代替金属制成车辆用发动机、石油化工领域的加工设备和废物焚烧处理设备等。

## 【拓展材料】

### 我国化工新材料的发展与应用

化工新材料是指近期发展的和正在发展之中，具有传统化工材料不具备的优异性能或某种特殊功能的新型化工材料。与传统化工材料相比，化工新材料具有质量轻、性能优异、功能性强、技术含量高、附加价值高等特点。其细分领域包括工程塑料、特种橡胶及弹性体、高性能纤维等传统合成材料高端产品，以及高性能膜材料、电子化学品、新能源和生物化工领域高性能专用和精细化学品等。

从产品类别来讲，化工新材料包括三类：

① 新领域的高端化工产品；

② 传统化工材料高端品种；

③ 通过二次加工生产的化工新材料（高端涂料、高端胶黏剂、功能性膜材料等）。

## 一、我国化工新材料的发展现状

我国化工新材料产业起步较晚，工业基础比较薄弱，与发达国家相比差距还比较明显。近年来，随着国家新材料产业相关政策规划的出台和市场经济的驱动，我国化工新材料领域得到了较快的发展。

① 市场规模和自给率稳步提高。2021 年，我国化工新材料产量近 3000 万吨，2015～2021 年年均增速超过 10%；行业自给率有较大提升，已接近 75% 的目标。

② 一大批核心技术实现突破，高端聚烯烃和工程塑料等产品得到拓展应用。2021年，以盛虹石化光伏用乙烯-乙酸乙烯共聚物（EVA）树脂为代表的化工新材料拓展了市场应用领域，打破了原来跨国企业在这些领域的垄断。

③ 一批专业化工新材料企业加快崛起。如中石油、中石化、华润、中车等传统优势企业，万华化学、巨化、湖北兴发和泰和新材等地方企业，盛虹石化、东岳、合盛硅业、久吾高新等民营企业。

④ 以化工新材料为主业的专业化工园区迅速成长。如以氟硅材料集聚发展的常熟氟化工园区、东岳氟硅新材料园区、江西星火有机产业园区；以聚氨酯为主业的烟台万华工业园、宁波大榭开发区、淄博高新区园等。

但是从总体来看，我国化工新材料行业还存在一些问题。

① 部分化工新材料尚未国产化，部分出现结构过剩的问题，或虽能够自给，但性能指标、稳定性等存在差距。

② 部分产品单一，系列化程度不高，应用技术研究落后，市场响应能力和技术服务相对欠缺。

③ 部分新材料上游关键配套原料为瓶颈。

④ 部分新材料产品用户黏性高，下游用户接受缓慢。

⑤ 企业规模较小，创新能力不强，竞争力弱，研发和设备投入不足。

⑥ 战略性、创新型人才短缺，制约企业和行业发展。

## 二、我国化工新材料的应用

化工新材料是发展战略性新兴产业的重要基础，也是传统石化和化工产业转型升级与发展的重要方向。从下游产业的需求来看，化工新材料主要应用在节能与新能源汽车、新一代信息技术、航空航天、轨道交通、节能环保、大健康等相关领域。

### 1. 节能与新能源汽车领域

节能高效化是未来汽车发展方向之一。化工新材料具有质量轻、性能优异、功能性强、技术含量高等特点，在汽车零部件中使用可以实现汽车轻量化，提高能量利用效率。锂电池和氢燃料电池的研发，使得新能源汽车得到了快速发展，从而提高清洁能源利用水平，降低二氧化碳和污染物排放。

### 2. 新一代信息技术领域

电子信息产业已经成为国际产业竞争的制高点，是大国之间博弈的关键筹码。电子信息产业需要的化工新材料产品主要有信息处理的微电子半导体材料、信息传动的光纤材料、信息存储的磁与光材料、信息显示的发光材料。

### 3. 航空航天领域

航空航天器制造业是引导未来社会经济发展的重要动力，可反映一个国家的技术水平和综合实力。化工新材料是航空航天材料的重要基础，如各类复合材料（碳纤维复合材料）、陶瓷材料（赛隆陶瓷）、有机高分子材料等。

### 4. 轨道交通领域

随着我国轨道交通的蓬勃发展，轨道交通装备制造业已成为我国自主创新程度最高、国际创新竞争力最强、产业带动效应最明显的高端装备制造行业之一。应用于轨道交通领域的化工新材料主要包括摩擦材料、密封及阻尼材料、减震材料、绝缘材料，以及内装材料、车体结构材料等。

### 5. 节能环保领域

2020 年 9 月，中国明确提出 2030 年"碳达峰"与 2060 年"碳中和"目标，倡导绿色、环保、低碳的生活方式。化工新材料是节能环保产业发展的重要支撑，如环境净化材料可有效地净化、修复环境，可降解材料可减少环境污染，新能源材料可以替代化石能源，防腐涂料和新型防污材料可防腐蚀等。

#### 6. 大健康领域

目前，人们对健康需求的关注越来越高，医疗器械产业市场规模逐渐扩大。生物医用材料的发展，使得以前难以治疗的疾病得以治愈。如人工器官、组织工程材料、血液净化材料、药物控释材料、符合生物材料等。

 习 题

1. 其他工程材料有哪些？
2. 什么是高分子材料？
3. 塑料按用途和特性可分为哪几类？
4. 橡胶按照原料来源可分为哪几类？
5. 常用的胶黏剂有哪些？
6. 陶瓷材料的共同特性有哪些？
7. 简述化工陶瓷的优缺点。
8. 简述复合材料的分类。
9. 复合材料的性能特点有哪些？
10. 复合材料主要应用于哪些领域？

# 第九章

# 工程材料的选用

材料是所有机械零件的物质基础，机械零件能否发挥其实际作用的关键在于所选用的材料是否能提供合理的性能支持。材料的选用就是在众多的材料品种中，选择一个合适的品种。选材的基本原则是材料的使用性能应能满足零部件的使用要求，经久耐用、易于加工，成本低，即从材料的使用性能、工艺性能和经济性三个方面进行考虑。

目前，绝大多数机械零件都是用金属材料制成的。与机械加工用于保证零件尺寸精度不同，热处理作为一种加工工艺是一种有效且广泛使用的对材料性能进行加工的方法。工艺性能和经济性具有最佳的配合，离不开零件的机械加工工序和热处理工序的合理组织。生产实践中，因热处理工艺不合理导致零件没有达到设计要求而发生非正常失效的事故也屡见不鲜。

材料的选用应遵循如下步骤：首先要确定这个产品可选用哪类材料来制造；其次，在确定材料种类后，要确定选用这类材料的哪个品种以及用何种加工方法。为了能合理地选用金属材料和热处理方法，下面先介绍选材的一般原则与方法，然后再针对不同类型的零件应用场合，讨论典型零件的选材与热处理。

## 第一节　选材的原则与方法

机械零件的选材是一项十分重要的工作。选材是否恰当，特别是一台机器中关键零件的选材是否恰当，将直接影响到产品的使用性能、使用寿命及制造成本。要做到合理选用材料，就必须先全面分析零件的工作条件、受力性质和大小以及失效形式，然后综合各种因素，提出能满足零件工作条件的性能要求，再选择合适的材料并进行相应的热处理以满足性能要求。选材的原则首先是要满足使用性能要求，然后再考虑工艺性和经济性。

产品在使用过程中失去原设计所规定的功能称为失效，因此研究零件的失效形式是进行选材分析的重要方法。

### 一、机械零件的失效

零件在达到或超过设计的预期寿命后发生的失效，属于正常失效；在低于设计的预期寿命时发生的失效，属于非正常失效。

所谓失效是指：

① 零件完全破坏，不能继续工作；

② 零件严重损伤，继续工作很不安全；

③ 零件虽能安全工作，但已不能满意地起到预定的作用。

只要发生上述三种情况中的任何一种，都认为零件已经失效。零部件的失效通常伴随着尺寸、形状与材料的组织和性能的变化，会使机床失去精度，化工管路发生泄漏，飞机出现故障等。现代工业中零件的工作条件日益苛刻，零件的损坏往往会带来严重的后果，因此对零件的可靠性提出了越来越高的要求。另外，从经济性考虑也要求不断提高零件的寿命。这些都使得失效分析变得越来越重要。零部件常见的失效形式有断裂失效、变形失效、表面损伤失效及材料老化失效等，如图 9-1 所示。

 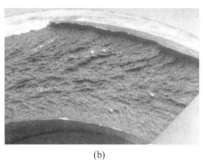

(a)　　　　　　　　　　　　　(b)

**图 9-1**　常见的零件失效形式

断裂失效是零部件失效的主要形式，按断裂原因可分为韧性断裂失效和脆性断裂失效两种。材料在断裂之前发生宏观塑性变形或所吸收的能量加大的断裂称为韧性断裂失效。在工程上使用的金属材料的韧性断口多呈韧窝状。通常这种韧窝是材料内部空洞地形成、长大并连接而导致韧性断裂产生的。材料在断裂之前没有塑性变形或塑性变形很小（2%～5%）的断裂称为脆性断裂失效。疲劳断裂、应力腐蚀断裂、腐蚀疲劳断裂和蠕变断裂等均属于脆性断裂。

变形失效主要包括弹性变形失效和塑性变形失效。弹性变形失效主要出现在一些细长的轴、杆件或薄壁筒零部件上，因外力作用产生了过量的弹性变形进而导致零部件失去有效工作的能力。例如镗床的镗杆，如果在工作过程中产生过量的弹性变形，不仅会使镗床因震动造成所加工零部件的加工精度下降，还会使轴和轴承的配合不良，甚至会引起弯曲塑性变形或断裂。引起弹性变形失效的原因主要是零部件的刚度不足。若要预防弹性变形失效，应选用弹性模量大的材料。塑性变形失效是指零部件因承受的静载荷超过材料的屈服强度产生了塑性变形，进而造成零部件间相对位置的变化，致使整个机械运转不良而失效。例如压力容器上的坚固螺栓，如果拧得过紧，或因过载引起塑性伸长，便会降低预紧力，致使配合每年松动，导致失效。

表面损伤失效是由于磨损、疲劳、腐蚀等原因，使零部件表面失去正常工作所必需的形状、尺寸和表面粗糙度造成的失效。材料老化失效往往是指高分子材料在储存和使用过程中发生变脆、变硬或变软、变黏等现象，从而失去原有性能指标的现象。老化是高分子材料不可避免的现象。

引起零件失效的因素很多且较为复杂，通常可从零件的结构设计、材料的选择、材料的加工、产品的装配及使用保养等方面进行分析。

### 1. 设计不合理

零件的结构形状、尺寸设计不合理易引起失效。例如，结构上存在尖角、尖锐缺口或圆角过渡过小，产生应力集中引起失效；安全系数小，达不到实际要求的承载力等。

### 2. 选材不合理

所选用的材料性能达不到使用要求，或材质较差，这些都容易造成零件的失效。例如，某钢材锻造时出现裂纹，经成分分析，硫含量超标，断口也呈现出热裂特征，由此判断是材料不合格造成的。

### 3. 加工工艺不当

零件或毛坯在加工和成形过程中，由于工艺方法、工艺参数不正确等，常会出现某些缺陷，导致失效。如热加工中产生的过热、过烧和带状组织等；冷加工不良时粗糙度太低，产生过深的刀痕、磨削裂纹等；热处理中产生的脱碳、变形及开裂等。

### 4. 安装使用不正确

机器在装配和安装过程中，不符合技术要求，如安装时配合过松、过紧，对中不准，固定不稳等，都可能使零件不能正常工作，或工作不安全；使用中不按工艺规程操作和维修，保养不善或过载使用等，均会造成早期失效。

零件失效，导致机械不能正常工作，停工停产，造成重大经济损失。严重的则导致机毁人亡，造成严重责任事故。零件失效分析，可以判断零件失效性质，分析失效原因，研究零件失效的预防措施，提出产品质量保障的具体技术措施，从而提高产品质量，提升产品竞争力。分析零件失效原因，可为事故责任认定、侦破刑事犯罪案件、裁定赔偿责任、核定保险、修改产品质量标准等提供科学依据。自扫描电子显微镜和电子探针等一大批现代化分析仪器问世以来，零件失效分析及预防工作得到了突飞猛进的发展。失效分析工作越来越受到人们的重视，具有重要的现实意义。

零件失效分析步骤如下：

（1）事故调查

现场调查，失效零件的收集，走访当事人和目击者。

（2）资料搜集

收集、审阅设计资料、材料资料、工艺资料、使用资料、维修记录和使用记录等。

（3）分析研究

① 失效机械的结构分析。失效件与相关件的相互关系，载荷形式、受力方向的初步确定。

② 失效零件的粗视分析。用眼睛或者放大镜观察失效零件，粗略判断失效类型（性质）。

③ 失效零件的微观分析。用金相显微镜、电子显微镜观察失效零件的微观形貌，分析失效类型（性质）和原因。

④ 失效零件材料的成分分析。用光谱仪、能谱仪等现代分析仪器，测定失效零件材料的化学成分。

⑤ 失效零件材料的力学性能检测。用拉伸试验机、弯曲试验机、冲击试验机、硬度计等测定材料的抗拉强度、弯曲强度、冲击韧度、硬度等力学性能。

⑥ 应力分析、测定。用 X 射线应力测定仪测定应力。

⑦ 失效件材料的组成相分析。用 X 射线结构分析仪分析失效零件材料的组成相。

⑧ 模拟试验（必要时）。在同样工况下进行试验，或者在模拟工况下进行试验。

（4）分析结果提交

提出失效性质、失效原因，以及预防措施或建议，提交失效分析报告。

以上各项工作并非每个失效零件的分析都要进行。实际上零件失效分析工作往往只需要其中几项即可。另外，计算机技术和各类模拟分析技术的运用也十分重要。机械系统或子系统的失效分析称为故障诊断，它需要分析人员具有综合的科学与技术的广博知识，不但对于零件，而且对于机械系统的知识都有深刻的了解。其中，有关工程材料的知识更是必不可少的。

当今计算机技术、数据库技术和知识处理技术的发展，可将失效分析知识和经验知识固化到计算机软件中去，由此研究出了针对不同零件的失效分析（或故障诊断）专家系统。它属于人工智能领域，可集众多失效分析专家的渊博知识和丰富经验于一体，为获取、发现和运用高效的失效分析知识提供了手段和方法，为进一步揭示机械构件的失效机理及其与失效特征开辟了新的途径。另外，此类系统还可以弥补个人知识和经验的不足，提高失效分析的效率，并有利于信息交流。

## 二、选材的一般原则

### 1. 满足零件的使用性能原则

使用性能是保证零件完成规定功能的必要条件。在大多数情况下，它是选材首先要考虑的问题，即零件所选材料必须满足零件使用性能的要求。使用性能包括机械性能、物理性能及化学性能，它是选材最主要的依据。由于机械零件在使用过程中通常都不允许破坏或产生超过规定的塑性变形和弹性变形，因此对于机器零件和工程构件首先最值得关注的是机械性能。

零件的使用性能要求和零件的使用条件有关，对具体的机械零件而言，其机械性能要求是在分析零件工作条件和失效形式的基础上总结提炼出来的。零件的工作条件包括三个方面：一是零件所受载荷的性质，例如具体受力状态（拉、压、弯、剪切）、所受载荷性质（静载、动载、交变载荷）、载荷分布特点（均匀分布、集中分布）等；二是环境状况，主要是温度情况（例如低温、常温、高温、变温等）和介质情况（例如有无腐蚀与润滑剂等）；三是特殊要求，例如对导电性、导热性、磁性、热膨胀性和外观等的要求。

造成零部件失效的原因很多，主要有设计、选材、加工、装配使用等因素。失效分析的结果对于零件的设计、选材、加工以至于使用，都有很大的指导意义。常用零件的主要失效形式见表 9-1。

表 9-1　常用零件的主要失效形式

| 零件 | 工作条件 | | | 常见的失效形式 | 要求的主要机械性能 |
|---|---|---|---|---|---|
| | 应力种类 | 载荷性质 | 其他 | | |
| 紧固螺栓 | 拉、剪应力 | 静载 | | 过量变形、断裂 | 强度、塑性 |
| 传动轴 | 弯曲、扭转应力 | 循环、冲击 | 轴颈摩擦、振动 | 疲劳断裂、过量变形、轴颈处磨损 | 综合机械性能,轴颈表面高硬度 |
| 传动齿轮 | 压、弯应力 | 循环、冲击 | 摩擦、振动 | 齿折断、磨损、疲劳、点蚀 | 表面高硬度及疲劳极限,心部一定的强度、韧性 |
| 弹簧 | 扭、弯应力 | 循环、冲击 | 振动 | 弹性失稳、疲劳破坏 | 弹性极限、屈强比、疲劳极限 |
| 冷作模具 | 复杂应力 | 循环、冲击 | 强烈摩擦 | 磨损、脆断 | 硬度、足够的强度、韧性 |
| 轴承 | 压应力 | 循环、冲击 | 摩擦 | 磨损、麻点剥落、疲劳断裂 | 硬度、接触疲劳强度 |

　　由于零件的工作条件和失效形式是比较复杂的,选材时必须根据具体情况,抓住问题的主要方面,分析零件的失效原因找出最关键的机械性能指标,进而将零件性能要求转化为对材料性能指标的要求,并综合考虑相应的热处理方法。例如传动轴可选用中碳钢作为材料,但须根据其结构和承载,通过调质处理以及对部分表面的表面热处理来满足零件对机械性能等的要求,从而达到正常工作的效能。

　　**2. 满足零件的工艺性能原则**

　　金属材料工艺性能的好坏与零件加工的难易程度、生产效率和生产成本有很大关系。任何零件都要通过一定的加工工艺过程才能制造出来。选材时工艺性能同使用性能比较,工艺性能处于次要地位。工艺性能的好坏直接影响零部件的成品率、生产效率和成本。一般来说,对于铸件、锻件或焊接件,在选材时应相应地保证它们具有良好的铸造工艺性、锻造工艺性和焊接工艺性,要求热处理的零件必须考虑其热处理工艺性,凡需切削加工的零件还应适当考虑其切削加工性。但在某些特殊情况下,工艺性能也可能成为选材考虑的主要依据。工艺性能对大批量生产的零部件尤为重要,因为在大批量生产时工艺周期的长短和加工费用的高低常常是生产的关键。例如,制造复杂箱体,一般选用铸造性能好的铸铁;生产标准件,一般选用易切削钢等。

　　金属材料的加工工艺线路复杂,要求的工艺性能比较多,如铸造性能、锻造性能、切削加工性能、焊接性能、热处理工艺性能等。在金属材料中,铸造性能最好的是共晶成分附近的合金,铸造铝合金和铜合金的铸造性能优于铸铁,铸铁优于铸钢。锻造性能最好的是低碳钢,中碳钢次之,高碳钢则较差。变形铝合金和加工铜合金的锻造性能较好,而铸铁、铸造铝合金不能进行冷热压力加工。低碳钢焊接性能最好,随碳和合金元素含量的增加,焊接性能下降,铝合金和铜合金的焊接性能相比碳钢较差,铸铁则很难焊接。热处理工艺性能包括淬透性、淬火变形开裂及氧化、脱碳倾向等。钢的含碳量越高,其淬火变形和开裂倾向越大。选用渗碳钢时,要注意钢的过热敏感性;选用调质钢时,要注意钢的第二类回火脆性;选用弹簧钢时,要注意钢的氧化、脱碳倾向。

　　**3. 充分考虑经济性的原则**

　　经济性是选材的一条重要原则。在满足使用性能和工艺性能的前提下,选用的材料要价格便宜、成本低廉。除考虑材料本身的价格外，还要考虑加工费用和管理费用、维修费用以及材料来源的难易等。为此，材料的选用应充分利用资源优势，尽可能采用标准化、通用化的材料，以降低原材料的成本，减少运输、实验研究费用。

据有关方面的资料统计，在许多工业部门中，材料价格要占产品价格的 $30\% \sim 70\%$，因此材料价格仍是选材时考虑材料经济性的一个重要因素。不同材料的价格差异很大，相对于灰铸铁的价格，常用材料的相对比价见表 9-2。在金属材料中，碳钢和铸铁的价格比较低廉，在满足零件机械性能的前提下应优先使用。有色金属及合金相对价格较高，使用时要关注其是否合理，如较大尺寸蜗轮制造时其外部工作部分常采用铸锡青铜或铝铁青铜，内部支撑结构常采用铸铁或钢，以减少制造成本。为了减小零件的尺寸和质量，一方面应选强度高的材料，另一方面则应选高比强度值的材料。例如，在强度相同时，用铝合金制成的零件要轻得多。因而飞机零件、内燃机活塞等多采用铝合金。

表 9-2　材料相对比价

| 材料 | 相对比价 | 材料 | 相对比价 | 材料 | 相对比价 | 材料 | 相对比价 |
|---|---|---|---|---|---|---|---|
| 灰铸铁 | 1 | 碳素工具钢 | 8～9 | 铝合金 | 45 | 高速钢 | 90 |
| Q235 | 4 | 40Cr | 10 | 电解铜 | 57 | 铅基轴承合金 | 100 |
| 20～45 钢 | 6～7 | 无缝钢管 | 10～15 | 紫铜棒 | 70 | 锡基轴承合金 | 110 |
| 65Mn | 7～8 | 不锈钢 | 30 | | | | |

当然，选材的经济性原则并不是指选择价格最便宜的材料，或是生产成本最低的产品，而是指运用价值分析、成本分析等方法，综合考虑材料对产品功能和成本的影响，从而获得最优化的技术效果和经济效益。

只有设计-选材-热处理三者有机地结合在一起，才能使材料的潜力得到充分发挥，从而有效地提高产品的质量及经济效益。材料的选择往往也不是一蹴而就的。首先，应根据对零部件材料性能指标数据的要求查阅有关手册，找到合适的材料。然后，根据这些材料的大致应用范围进行判断、选材。最后，还需要通过分析、计算或模拟试验，结合加工工艺的可行性和制造成本的高低，以最优方案的材料作为所选定的材料。

随着工业的发展，资源、能源问题日益突出，环境问题也日益成为关注的热点，尤其是绿色制造概念的提出，对工程材料的选择提出了新的要求。选材的过程中，应尽量选择对资源和能源的消耗尽可能少，对生态环境影响小的材料，零件在废弃后可以回收再利用或不造成环境恶化或可以降解。例如尽量选择绿色材料、可回收材料或可再生材料，所选材料应尽量少而集中，这样不仅便于采购和生产管理，而且在相同的产品数量下，可得到较多的某种回收材料，对材料回收是非常有益的。尽量选择不加任何涂镀的原材料，因为大量采用涂镀工艺方法，不仅给废弃后的产品回收再利用带来困难，而且大部分涂料本身就有毒，涂镀工艺本身也会给环境带来极大污染。应尽可能选用无毒材料，如果产品中一定要使用有毒材料，则必须对有毒材料进行显著的标注，有毒材料应尽可能布局在便于拆卸的地方，以便回收或集中处理。

总之，作为一个设计、工艺人员，在选材时必须了解我国工业生产发展形势，按照国家标准，结合我国资源和生产条件，从实际情况出发，来全面考虑机械性能、工艺性能、经济性和能源、资源、环境等方面的问题。

### 三、选材的一般程序

#### 1. 选材的一般步骤

① 分析零件的工作条件及失效形式，根据分析结果提出关键的性能要求，同时考虑其他性能。

② 与成熟产品中相同类型的零件、通用或简单零件，可采用经验类比法选材。

③ 确定零件应具有的主要性能指标。

④ 初步选定材料牌号并决定热处理和其他强化方法。

⑤ 对预选金属材料进行核算，以确定其是否满足使用性能要求。

⑥ 对金属材料进行第二次选择。

⑦ 对关键零件批量生产前要进行实验，初步确定材料、热处理方法是否合理，冷热加工性好坏。实验验证后可逐步批量生产。

#### 2. 选材应注意的问题

（1）实际性能和实验数据不一致

各种书籍提供的材料性能数据都是在特定条件下测定的，数据的使用要满足一定的条件，这些条件可能与实际工作状态有较大差别。在引用时一定要注意与使用条件和使用环境是否一致或接近，如不吻合则要将引用的数据转换成实际使用条件下的性能或按实际使用条件重新测定。例如，塑料的各种强度都是在一定温度下测定的，不同温度下的强度值差别很大；再如，塑料的热变形温度都是在一定负荷下测定的，我们在选用时一定要注意两者的负荷是否吻合。

（2）材料的加工工艺及热处理工艺的影响

对于同一种材料，加工工艺及热处理工艺不同，其性能数据也不同。如材料的性能与加工处理时试样的尺寸有关，随截面尺寸的增大，机械性能一般降低。因此必须考虑零件尺寸与手册中试样尺寸的差别，并进行适当的修正。

（3）材料的化学成分与热处理工艺参数的波动

由于种种原因，实际使用材料的化学成分与试样的化学成分会有一定的偏差，材料内部的化学成分可能分布不均匀，应注意化学成分的波动引起的性能和相变点变化。

# 第二节　热处理应用

金属材料的特点之一是其性能方面的多变性，即同一种材料经过不同的处理后，可具有不同的性能，从而使一种材料能够适应多种用途。这除了因为金属能够进行形变和再结晶外，主要在于金属的结构及组织在固态下可以进行多种形式的转变。钢的热处理正是根据固态相变而发展起来的，掌握了固态相变的基本规律，就可以通过适当的热处理改变金属的结构与组织，从而达到改善金属力学性能的目的。

传统热处理是将金属材料放在一定的介质中加热、保温、冷却，通过改变材料表面或内部的金相组织结构来控制其性能的一种金属热加工工艺。随着技术的发展，越来越多的技术不断丰富着热处理的内涵。钢的化学热处理是将钢件放在含有某种元素的活性介质中加热保温，使介质中的某种元素渗入工件的表面中，以改变其化学成分和组织，从而获得与心部不同的力学或物理化学性能的工艺的总称。表面热处理新技术就是通过非传统的新工艺手段赋予表面不同于基体材料的化学组成、组织结构，因而获得不同于基体材料的性能。为了使零件具有要求的使用性能，除正确的选材外，选择正确的热处理工艺也是不可或缺的条件。热处理不仅是一种经济高效地改善工艺性能的手段，也是一种简单、有效的使材料获得所需最终性能的方法。因此，通常重要的机械零件绝大多数都要经过热处理。

热处理的作用在生产实践中为人们所认识。早在青铜器时代，人们就发现铜的性能会因温度和加压变形的影响而变化。通过对出土的钢铁兵器的显微组织观察，马氏体的存在证明了淬火工艺的广泛使用。随着科学技术的发展，19世纪，英国科学家将钢铁放在显微镜下观察到了不同的金相组织，金属热处理工艺逐步形成一套完整的科学理论和技术。同素异构理论和铁碳合金相图的出现为现代热处理工艺的出现奠定了理论基础。20世纪以来，因金属物理的发展和其他新技术的移植应用，出现了很多新的工艺方法，使金属热处理工艺得到了更大的发展。

通过前面内容的学习可以看出，进行热处理的主要作用和目的是：①改善工艺性能，保证后道工序顺利进行，如冷拔工序中间的退火可以改善冷加工性能等。②提高使用性能，充分发挥材料潜力，如航空工业中应用广泛的LY12，经淬火和时效处理后，抗拉强度可从196MPa提高到392～490MPa；T8经热轧空冷，硬度仅为25HRC左右，加工成刀具后再进行淬火和低温回火，硬度可达62HRC以上。③去除内应力，减少零件变形，如完全退火等可以细化晶粒，去除内应力，提高零件性能。④改变组织结构，使其具有特殊的性能，如化工生产中使用的1Cr18Ni9Ti，必须经固溶处理、稳定化处理与去应力处理后才能具有优良的耐蚀性能。

## 一、热处理与切削加工性的关系

金属材料加工成零件的难易程度，将直接影响零件的质量、生产效率和加工成本。由于绝大部分的机械零件都是经过切削加工而最终形成的，切削加工时工件的硬度应符合效率原则。硬度过高，则加工困难，刀具磨损严重、粗糙度高；硬度过低，则发生粘刀现象，易产生切削瘤，同样增加刀具的磨损并划伤工件表面。利用热处理来改善金属的切削加工性，对于提高产品质量和生产率、降低成本等具有重要的现实意义。

不同成分的钢材，经热处理后具有不同的组织和力学性能，它们对钢材的切削加工性能有着极其重要的影响。如退火状态下的低碳钢中有大量柔软的铁素体，钢的硬度低，韧性好，切屑易黏着刀刃而形成积屑瘤，以致表面粗糙度增大，刀具的寿命也受到影响，切削性能不良。因此，低碳钢不宜在退火状态下切削加工。生产中低碳钢多在热轧正火、高温正火状态或冷拔塑性变形状态下进行切削加工。中碳钢的平衡组织为珠光体加铁素体，硬度适中，有良好的切削加工性。高碳钢的平衡组织是珠光体加二次渗碳体，硬度高，难切削，切削时刀具磨损大。它们大多通过球化退火，获得球状珠光体组织，降低了材料硬度后再进行切削加工。这就改善了切削条件，延长了刀具寿命，减小了表面粗糙度，改善了切削加工性能。

实践证明，在切削加工时，为了不致发生"粘刀"现象和刀具严重磨损，一般希望硬度控制在 170～230HBS 的范围内。通过在切削加工中根据材料特点合理进行热处理，可以优化材料的切削加工性能，在降低成本的同时提高产品的合格率和加工质量。当金属材料的工艺性能与力学性能相矛盾时，有时正是因优先考虑材料的工艺性能而使得某些力学性能显然合格的金属材料不得不舍弃，这点对于大批量生产的零件特别重要。因为在大批量生产时，工艺周期的长短和加工费用的高低常常是生产考虑的关键因素。

## 二、零件热处理的工序位置

在机器零件加工制造过程中，还须注意铸、锻、焊等热加工与热处理的密切配合。总的来说，热处理常穿插在各个冷热加工工序之间，起着消除内应力、恢复其性能等作用，最后的热处理程序将赋予产品最终组织和性能。因此，正确合理地安排热处理的工序位置，对保证零件的质量具有重要的作用。

一般来说，退火与正火多属于预备热处理，主要安排在铸造、锻轧、焊接之后，用以消除前道工序造成的晶粒粗大、成分不均、不良组织、残余内应力以及加工硬化引起的塑性下降，并可改善切削加工性能，为提高后续热处理质量作好组织准备。钢材通过预备热处理可以使晶粒细化、成分组织均匀、内应力得到消除，为最终热处理作好组织准备。因此，预备热处理是减少应力，防止变形和开裂的有效措施。对于一些不太重要的工件也往往用正火或退火作为最终热处理。

淬火、回火、表面淬火及化学热处理多属于最终热处理，其应用最广泛，也最为重要。工件通过最终热处理可获得最终所需的组织及性能，满足工件使用要求。因此，它是热处理中保证质量的最后一道关口。当然，在实际生产过程中，由于零件毛坯的类型及加工工艺过程不同，在具体安排热处理方法及工艺位置时并不一定要完全按照上述原则，而应根据实际情况进行灵活调整。

下面我们以锻件为例，来说明机械零件或工模具等在加工制造过程中热处理的工序位置。

① 对性能要求不高的一般零件，热处理工序的安排如下：

毛坯→正火或退火→切削加工→零件

毛坯由铸造或锻压获得，如果直接采用型材加工，则可不必再进行热处理。这类零件一般采用比较普通的材料（如铸铁、碳钢等）来制造。

② 对性能要求较高的零件，热处理工序的安排如下：

毛坯→预备热处理（正火、退火）→粗加工→最终热处理（淬火、回火或渗碳处理等)→精加工→零件

预备热处理是为了改善机加工性能，并为最终热处理做好组织准备。这类零件有各种合金钢、高强铝合金制造的轴、齿轮等。

## 三、热处理技术条件的标注

应根据零件的工作特性，提出热处理技术条件，并标注在图纸上。可用文字在零件图样上作扼要说明，也可用国家标准（GB/T 12603—2005）中规定的热处理工艺代号来表

示。热处理工艺代号由基础分类工艺代号和附加分类工艺代号组成。在基础分类工艺代号中，根据工艺总称、工艺类型、工艺名称（按获得的组织状态或渗入元素进行分类），将热处理工艺按三个层次进行分类，均有相应的代号。其中工艺类型分为整体热处理、表面热处理和化学热处理三种；加热方式分为加热炉加热、感应加热、电阻加热等类型。附加分类是对基础分类中某些工艺的具体条件再细化地分类，包括加热方式及代号、退火工艺及代号、淬火冷却介质和冷却方法及代号以及化学热处理中的渗非金属、渗金属、多元共渗工艺按渗入元素进行的分类。金属热处理工艺分类及代号具体请参见附录Ⅰ。

由于测定硬度的方法比较简便，便于操作且不破坏零件，在一定的条件下硬度与某些机械性能指标有大致固定的关系，因此，在机械零件的图纸上通常都以硬度作为热处理技术条件。在标注硬度值时，必须考虑材料的淬硬性与零件尺寸对硬度的影响。其波动范围一般为：HRC 在 5 个单位左右，HBS 在 30～40 个单位左右。对于渗碳的零件还应标注渗碳层的深度，渗碳以后淬火和回火后的硬度等。某些要求性能较高的零件还需标注其他机械性能指标和金相组织的要求。

图纸上的热处理技术条件要求书写相应的工艺名称，如调质、淬火及回火、高频淬火等。当采用不同热处理方式时，也应在图纸上标注清楚。

### 四、热处理零件的变形和开裂

零件在热处理过程中，影响其处理质量的因素比较多，其中零件的结构工艺性就是主要因素之一。零件在进行热处理时，发生质量问题的主要表现形式是变形与开裂。因此，为了减少零件在热处理过程中发生的变形与开裂，在进行零件结构工艺性设计时应注意以下几个方面。

① 采用封闭、对称结构，避免截面厚薄悬殊以及尖角与棱角结构，合理设计孔洞和键槽结构。

② 对于一些复杂结构和超大尺寸零件可合理采用组合结构。

# 第三节　典型工件的选材及应用

## 一、齿轮选材

齿轮是机械中不仅使用量大且十分重要的零件。它主要用于传递转矩、调节速度或改变运动方向。工作时其齿部承受很大的交变弯曲应力，换挡、启动或啮合不均匀时承受冲击力；齿面互相接触滚动、滑动，承受很大的交变接触压应力并发生强烈的摩擦。而齿轮的损坏形式主要是齿的折断、齿面的剥落和过度磨损。因此，对材料提出的性能要求是：高的弯曲疲劳强度和接触疲劳强度；齿面有高的硬度和耐磨性；齿轮心部应有足够高的强度和韧性。故齿轮一般用渗碳钢或调质钢制造。其预备热处理多为正火，最终热处理为渗碳、淬火及低温回火或调质加高频淬火及低温回火。

### 1. 机床齿轮

车床变速箱齿轮如图 9-2 所示。它是主传动系统中传递动力的齿轮，工作时转速较高，但传递的动力不是很大，也较平稳。因此，要求齿轮有一定的强度、硬度及韧性。加之齿轮的尺寸不大，尤其是厚度甚小，水淬即可使截面大部分淬透。故选用 45 钢，热处理在工艺路线中的位置为锻造后正火，粗加工后调质，精加工后高频加热表面淬火再低温回火。其工艺路线是：

下料→锻造→正火→粗加工→调质→精加工→高频加热表面淬火→低温回火→磨削加工→送检入库

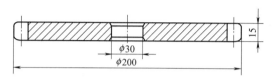

**图 9-2** 车床变速箱齿轮

正火工序作为预备热处理，可改善组织，消除锻造应力，调整硬度（便于机械加工），并为后续的调质工序做组织准备。正火后的硬度一般为 180～207HB。经调质处理后可获得较高的综合力学性能，提高齿轮心部的强度和韧性，以承受较大的弯曲应力和冲击载荷。调质后的硬度为 33～48HRC。高频加热表面淬火＋低温回火可提高齿轮表面的硬度和耐磨性，以及接触疲劳强度。高频加热表面淬火加热速度快，淬火后脱碳倾向和淬火变形小，同时齿面的硬度比普通淬火高约 2HRC，表面形成压应力层，从而提高齿轮的疲劳强度。在使用状态下，齿轮表面的显微组织为回火马氏体，心部为回火索氏体。

### 2. 汽车齿轮

JN-150 型汽车变速箱齿轮如图 9-3 所示。该齿轮工作时受到较大的冲击载荷，每个齿承受交变弯曲应力；齿面还承受较大的交变接触压应力。因此，要求齿轮具有高硬度、高耐磨性、一定的疲劳强度，齿轮心部具有一定强度和冲击韧性。而 20CrMnTi 的机械加工性能和热处理工艺性较好，热处理后的机械性能较高，故选用 20CrMnTi，热处理在工

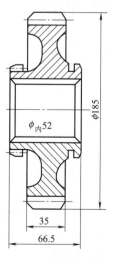

**图 9-3** JN-150 型汽车变速箱齿轮

艺路线中的位置为锻造后正火，机加工后渗碳、淬火及低温回火。其工艺路线是：

下料→锻造→正火→粗加工及半精加工→渗碳→淬火及低温回火→喷丸→磨齿→送检入库

正火处理的作用与机床齿轮相同。经渗碳、淬火＋低温回火后，齿面硬度可达58～62HRC，心部硬度为35～45HRC，齿轮的耐冲击能力、弯曲疲劳和接触疲劳强度均相应提高。喷丸处理能使齿面硬度提高2～3HRC，并提高齿面压应力，进一步提高接触疲劳强度。在使用状态下，齿轮表面的显微组织为回火马氏体＋残余奥氏体＋颗粒化碳化物，心部淬透时为低碳回火马氏体（＋铁素体），未淬透时为索氏体＋铁素体。

## 二、轴类零件选材

轴是机械中的重要零件，一切做回转运动的零件都要装在轴上。轴的工作条件是：传递转矩，承受交变的扭转应力和交变弯曲应力；轴颈承受较大的摩擦作用，有时还要承受一定的过载或冲击载荷。根据轴类零件的工作特点可知，其主要的失效形式有疲劳断裂、过量变形、磨损。因此，对轴的性能要求是：良好的综合机械性能，高的疲劳强度，轴颈处具有高的耐磨性。故轴类零件一般用中碳钢或中碳合金调质钢制造，主要有45Cr、40Cr、40MnB、30CrMnSi、38CrMoAl、35CrMo和40CrNiMo等。其预备热处理多为正火，最终热处理为调质，有的还进行表面热处理。对于高速重载条件下工作的轴类零件，可选用20CrMnTi、20Cr等低碳合金渗碳钢，经渗碳、淬火、低温回火后使用。

### 1. 压缩机主轴

主轴是离心式压缩机的主要零件之一，其作用是传递功率，支承转子并确定转子与非运动件的正确位置，以保证机器的正常工作。图9-4为DA350-61型离心式压缩机主轴。工作时该轴的转速高（最高转速为25000r/min），传递的功率大，受到交变转矩和弯矩的作用；机器开启与停止时主轴承受冲击载荷，并承受压缩气体的压力和温度变化所引起的轴向力和热应力。因此，要求主轴具有较好的综合机械性能、良好的工艺性能。当压缩有腐蚀性的气体时，还要求有一定的耐蚀性。

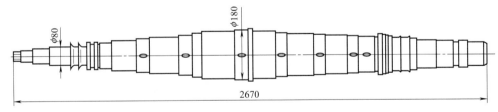

**图9-4** DA350-61型离心式压缩机主轴

主轴材料常用35CrMoA、40Cr、2Cr13等。DA350-61型离心式压缩机一般是压缩空气，对耐蚀性要求不高，经实践选用35CrMoA钢，预备热处理为锻造后随即进行再结晶退火和去氢处理（650℃长期保温，然后再缓慢冷却，以扩散氢气），最终热处理采用调质处理。其工艺路线是：

备料→锻造→再结晶退火→去氢处理→粗加工→超声波探伤，硫印检验→调质→

半精加工→超声波探伤，酸蚀试验与硫印检验→消除应力退火→精加工→检验入库

与齿轮相比，压缩机主轴是核心关键部件，且压缩机主轴尺寸大，机加工和热处理工

艺中容易因内应力过大造成变形和开裂，因此在热处理处理工艺上多次使用退火工艺，同时进行超声波探伤，以及时发现内部的裂纹，避免后续的加工损失。

主轴进行机械性能试验和宏观组织检验的原因在于其工作条件和使用材料的特殊性。例如不允许有白点，不能有严重的偏析和树枝状组织等。

### 2. 压缩机曲轴

曲轴是活塞式压缩机中接受电动机以转矩形式输入的动力，并将旋转运动变为直线运动的重要零件。图 9-5 为长 1860mm 的曲轴。该轴工作时承受交变弯曲应力、扭转应力，以及轴颈处严重的摩擦。由于曲轴在工作中承受变化很大的交变应力，以及较大的振动和冲击，因此要求曲轴具有较高的疲劳强度、韧性和硬度等良好的综合机械性能。曲轴的常用材料有 35、40、45 钢和球墨铸铁。由于活塞式压缩机工作时所受冲击能量较低，根据对多冲抗力的研究，可选用 QT600-3。其强度不低于 45 钢，耐磨性更好，对缺口敏感性低，有较高的疲劳强度和良好的吸震性，制造比较简单，节约优质钢材，成本较低。

其预备热处理为铸造后正火和去应力退火，最终热处理为轴颈处的表面淬火。正火的目的是得到以珠光体为基体的组织，以提高其抗拉强度、硬度和耐磨性；去应力退火是为了消除正火时产生的内应力；表面淬火是为了进一步提高轴颈处的硬度和耐磨性。其工艺路线是：

备料→铸造→正火和去应力退火→机加工→轴颈表面淬火

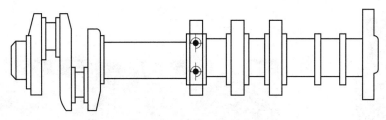

**图 9-5**　活塞式压缩机曲轴

## 三、化工设备用材

压力容器是化工生产中使用的关键而主要的设备，其材料与热处理方法的选择，对容器的安全运行具有十分重大的意义。

制造压力容器广泛使用金属材料，主要是各种钢板，包括碳素结构钢板、优质碳素结构钢板、锅炉钢板、高压容器用层板、低合金结构钢板、不锈钢板及不锈钢复合钢板等。选材时除了从使用性能、工艺性能、经济性等各方面作全面考虑和合理选择外，还需注意其特殊性。决定压力容器工作条件的主要因素是压力、温度和介质。其压力可高达 1500～2500MPa，温度可在－200℃以下和＋500℃以上，介质多具有腐蚀性。容器的破坏形式主要有脆性破坏（大都发生在较低温度）、过量的塑性变形、疲劳破坏、应力腐蚀及氢腐蚀等。因此，容器用钢应具有良好的综合机械性能，冷、热加工性及可焊性，高温时必须保证组织稳定，低温时应有足够的韧性；接触腐蚀介质时，能抵抗介质的腐蚀。压力容器的热处理一般有正火、淬火与高温回火、消除应力退火。对于不锈钢制容器，有时焊后还要求固溶处理或稳定化处理。

### 1. 气瓶

气瓶是一种储存和运输气体的高压容器，在生产和生活中应用十分广泛。如图 9-6 为生活中常用的气瓶，其内部用于储存高压气体。为了使气瓶能承受高压载荷和降低气瓶本身的质量，用于制作气瓶的材料必须选用高强度材料；为了便于加工与安全性，所用材料又必须有足够的塑性、韧性。因此，气瓶常用优质碳素钢或低合金钢制造，如选用 42Mn2，用无缝钢管制成。其热处理工艺为正火（800～840℃空冷）。为保证氧气瓶的质量，从材料直至成品要经过一系列的检验，包括材料的成分、探伤、机械性能、爆破、水压及气密试验等。其工艺路线是：

材料检验→下料→瓶坯超声波探伤→加热→收底→刮底→收口→正火→测厚→瓶口加工→水压试验→装底座→装帽座→装阀→打钢印→气密试验→装瓶帽→除锈→喷漆→成品检验→装防震圈→入库

### 2. 尿素合成塔塔体

尿素合成塔（图 9-7）是化肥厂的关键设备。工作时，其接触的介质为 $NH_3$（液）、$CO_2$（气）、甲铵（液态，其中的氰酸根能强烈地去除不锈钢的钝化作用）、尿素熔融物等，腐蚀作用较强；塔内的工作压力可高达 250MPa；工作温度约 200℃。因此，塔体的制造、选材及检验等要求较高。国内已能制造内径数米、高数十米、内衬材料为钛合金的尿素合成塔。现以年产 11 万吨（和 8 万吨）尿素的 $\phi$1400mm 合成塔的制造为例来说明。

图 9-6　气瓶

图 9-7　尿素合成塔

$\phi$1400mm 合成塔的操作压力为 200MPa，操作温度小于或等于 186℃，公称容积为 41m$^3$，内径为 $\phi$1384mm，直筒体长 26460mm，全长 28735mm。它是典型的高温、高压、强烈腐蚀介质的反应容器。因此，其上端法兰和下部底封头用 20MnMo 锻件，内衬不锈钢；直筒体内筒用 1Cr18Ni9 钢板经卷焊而成，内衬材料用 00Cr17Ni4Mo2 钢板，外包多层 Q345GC 及 15MnVGC 钢板。直筒体内筒的工艺路线是：

备料→原材料复验→划线下料→板料两端预弯→加热至正火温度 900℃左右→板料滚圆→空冷→机加工焊接坡口→内纵缝焊接→外侧打磨焊根→外侧焊接→焊缝去应力退火

## 四、机床用材

机床箱体是机床中很重要的支撑类基础零件，床头箱、变速箱、进给箱、溜板箱等都可视为箱体类零件，起到支撑其他零件的作用。车床床头箱内部如图 9-8 所示。轴和齿轮等零件安装在箱体中，以保持相互的位置并协调地运动；机器上各个零部件的重量都由箱体和支撑件承担，因此箱体支撑类零件主要受压应力，部分受一定的弯曲应力。此外，箱体还要承受各种零件工作时的动载作用力，以及稳定在机架或基础上的紧固力。

**图 9-8**　机床床头箱内部

机床箱体类零件的选材应具有以下的性能要求：

① 具有足够的强度和刚度；

② 对精度要求高的机器箱体，要求有较好的减振性和尺寸稳定性；

③ 对于有相对运动的表面要求有足够的硬度和耐磨性；

④ 具有良好的工艺性，如铸造性能或焊接性能等，以利于加工成形。

由于机床箱体结构复杂、壁厚不均，为便于制造，使零件的加工时间短、生产成本最低，一般都是采用铸造方法来生产，只有个别情况才采用焊接方法生产。对于一些受力较大，要求高强度、高韧性，甚至在高温、高压下工作的箱体类零件，可选用铸钢制造；对于一些受冲击力不大，而且主要承受静压力的箱体，可选用灰铸铁制造，如 HT150、HT200 等；对于受力不大，要求自重轻或导热性良好的箱体类零件，要选用铸造铝合金制造；对于受力很小，要求自重轻和耐蚀的箱体类零件，可选用工程塑料制造；对于受力较大，但形状简单的箱体类零件，可采用型钢（如 Q235、20 钢、Q355 等）焊接制造。

箱体支撑类零件尺寸大、结构复杂，铸造或焊接后形成较大的内应力，在使用期间会发生变形。因此，箱体支撑类零件毛坯在加工前必须长期放置（自然时效）或去应力退火（人工时效）。对精度要求很高或形状特别复杂的箱体，在粗加工以后、精加工以前增加一次人工时效，消除粗加工所造成的内应力影响。去应力退火一般在 550℃加热，保温数小时后随炉缓冷至 200℃以下出炉。

## 五、汽车用材

汽车材料是指汽车制造及运行过程中所用到的材料，一般包括汽车金属材料、汽车非金属材料、汽车运行材料和其他材料。汽车制造中使用各种材料较多，但最多的还是由钢材、铸铁和有色金属组成的金属材料。

除各类箱体类零件和传动类零件外，汽车弹簧（图 9-9）也是一种重要的汽车机械零件。它的基本作用是利用材料的弹性和弹簧本身的结构特点，在载荷作用下产生变形时，把机械功或动能转变为形变能；在恢复变形时，把形变能转变为动能或机械功。弹簧的种类很多，按形状分主要有螺旋弹簧（压缩、拉伸、扭转弹簧）、板弹簧、片弹簧和蜗卷弹簧几种。因为弹簧种类很多，载荷大小相差悬殊，使用条件和环境各不相同，导致制造弹簧的材料很多，金属材料、非金属材料（如塑料、橡胶）都可用来制造弹簧。

图 9-9 汽车弹簧

测力弹簧、柱塞弹簧、一般机器上的螺旋弹簧、小型机械的弹簧选用 65、70 等碳素弹簧钢制造；小尺寸各种扁/圆弹簧、坐垫弹簧、弹簧发条、离合器簧片、刹车弹簧等用合金弹簧钢 65Mn 制造。汽车、拖拉机、机车上的减震板簧和螺旋弹簧、气缸安全弹簧、转向架弹簧，轧钢设备以及要求承受较高应力的弹簧，低于 230℃ 条件下使用的弹簧，用 65Mn、55Si2Mn、55Si2MnB、60Si2Mn、50CrMn 等合金弹簧钢制造；气门弹簧、喷油嘴簧、气缸胀圈、安全阀弹簧、密封装置弹簧、210℃ 条件下工作的弹簧，用 50CrVA 制造。

不锈钢也可用来制造弹簧。如 0Cr18Ni9、1Cr18Ni9、1Cr18Ni9Ti 等，一般通过冷轧（拔）加工成带或丝材，制造在腐蚀性介质中使用的弹簧。黄铜、锡青铜、铝青铜、锻青铜具有良好的导电性、非磁性、耐蚀性、耐低温性及弹性，用于制造电器、仪表弹簧及在腐蚀性介质中工作的弹性元件。

 习 题

1. 机械零件选材时一般应考虑哪些原则？

2. 某机床齿轮选用 45 钢制造，其加工工艺路线如下：下料→锻造→退火→粗加工→调质→精加工→高频淬火→低温回火→精磨。试分析以上各热处理工序的作用以及这样安排的原因。

3. 某轴尺寸为 $\phi$30mm×300mm，要求摩擦部分表面硬度为 50～55HRC，现用 30 钢制作，经高频加热表面淬火（水冷）和低温回火，使用过程中发现摩擦部分严重磨损，试分析失效原因，如何解决？

# 附录 I　金属热处理工艺分类及代号（摘自 GB/T 12603—2005）

## 一、分类原则

热处理分类按基础分类和附加分类两个主层次进行划分。

### 1. 基础分类

根据工艺总称、工艺类型和工艺名称，将热处理工艺按 3 个层次进行分类，见附表 1-1。

附表 1-1　热处理工艺分类及代号

| 工艺总称 | 代号 | 工艺类型 | 代号 | 工艺名称 | 代号 |
|---|---|---|---|---|---|
| 热处理 | 5 | 整体热处理 | 1 | 退火 | 1 |
| | | | | 正火 | 2 |
| | | | | 淬火 | 3 |
| | | | | 淬火和回火 | 4 |
| | | | | 调质 | 5 |
| | | | | 稳定化处理 | 6 |
| | | | | 固溶处理、水韧处理 | 7 |
| | | | | 固溶处理＋时效 | 8 |
| | | 表面热处理 | 2 | 表面淬火和回火 | 1 |
| | | | | 物理气相沉积 | 2 |
| | | | | 化学气相沉积 | 3 |
| | | | | 等离子体化学气相沉积 | 5 |
| | | | | 离子注入 | 5 |
| | | 化学热处理 | 3 | 渗碳 | 1 |
| | | | | 碳氮共渗 | 2 |
| | | | | 渗氮 | 3 |
| | | | | 氮碳共渗 | 4 |
| | | | | 渗其他非金属 | 5 |
| | | | | 渗金属 | 6 |
| | | | | 多元共渗 | 7 |

### 2. 附加分类

对基础分类中某些工艺的具体条件更细化地分类。包括实现工艺的加热方式及代号（见附表1-2），退火工艺及代号（见附表1-3），淬火冷却介质和冷却方法及代号（见附表1-4）和化学热处理中渗非金属、渗金属、多元共渗工艺按渗入元素的分类。

**附表 1-2  加热方式及代号**

| 加热方式 | 可控气氛（气体） | 真空 | 盐浴（液体） | 感应 | 火焰 | 激光 | 电子束 | 等离子体 | 固体装箱 | 流态床 | 点接触 |
|---|---|---|---|---|---|---|---|---|---|---|---|
| 代号 | 01 | 02 | 03 | 04 | 05 | 06 | 07 | 08 | 09 | 10 | 11 |

**附表 1-3  退火工艺及代号**

| 退火工艺 | 去应力退火 | 均匀化退火 | 再结晶退火 | 石墨化退火 | 脱氢处理 | 球化退火 | 等温退火 | 完全退火 | 不完全退火 |
|---|---|---|---|---|---|---|---|---|---|
| 代号 | St | H | R | G | D | Sp | I | F | P |

**附表 1-4  淬火冷却介质和冷却方法及代号**

| 冷却介质和方法 | 空气 | 油 | 水 | 盐水 | 有机聚合物水溶液 | 热浴 | 加压淬火 | 双介质淬火 | 分级淬火 | 等温淬火 | 形变淬火 | 气冷淬火 | 冷处理 |
|---|---|---|---|---|---|---|---|---|---|---|---|---|---|
| 代号 | A | O | W | B | Po | H | Pr | I | M | Ar | Af | G | C |

## 二、代号

### 1. 热处理工艺代号

基础分类代号采用了3位数字系统。附加分类代号与基础分类代号之间用半字线连接，采用两位数和英文字头做后缀的方法。热处理工艺代号标记规定如下：

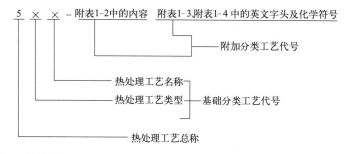

### 2. 基础分类工艺代号

基础分类工艺代号由3位数字表示。第一位数字"5"为机械制造工艺分类与代号中热处理的工艺代号；第2、3位数字分别代表基础分类中的第2、3层次中的分类代号。

### 3. 附加分类工艺代号

① 当对基础工艺中的某些具体实施条件有明确要求时，使用附加分类工艺代号。

附加分类工艺代号接在基础分类工艺代号后面。其中加热方式采用两位数字，退火工艺和淬火冷却介质和冷却方法则采用英文字头。具体的代号见附表1-2～附表1-4。

② 附加分类工艺代号，按附表1-2到附表1-4顺序标注。当工艺在某个层次不需进行

分类时，该层次用阿拉伯数字"0"代替。

③ 当对冷却介质及冷却方法需要用附表 1-4 中两个以上字母表示时，用加号将两个或几个字母连接起来，如 H+M 代表盐浴分级淬火。

④ 化学热处理中，没有表明渗入元素的各种工艺，如多元共渗、渗金属、渗其他非金属，可以在其代号后用括号表示出渗入元素的化学符号表示。

**4. 多工序热处理工艺代号**

多工序热处理工艺代号用破折号将各工艺代号连接组成，但除第一个工艺外，后面的工艺均省略第一位数字"5"，如 5151-33-01 表示调质和气体渗氮。

**5. 常用热处理工艺代号**

见附表 1-5。

附表 1-5　常用热处理工艺代号

| 工艺 | 代号 | 工艺 | 代号 |
|---|---|---|---|
| 热处理 | 500 | 形变淬火 | 513-Af |
| 整体热处理 | 510 | 气冷淬火 | 513-G |
| 可控气氛热处理 | 500-01 | 淬火及冷处理 | 513-C |
| 真空热处理 | 500-02 | 可控气氛加热淬火 | 513-01 |
| 盐浴热处理 | 500-03 | 真空加热淬火 | 513-02 |
| 感应热处理 | 500-04 | 盐浴加热淬火 | 513-03 |
| 火焰热处理 | 500-05 | 感应加热淬火 | 513-04 |
| 激光热处理 | 500-06 | 流态床加热淬火 | 513-10 |
| 电子束热处理 | 500-07 | 保护气氛加热淬火 | 513-10M |
| 离子轰击热处理 | 500-08 | 盐浴加热分级淬火 | 513-10H＋M |
| 流态床热处理 | 500-10 | 淬火和回火 | 514 |
| 退火 | 511 | 调质 | 515 |
| 去应力退火 | 511-St | 稳定化处理 | 516 |
| 均匀化退火 | 511-H | 固溶处理,水韧处理 | 517 |
| 再结晶退火 | 511-R | 固溶处理和时效 | 518 |
| 石墨化退火 | 511-G | 表面热处理 | 520 |
| 脱氢处理 | 511-D | 表面淬火和回火 | 521 |
| 球化退火 | 511-Sp | 感应淬火和回火 | 521-04 |
| 等温退火 | 511-I | 火焰淬火和回火 | 521-05 |
| 完全退火 | 511-F | 激光淬火和回火 | 521-06 |
| 不完全退火 | 511-P | 电子束淬火和回火 | 521-07 |
| 正火 | 512 | 电接触淬火和回火 | 521-11 |
| 淬火 | 513 | 物理气相沉积 | 522 |
| 空冷淬火 | 513-A | 化学气相沉积 | 523 |
| 油冷淬火 | 513-O | 等离子体增强化学气相沉积 | 524 |
| 水冷淬火 | 513-W | 离子注入 | 525 |
| 盐水淬火 | 513-B | 化学热处理 | 530 |
| 有机水溶液淬火 | 513-Po | 渗碳 | 5310 |
| 盐浴淬火 | 513-H | 可控气氛渗碳 | 531-01 |
| 加压淬火 | 513-Pr | 真空渗碳 | 531-02 |
| 双介质淬火 | 513-I | 盐浴渗碳 | 531-03 |
| 分级淬火 | 513-M | 固体渗碳 | 531-09 |
| 等温淬火 | 513-At | 流态床渗碳 | 531-10 |

# 附录Ⅱ 黑色金属硬度与强度换算表（摘自 GB/T 1172—1999）

| 洛氏硬度 | | 布氏硬度 | 维氏硬度 | 近似强度值 | 洛氏硬度 | | 布氏硬度 | 维氏硬度 | 近似强度值 |
|---|---|---|---|---|---|---|---|---|---|
| HRC | HRA | HB | HV | $R_m$/MPa | HRC | HRA | HB | HV | $R_m$/MPa |
| 70 | (86.6) | | (1037) | | 43 | | 401 | 411 | 1389 |
| 69 | (86.1) | | 997 | | 42 | | 391 | 399 | 1347 |
| 68 | (85.5) | | 959 | | 41 | | 380 | 388 | 1307 |
| 67 | 85 | | 923 | | 40 | | 370 | 377 | 1268 |
| 66 | 84.4 | | 889 | | 39 | | 360 | 367 | 1232 |
| 65 | 83.9 | | 856 | | 38 | | 350 | 357 | 1197 |
| 64 | 83.3 | | 825 | | 37 | | 341 | 347 | 1163 |
| 63 | 82.8 | | 795 | | 36 | | 332 | 338 | 1131 |
| 62 | 82.2 | | 766 | | 35 | | 323 | 329 | 1100 |
| 61 | 81.7 | | 739 | | 34 | | 314 | 320 | 1070 |
| 60 | 81.2 | | 713 | 2607 | 33 | | 306 | 312 | 1042 |
| 59 | 80.6 | | 688 | 2496 | 32 | 72.1 | 298 | 304 | 1015 |
| 58 | 80.1 | | 664 | 2391 | 31 | 71.6 | 291 | 296 | 989 |
| 57 | 79.5 | | 642 | 2293 | 30 | 71.1 | 283 | 289 | 964 |
| 56 | 79.0 | | 620 | 2201 | 29 | 70.5 | 276 | 281 | 940 |
| 55 | 78.5 | | 599 | 2115 | 28 | 70.0 | 269 | 274 | 917 |
| 54 | 77.9 | | 589 | 2034 | 27 | | 263 | 268 | 895 |
| 53 | 77.4 | | 561 | 1957 | 26 | | 257 | 261 | 874 |
| 52 | 76.9 | | 543 | 1885 | 25 | | 251 | 255 | 854 |
| 51 | 76.3 | (501) | 525 | 1817 | 24 | | 245 | 249 | 835 |
| 50 | 75.8 | (488) | 509 | 1753 | 23 | | 240 | 243 | 816 |
| 49 | 75.3 | (474) | 493 | 1692 | 22 | | 234 | 237 | 799 |
| 48 | 74.7 | (461) | 478 | 1635 | 21 | | 229 | 231 | 782 |
| 47 | 74.2 | 449 | 463 | 1581 | 20 | | 225 | 226 | 767 |
| 46 | 73.7 | 436 | 449 | 1529 | 19 | | 220 | 221 | 752 |
| 45 | 73.2 | 424 | 436 | 1480 | 18 | | 216 | 216 | 737 |
| 44 | 72.6 | 413 | 423 | 1434 | 17 | | 211 | 211 | 724 |

注：带括号的硬度值仅供参考。

# 附录 Ⅲ  常用钢的临界点

| 钢号 | 临界点/℃ | | | | |
|---|---|---|---|---|---|
| | $A_{c1}$ | $A_{c3}$ | $A_{r1}$ | $A_{r3}$ | $M_s$ |
| 15 | 735 | 865 | 685 | 840 | 450 |
| 30 | 732 | 815 | 677 | 796 | 380 |
| 40 | 724 | 790 | 680 | 760 | 340 |
| 45 | 724 | 780 | 682 | 751 | 345~350 |
| 50 | 725 | 760 | 690 | 720 | 290~320 |
| 55 | 727 | 774 | 690 | 755 | 290~320 |
| 65 | 727 | 752 | 696 | 730 | 285 |
| 30Mn | 734 | 812 | 675 | 796 | 355~375 |
| 65Mn | 726 | 765 | 689 | 741 | 270 |
| 20Cr | 766 | 838 | 702 | 799 | 390 |
| 30Cr | 740 | 815 | 670 | — | 350~360 |
| 40Cr | 743 | 782 | 693 | 730 | 325~330 |
| 20CrMnTi | 740 | 825 | 650 | 730 | 360 |
| 30CrMnTi | 765 | 790 | 660 | 740 | — |
| 35CrMo | 755 | 800 | 695 | 750 | 271 |
| 25MnTiB | 708 | 817 | 610 | 710 | — |
| 40MnB | 730 | 780 | 650 | 700 | — |
| 55Si2Mn | 775 | 840 | — | — | — |
| 6OSi2Mn | 755 | 810 | 700 | 770 | 305 |
| 50CrMn | 750 | 775 | — | | 250 |
| 50CrVA | 752 | 788 | 688 | 746 | 270 |
| GCr15 | 745 | 900 | 700 | | 240 |
| GCr15SiMn | 770 | 872 | 708 | — | 200 |
| T7 | 730 | 770 | 700 | — | 220~230 |
| T8 | 730 | — | 700 | — | 220~230 |
| T10 | 730 | 800 | 700 | — | 200 |
| 9Mn2V | 736 | 765 | 652 | 125 | — |
| 9SiCr | 770 | 870 | 730 | — | 170~180 |
| CrWMn | 750 | 940 | 710 | — | 200~210 |
| Cr12MoV | 810 | 1200 | 760 | — | 150~200 |
| 5CrMnMo | 710 | 770 | 680 | — | 220~230 |
| 3Cr2W8 | 820 | 1100 | 790 | — | 380~420 |
| W18Cr4V | 820 | 1330 | 760 | — | 180~220 |

注：临界点的范围因奥氏体化温度不同，或试验不同而有差异，故表中数据为近似值，仅供参考。

# 附录Ⅳ 钢材的涂色标记

| 类别 | 牌号或组别 | 涂色标记 | 类别 | 牌号或组别 | 涂色标记 |
|---|---|---|---|---|---|
| 碳素结构钢 | 05～15 | 白色 | 不锈耐酸钢 | 铬钢 | 铝色＋黑色 |
| | 20～25 | 棕色＋绿色 | | 铬钛钢 | 铝色＋黄色 |
| | 30～40 | 白色＋蓝色 | | 铬锰钢 | 铝色＋绿色 |
| | 45～85 | 白色＋棕色 | | 铬钼钢 | 铝色＋白色 |
| | 15Mn～40Mn | 白色二条 | | 铬镍钢 | 铝色＋红色 |
| | 45Mn～70Mn | 绿色三条 | | 铬锰镍钢 | 铝色＋棕色 |
| 合金结构钢 | 锰钢 | 黄色＋蓝色 | | 铬镍钛钢 | 铝色＋蓝色 |
| | 硅锰钢 | 红色＋黑色 | | 铬镍铌钢 | 铝色＋蓝色 |
| | 锰钒钢 | 蓝色＋绿色 | | 铬钼钛钢 | 铝色＋白色＋黄色 |
| | 铬钢 | 绿色＋黄色 | | 铬钼钒钢 | 铝色＋红色＋黄色 |
| | 铬硅钢 | 蓝色＋红色 | | 铬镍钼钛钢 | 铝色＋紫色 |
| | 铬锰钢 | 蓝色＋黑色 | | 铬钼钒钴钢 | 铝色＋紫色 |
| | 铬锰硅钢 | 红色＋紫色 | | 铬镍铜钛钢 | 铝色＋蓝色＋白色 |
| | 铬钒钢 | 绿色＋黑色 | | 铬镍钼铜钛钢 | 铝色＋黄色＋绿色 |
| | 铬锰钛钢 | 黄色＋黑色 | | 铬镍钼铜铌钢 | 铝色＋黄色＋绿色 |
| | 铬钨钒钢 | 棕色＋黑色 | 耐热钢 | 铬硅钢 | 红色＋白色 |
| | 钼钢 | 紫色 | | 铬钼钢 | 红色＋绿色 |
| | 铬钼钢 | 绿色＋紫色 | | 铬硅钼钢 | 红色＋蓝色 |
| | 铬锰钼钢 | 绿色＋白色 | | 铬钢 | 铝色＋黑色 |
| | 铬钼钒钢 | 紫色＋棕色 | | 铬钼钒钢 | 铝色＋紫色 |
| | 铬硅钼钒钢 | 紫色＋棕色 | | 铬镍钛钢 | 铝色＋蓝色 |
| | 铬铝钢 | 铝白色 | | 铬铝硅钢 | 红色＋黑色 |
| | 铬钼铝钢 | 黄色＋紫色 | | 铬硅钛钢 | 红色＋黄色 |
| | 铬钨钒铝钢 | 黄色＋红色 | | 铬硅钼钛钢 | 红色＋紫色 |
| | 硼钢 | 紫色＋蓝色 | | 铬硅钼钒钢 | 红色＋紫色 |
| | 铬钼钨钒钢 | 紫色＋黑色 | | 铬铝钢 | 红色＋铝色 |
| 高速工具钢 | W12Cr4V4Mo | 棕色一条＋黄色一条 | | 铬镍钨钛钢 | 红色＋棕色 |
| | W18Cr4V | 棕色一条＋蓝色一条 | | 铬镍钨钼钢 | 红色＋棕色 |
| | W9Cr4V2 | 棕色二条 | | 铬镍钨钛钢 | 铝色＋白色＋红色 |
| | W9Cr4V | 棕色一条 | | | |
| 铬轴承钢 | GCr6 | 绿色一条＋白色一条 | | | |
| | GCr9 | 白色一条＋黄色一条 | | | |
| | GCr9SiMn | 绿色二条 | | | |
| | GCr15 | 蓝色一条 | | | |
| | GCr15SiMn | 绿色一条＋蓝色一条 | | | |

注：不锈耐酸钢的涂色标记，铝色为宽色条，余为窄色条；耐热钢的涂色标记，前为宽色条，后为窄色条。

参考文献

[1] 王英杰. 金属材料及热处理 [M]. 北京：机械工业出版社，2021.

[2] 吕烨. 机械工程材料 [M]. 北京：高等教育出版社，2021.

[3] 张文灼，赵振学. 工程材料基础 [M]. 北京：机械工业出版社，2020.